LE LIVRE DE LA PROFESSION

DIRECTEUR : C. CAILLARD

Inspecteur général de l'Enseignement technique

L'ÉLÈVE ÉLECTRICIEN

Moteurs

PAR

G. NÉRÉ

Ingénieur diplômé de l'École Supérieure d'Électricité de Paris
Professeur de l'Enseignement technique

PARIS

LIBRAIRIE DE L'ENSEIGNEMENT TECHNIQUE

LÉON EYROLLES, ÉDITEUR

3, rue Thénard (5ᵉ)

Les Chambres
de Métiers
et les Conseils de Métiers

Par C. CAILLARD

INSPECTEUR GÉNÉRAL DE L'ENSEIGNEMENT TECHNIQUE

PRIX : 7 fr. 50

PARIS
LIBRAIRIE DE L'ENSEIGNEMENT TECHNIQUE
3, rue Thénard, 3

L'ÉLÈVE ÉLECTRICIEN

LE LIVRE DE LA PROFESSION

Directeur : C. CAILLARD

Inspecteur général de l'Enseignement technique

CONCOURS DE MANUELS *organisé par le Sous-Secrétaire d'Etat de l'Enseignement technique au* **Ministère de l'Instruction publique.**

1er Concours. — Sur trois prix décernés en 1921, deux prix ont été attribués à des Manuels de cette Collection, parus au cours de cette même année.

2e Concours. — Deux Manuels de cette Collection ont été présentés au Concours de 1922, limité aux professions du Bâtiment. Ils ont été primés l'un et l'autre.

Entreprendre la publication d'une bibliothèque qui réponde bien à ce titre : *Le Livre de la profession*, voilà la tâche délicate que la **Librairie de l'Enseignement technique** s'est imposée.

Une condition nous a semblé indispensable pour y réussir : grouper sous une direction unique des **hommes de métier** et des **hommes du métier de l'enseignement.** Nous avons fait appel, d'une part, à des ingénieurs des Arts et Manufactures, à des ingénieurs des Arts et Métiers, à des artisans, à des praticiens distingués ; d'autre part, aux maîtres de l'Enseignement professionnel.

Nos collaborateurs ont rédigé de **petites leçons** méthodiquement graduées, faciles à lire et à comprendre.

Ces leçons, abondamment illustrées de **dessins qui parlent aux yeux** (dessins schématiques, croquis et dessins professionnels, photographies, etc.), sont suivies d'**Interrogations**, d'**Exercices** et de **Problèmes pratiques.**

Chaque interrogation porte le même numéro que le paragraphe de la leçon où la question est traitée ; ainsi, le lecteur peut se contrôler sans le secours de personne.

Chaque exercice est emprunté à la pratique courante du métier ; enfin, chaque problème est une application immédiate de la leçon.

Tout en adoptant ce plan général, nous avons tenu à diviser en deux catégories les ouvrages que nous publions.

Première catégorie.

Le livre de l'Apprenti et de l'Ouvrier.

Il s'agit là de manuels élémentaires qui sont, pour la profession, ce que sont, pour l'instruction générale, la petite grammaire bien faite, la petite arithmétique toute simple que l'on met entre les mains des débutants à l'école primaire. Cela — nous le pensons du moins — n'avait jamais été systématiquement entrepris jusqu'à ce jour.

Toutefois, il convient de se rendre compte que ce degré de simplification est commandé par le caractère même de la profession. *L'Horloger*, par exemple, qui, de la première à la dernière page, traite de la mécanique de précision, ne peut pas et ne doit pas emprunter le langage du premier volume de *l'Ajusteur* qui, au contraire, a l'obligation de demeurer dans un domaine très élémentaire. De même, le second volume de l'Ajusteur (*Travail aux Machines*) ne saurait ressembler au premier (*Travail à la main*), etc.

Ces nuances sont indispensables ; mais tous les ouvrages de cette catégorie s'adressent à la fois à l'ouvrier et à l'apprenti, auditeurs ou non des cours professionnels.

Deuxième catégorie.

Le livre de l'Élève de l'École professionnelle et du futur Contremaître.

Les élèves les mieux doués des écoles professionnelles et les jeunes ouvriers qui ont l'ambition légitime de sortir du rang, ont besoin d'un enseignement pratique et technique, simple également, mais cependant assez riche en explications raisonnées pour leur permettre de dominer leur profession.

Pour eux, il fallait trouver une forme qui ne fût plus tout-à-fait celle qui convient aux débutants et qui ne fût pas davantage celle qu'emploient les livres classiques d'un caractère scolaire et non professionnel.

Question de niveau et de mesure, que nos collaborateurs ont su admirablement résoudre.

Tel est le programme réalisé que nous présentons aujourd'hui.

Avant même toute publicité, le succès de nos ouvrages a été grand, puisque quelques-uns d'entre eux en sont déjà à leur seconde édition. Les industriels, les commerçants, les directeurs et les professeurs des écoles et des cours professionnels, les ouvriers, les employés, les apprentis, les élèves ont trouvé, dans le *Livre de la Profession*, l'auxiliaire le mieux approprié à leur formation professionnelle.

Les attestations que nous publions dans la notice spéciale à chaque ouvrage, en témoignent.

Enfin, l'excellente présentation du *Livre de la Profession*, la qualité du papier, la netteté de l'impression, l'abondance des illustrations, la clarté et la parfaite exécution des dessins, ont été et demeurent un appoint considérable au succès de cette Bibliothèque (1).

(1) Voir à la fin du présent manuel la liste des ouvrages parus et à paraître prochainement.

LE LIVRE DE LA PROFESSION

DIRECTEUR : C. CAILLARD

Inspecteur général de l'Enseignement technique

L'ÉLÈVE ÉLECTRICIEN

Moteurs

PAR

G. NÉRÉ

Ingénieur diplômé de l'Ecole Supérieure d'Électricité de Paris
Professeur de l'Enseignement technique

PARIS
LIBRAIRIE DE L'ENSEIGNEMENT TECHNIQUE
Léon EYROLLES, Éditeur
3, rue Thenard (5ᵉ)

L'Élève Électricien

CHAPITRE I

GÉNÉRALITÉS

—

Sommaire. — Définition. — Classification.

1. Définition. — *Les moteurs électriques sont des récepteurs qui transforment l'énergie électrique en énergie mécanique.*

2. Classification. — Nous classerons d'abord les moteurs électriques en deux grandes catégories, suivant la nature du courant qui les alimente :

les *moteurs à courant continu* ou **électromoteurs,**
les *moteurs à courant alternatif* ou **alternomoteurs.**

A) Moteurs à courant continu ou Électromoteurs. — La dynamo est *réversible* ; quand on fait tourner l'induit, l'énergie mécanique dépensée se transforme en énergie électrique ; réciproquement, si l'on fait passer dans les spires induites le courant d'une source extérieure, l'énergie électrique fournie se transforme en énergie mécanique, et l'induit se met à tourner. Dans le premier cas, la machine fonctionne en *génératrice* ; dans le second cas, elle fonctionne en *réceptrice* : c'est un *moteur électrique à courant continu.*

Comme les dynamos dont ils dérivent, les moteurs à

courant continu peuvent être divisés en quatre groupes, suivant le mode d'excitation des inducteurs :

a) les **moteurs à excitation séparée** ;

b) les moteurs à excitation en série, ou **moteurs série** ;

c) les moteurs à excitation en dérivation, ou **moteurs shunt** ;

d) les moteurs à excitation composée, ou **moteurs compound**.

En réalité, ainsi que nous le verrons plus tard, un moteur shunt, installé correctement sur une distribution à tension constante, est un véritable moteur à excitation séparée.

B) **Moteurs à courant alternatif ou Alternomoteurs.**

A') **Classification des alternomoteurs suivant la nature du champ magnétique inducteur.** — Comme les moteurs à courant continu, les alternomoteurs comportent deux organes essentiels : *l'inducteur* et *l'induit*. Dans un cas comme dans l'autre, la rotation de l'organe mobile est due à l'action du champ produit par l'inducteur sur les courants qui circulent dans l'induit. Suivant la nature du champ magnétique inducteur, on peut classer les alternomoteurs en trois catégories :

a) les **alternomoteurs à champ constant,** dans lesquels l'inducteur, alimenté par un courant continu, engendre un champ constant en grandeur et en direction ;

b) les **alternomoteurs à champ alternatif,** dans lesquels l'inducteur, alimenté par un courant alternatif simple, produit un flux fixe en direction, mais alternativement dirigé dans un sens et dans l'autre, sa loi de variation étant celle du courant inducteur ;

c) les **alternomoteurs à champ tournant,** dans lesquels l'inducteur fixe, alimenté par des courants polyphasés, engendre un champ d'intensité constante, tournant d'un mouvement uniforme avec une vitesse invariablement liée à la fréquence des courants d'alimentation.

B') **Classification des alternomoteurs suivant que la vitesse de la partie mobile est invariablement liée ou non à la fréquence des courants d'alimentation.**

a) **Moteurs synchrônes.** — Considérons une aiguille aimantée NS placée dans un champ magnétique alternatif et capable de tourner autour d'un axe *o* perpendiculaire à la direction XY du champ (fig. 1). Nous savons

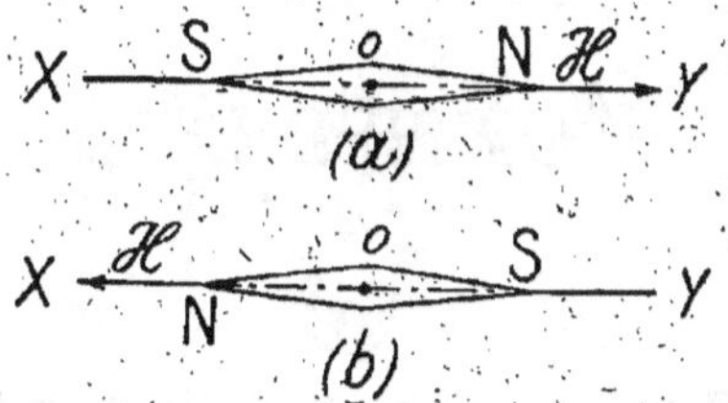

Fig. 1.

a) Le champ est dirigé de X vers Y : l'aiguille aimantée a son pôle sud à gauche et son pôle nord à droite ;

b) Le champ s'étant inversé est dirigé de Y vers X : l'aiguille s'est retournée de sorte que son pôle nord est à gauche et son pôle sud à droite.

qu'elle tend à se retourner bout pour bout toutes les fois que le champ s'inverse, de manière à ce que les lignes de force la pénètrent toujours par son pôle sud [1]. Mais, si la fréquence du champ alternatif est assez grande, par exemple 50 périodes par seconde, le champ s'inverse

[1] Voir *Principes généraux de l'Électricité*, chap. XIII, page 170.

100 fois en une seconde, et l'action qu'il exerce sur l'aiguille change de sens tous les centièmes de seconde ; on conçoit, dans ces conditions, que celle-ci, en raison de son inertie, n'exécute que des vibrations à peine visibles. Par contre, si l'on communique à l'aiguille, dans un sens quelconque, un mouvement de rotation de vitesse progressivement croissante, il arrive un moment où elle exécute un demi-tour dans l'intervalle de temps compris entre deux inversions successives du champ, c'est-à-dire

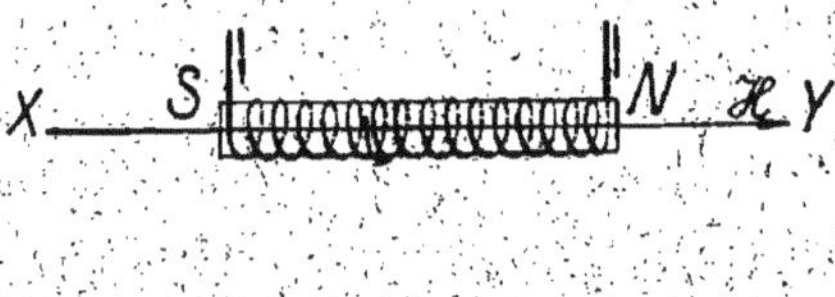

Fig. 2.

pendant une demi-période ; à partir de cet instant, elle continue à tourner avec la même vitesse, soit à raison de un tour par période du champ. Cette vitesse est exprimée en tours par seconde, par la fréquence du champ, et par suite du courant alternatif inducteur ; *elle est donc invariablement liée à la fréquence du courant d'alimentation* ; en raison de ce fait, le petit moteur ainsi obtenu est appelé **moteur synchrône.**

On arriverait naturellement au même résultat, si l'on remplaçait l'aiguille aimantée par un électro-aimant excité par un courant continu, et par conséquent assimilable à un aimant permanent (fig. 2) ; l'appareil réalisé de cette façon serait le plus simple des **moteurs synchrônes à champ alternatif.**

On pourrait aussi exciter l'électro-aimant par un courant alternatif, et le lancer dans un champ constant, de manière à lui faire exécuter un tour par période du courant ; ici encore, l'organe mobile continuerait à tourner à la même vitesse, et le système obtenu serait un **moteur synchrône à champ constant.**

Enfin, si, dans un champ tournant, et dans le sens même de rotation de ce champ, on entraîne, avec une vitesse croissante, un électro-aimant excité par un courant continu, il arrive un moment où l'électro tourne aussi vite que le champ et où les lignes de force de celui-ci le traversent du pôle sud au pôle nord ; à partir de ce moment, le champ entraîne l'électro-aimant comme s'ils étaient mécaniquement solidaires, et l'on se trouve alors en présence d'un véritable **moteur synchrône à champ tournant.** Les alternomoteurs de cette catégorie sont encore appelés **moteurs synchrônes polyphasés,** parce que, pour engendrer un champ tournant, l'organe fixe doit être nécessairement alimenté par des courants polyphasés.

REMARQUE. — *Les générateurs à courant alternatif sont réversibles,* comme les dynamos à courant continu. Le principe des moteurs synchrônes est basé précisément sur la réversibilité des alternateurs, ainsi que nous le montrerons par la suite :

a') les *alternateurs monophasés à induit fixe et inducteur mobile,* fonctionnant en récepteurs, sont des *moteurs synchrônes à champ alternatif ;*

b' des *alternateurs monophasés à inducteur fixe et induit mobile* dérivent les *moteurs synchrônes à champ constant ;*

c') enfin, les *alternateurs polyphasés* donnent naissance aux *moteurs synchrones à champ tournant*.

b) **Moteurs asynchrones.** — Disposons maintenant un disque de cuivre D dans un champ $\mathcal{H}$ tournant dans le sens de la flèche *f* (fig. 3). Au point de vue des phénomènes d'induction, tout se passe comme si le disque tournait en sens inverse et à la même vitesse dans le champ supposé fixe. Or, nous savons que ce déplacement fictif engendrerait dans le disque des courants de Foucault. Le disque, primitivement fixe dans le champ tournant, est donc le siège de courants de Foucault qui, d'après la loi de Lenz, s'opposent à la cause qui leur donne naissance. Cette cause étant la rotation du champ par rapport au disque, les courants de Foucault ne peuvent s'y opposer qu'en entraînant le disque dans le même sens, de manière à réduire la vitesse du champ par rapport à ce dernier. On conçoit d'ailleurs que si le disque pouvait tourner à la même vitesse que le champ, tout se passerait comme s'ils étaient fixes tous les deux, et la cause génératrice des courants de Foucault se trouverait supprimée. En admettant que cette circonstance particulière puisse se réaliser, elle ne saurait subsister plus d'un instant très court, car, les courants induits se trouvant annulés, la cause du mouvement du disque disparaîtrait par ce fait même, et l'organe mobile ralentirait sa marche, comme le fait une roue préalablement lancée quand la force motrice cesse d'agir. Naturellement, les courants de Foucault réapparaissent dès qu'il existe une différence de vitesse entre

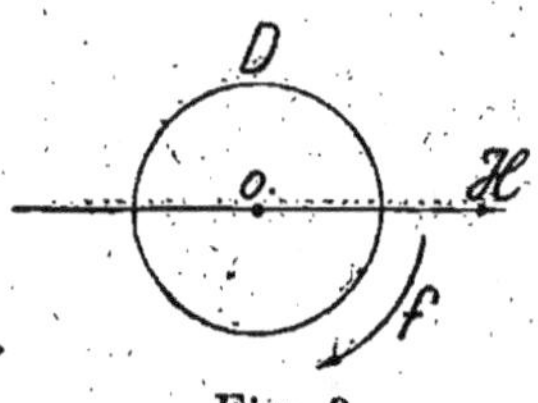

Fig. 3.

le champ tournant et le disque entraîné ; comme la cause du mouvement est intimement liée à l'existence des courants induits, *la vitesse de rotation du disque est nécessairement inférieure à celle du champ tournant.* Il n'y a donc plus ici de relation invariable entre la vitesse de l'organe mobile et la fréquence des courants alternatifs qui détermine la vitesse du champ tournant ; le nouveau moteur dont nous venons d'esquisser le principe n'est pas synchrone, on dit qu'il est **asynchrone**.

Il nous paraît utile de fixer dès maintenant le lecteur sur le sens qu'il convient d'attribuer à cette expression. Tout moteur dont la vitesse n'est pas invariablement liée à la fréquence des courants d'alimentation est un moteur asynchrone ; cette vitesse n'est pas forcément inférieure à celle qui correspond au synchronisme, elle peut lui être supérieure, elle peut momentanément passer par cette valeur particulière ou même s'y maintenir dans certaines conditions.

Les types de moteurs asynchrones sont très nombreux.

Signalons d'abord que certains d'entre eux possèdent un collecteur et que d'autres n'en ont pas ; en nous basant sur cette différence essentielle, nous classerons les moteurs asynchrones en **moteurs à collecteur** et en **moteurs sans collecteur**.

Nous désignerons maintenant sous le nom de **moteurs d'induction** ceux dans lesquels les courants qui circulent dans la partie mobile y sont engendrés par induction, et nous appellerons **moteurs de conduction** ceux dans lesquels ces courants sont fournis par une source extérieure.

Les moteurs sans collecteur sont forcément des moteurs d'induction ; ils se divisent en deux groupes suivant la nature du champ magnétique inducteur :

a') les **moteurs asynchrônes à champ tournant**, ou moteurs d'induction polyphasés ;

b') les **moteurs asynchrônes à champ alternatif**, ou moteurs d'induction monophasés.

Les moteurs à collecteur peuvent être également classés, suivant la nature des courants d'alimentation, en **moteurs monophasés à collecteur** et **moteurs polyphasés à collecteur.**

Les moteurs monophasés à collecteur comprennent trois groupes :

a') les moteurs de conduction excités en série, qui ne diffèrent des moteurs série à courant continu que par des dispositions particulières dues à la forme du courant employé, et que l'on désigne simplement sous le nom de **moteurs série à collecteur** ;

b') les moteurs d'induction à collecteur ou **moteurs à répulsion** ;

c') les **moteurs mixtes**, système Latour ou Winter-Eichberg, qui résultent de la combinaison des moteurs série et des moteurs à répulsion.

Les moteurs polyphasés à collecteur sont des moteurs de conduction : l'inducteur fixe, alimenté par des courants polyphasés, engendre un champ tournant comme dans les moteurs asynchrônes polyphasés ; la partie mobile, semblable à l'induit d'un moteur à courant continu, emprunte de l'énergie au réseau par l'intermédiaire des balais frottant sur un collecteur.

C) Résumé. — Pour rendre plus claire cette classification un peu longue, nous la résumerons dans le tableau suivant, et nous fixerons par cela même le plan du présent ouvrage.

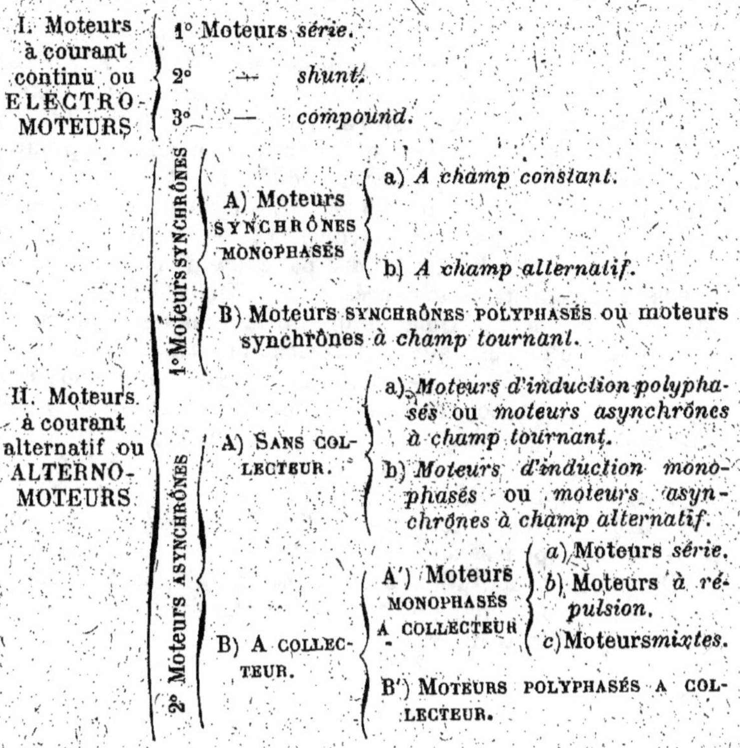

I. Moteurs à courant continu ou ELECTRO-MOTEURS
- 1° Moteurs *série*.
- 2° — *shunt*.
- 3° — *compound*.

II. Moteurs à courant alternatif ou ALTERNO-MOTEURS

1° Moteurs synchrônes
- A) Moteurs SYNCHRÔNES MONOPHASÉS
  - a) *A champ constant*.
  - b) *A champ alternatif*.
- B) Moteurs SYNCHRÔNES POLYPHASÉS ou moteurs synchrônes *à champ tournant*.

2° Moteurs asynchrônes
- A) SANS COLLECTEUR.
  - a) *Moteurs d'induction polyphasés* ou *moteurs asynchrônes à champ tournant*.
  - b) *Moteurs d'induction monophasés* ou *moteurs asynchrônes à champ alternatif*.
- B) A COLLECTEUR.
  - A') Moteurs MONOPHASÉS A COLLECTEUR
    - a) Moteurs *série*.
    - b) Moteurs *à répulsion*.
    - c) Moteurs *mixtes*.
  - B') MOTEURS POLYPHASÉS A COLLECTEUR.

QUESTIONNAIRE

1. Qu'est-ce qu'un moteur électrique ? — 2. Comment classe-t-on les moteurs électriques suivant la nature du courant qui les alimente ? — Que signifie cette expression : « la dynamo est réversible » ? — Combien y a-t-il de types de moteurs à courant continu ? — Nommez-les. — Comment classe-t-on les alternomoteurs en se basant sur la nature du champ magnétique inducteur ? — Comment les classe-t-on suivant que la vitesse de la partie mobile est liée ou non à la fréquence des courants d'alimentation ? — Montrez, par un exemple simple, ce que l'on entend par moteur synchrône. — Indiquez sommairement le principe d'un moteur syn-

chrône à champ alternatif. — Comment réalise-t-on le plus simple des moteurs synchrônes à champ constant ? — Exposez en quelques mots le principe des moteurs synchrônes à champ tournant. — Les alternateurs sont-ils réversibles. Si oui, qu'obtient-on en faisant fonctionner en récepteurs : les alternateurs monophasés à induit fixe et inducteur mobile ? les alternateurs monophasés à inducteur fixe et induit mobile ? les alternateurs polyphasés ? — Montrez, par un exemple, ce qu'il faut entendre par moteur asynchrône. — Précisez le sens de cette expression. — Qu'est-ce qu'un moteur d'induction ? — Qu'appelle-t-on moteur de conduction ? — A laquelle de ces deux catégories appartiennent les moteurs sans collecteur ? — Comment classe-t-on les moteurs asynchrônes sans collecteur ? — Quel nom donne-t-on encore aux moteurs asynchrônes à champ tournant ? Pourquoi ?— Quel nom donne-t-on encore aux moteurs d'induction monophasés ? Pourquoi ? — Comment classe-t-on les moteurs asynchrônes à collecteur ? — Indiquez la classification des moteurs monophasés à collecteur. — Montrez sommairement quelle est la constitution d'un moteur polyphasé à collecteur. — Résumez, par un tableau, la classification générale des moteurs électriques.

CHAPITRE II

MOTEURS A COURANT CONTINU
OU ÉLECTROMOTEURS
PRINCIPES GÉNÉRAUX

Sommaire. — Réversibilité des dynamos. — Sens de rotation. — Calage des balais. — Force contre-électro-motrice d'un moteur. — Démarrage d'un moteur. — Problème : calcul d'un rhéostat de démarrage.

3. Réversibilité des dynamos. — *a*) Considérons d'abord une dynamo tétrapolaire en anneau (fig. 4). L'induit tournant dans le sens de la flèche *f*, nous avons figuré sur le dessin le sens des f. é. m. induites dans les spires, la polarité des balais, et le sens du courant fourni au circuit extérieur M′ N′ [1].

Supposons maintenant que la dynamo soit au repos, et mettons-la en relation avec un générateur à courant continu, en établissant les communications de telle sorte que le courant dans les spires induites ait le même sens que précédemment. Comme, à l'intérieur d'un récepteur, l'électricité circule du pôle positif au pôle négatif, il nous faudra réunir le point N au pôle positif A de la source, et le point M au pôle négatif B (fig. 5).

L'induit se trouvera partagé en quatre régions : I, II,

---

[1] Voir le manuel *Générateurs*, chap. IX, page 194.

III, IV, assimilables à quatre solénoïdes courbes accolés par leurs pôles de même nom. La règle du tire-bouchon nous montre en effet que la région I a son pôle nord en

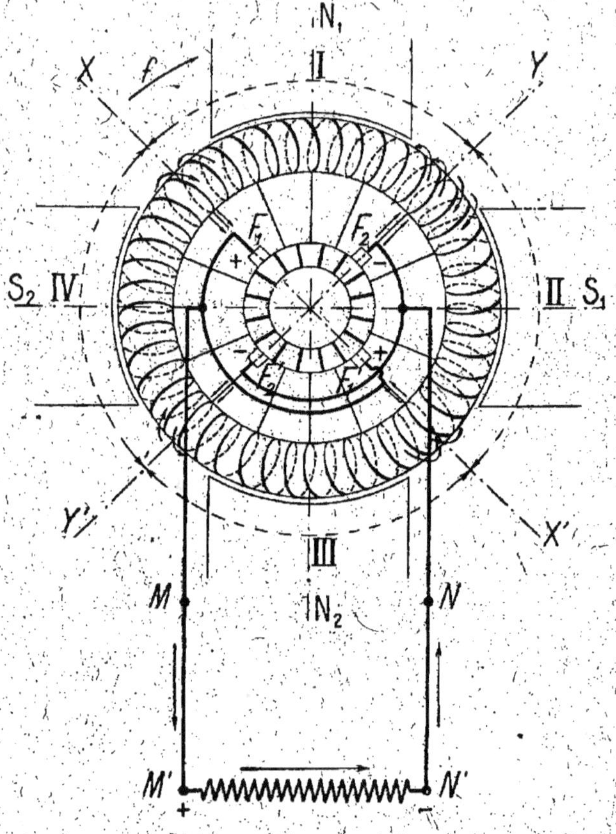

Fig. 4.

n_1 et son pôle sud en s_1; la région II, parcourue par un courant de sens contraire, a son pôle nord en n_2 et son pôle sud en s_2, etc... Comme on le voit, les quatre solénoïdes obtenus ont leurs pôles nord sur la première ligne

neutre XX' et leurs pôles sud sur la deuxième ligne
neutre YY'.

Après ces constatations élémentaires, le fonctionnement

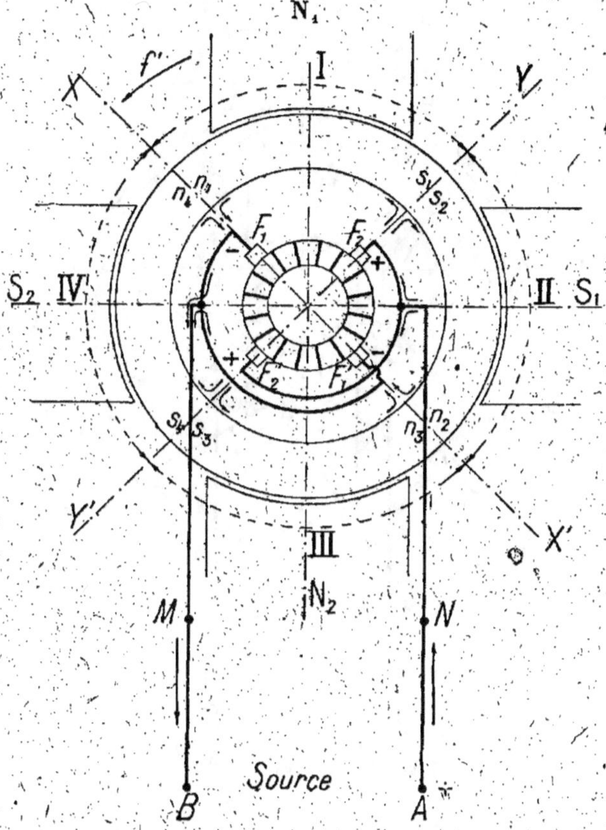

Fig. 5.

du moteur s'impose à l'esprit : les pôles n_4 n_4, repoussés
par le pôle inducteur de même nom N_1, sont attirés par
le pôle de nom contraire S_2 ; en même temps s_4 et s_3
repoussés par S_2 sont attirés par N_2 ; n_3 et n_2 repoussés

par N_1, sont attirés par S_1; s_1 et s_2, repoussés par S_1,
sont attirés par N_1; toutes ces actions concordantes communiquent à l'induit un mouvement de rotation dans
le sens f'.

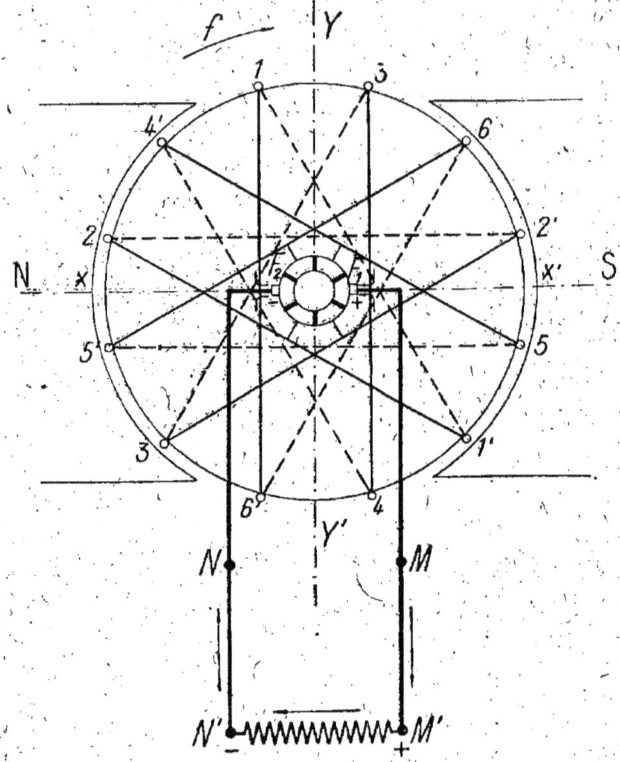

Fig. 6.

b) Prenons un deuxième exemple. Une dynamo bipolaire en tambour tourne dans le sens de la flèche f, et
fournit au circuit extérieur un courant dirigé de M' vers
N' (fig. 6). Comme tout à l'heure, nous avons représenté
sur le schéma le sens des courants dans les sections du

tambour. La machine étant au repos, relions l'induit à
une source extérieure, en établissant les connexions de
telle sorte que les sections soient parcourues par des cou-

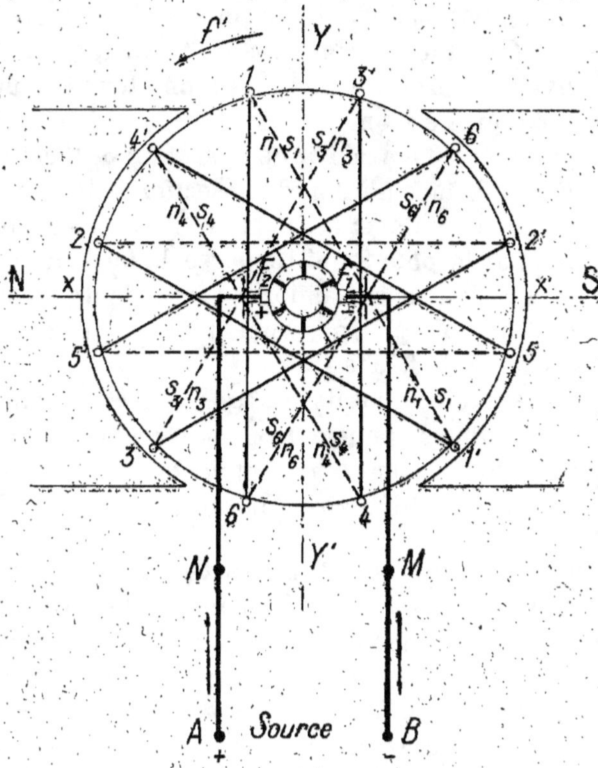

Fig. 7.

rants de même sens. Il nous faudra réunir le balai F₂ au
pôle positif A du générateur et le balai F₁ au pôle négatif B (fig. 7).

Considérons maintenant une section quelconque, 3-3'
par exemple. Elle peut être considérée comme un solénoïde très plat, présentant sa face polaire sud s₃ au pôle

inducteur nord (règle du tire-bouchon). Si elle était seule, cette section 3-3′, soumise à l'action prédominante du pôle N, viendrait se placer perpendiculairement à la ligne N S et se fixerait dans cette position. Mais elle n'est qu'un élément du bobinage induit, qui se déplace en même temps qu'elle, et les sections 2-2′, 1-1′, ..., qui viennent successivement prendre sa place, sont tour à tour soumises à la même action.

Pendant que la face sud s_4 de la section 3-3′ est attirée par le pôle N, la face nord n_4 de la section 4-4′ est repoussée par ce même pôle, et la face nord n_6 de la section 6-6′ est attirée par le pôle S qui repousse la face sud s_1 de la section 1-1′. Toutes ces actions concordantes communiquent à l'induit un mouvement de rotation continu dans le sens de la flèche f'.

Nous n'insisterons pas davantage. Le lecteur guidé par ces deux exemples, pourra trouver sans peine le principe du fonctionnement d'un moteur bipolaire à anneau, ou d'un moteur multipolaire à tambour.

4. Sens de rotation d'un moteur. — a) Ainsi que nous venons de le voir, *une dynamo, fonctionnant comme moteur, tourne* **en sens inverse** *du sens dans lequel il faudrait la faire tourner comme génératrice pour qu'elle produise, dans les sections induites, des courants de même sens que ceux qui les traversent.*

Cette règle simple, et qui doit être retenue par cœur, suppose évidemment que le flux inducteur conserve le même sens dans les deux cas.

b) *Si l'on inverse le courant dans l'induit seul, le sens de rotation s'inverse.*

En effet, considérons, pour simplifier, un moteur bipolaire en anneau, et supposons que les deux solénoïdes courbes, en lesquels l'induit se trouve partagé, aient leurs pôles sud $s_1 s_2$ en Y, et leurs pôles nord $n_1 n_2$ en Y' ; l'anneau tournera dans le sens de la flèche f_1 (fig. 8). Chan-

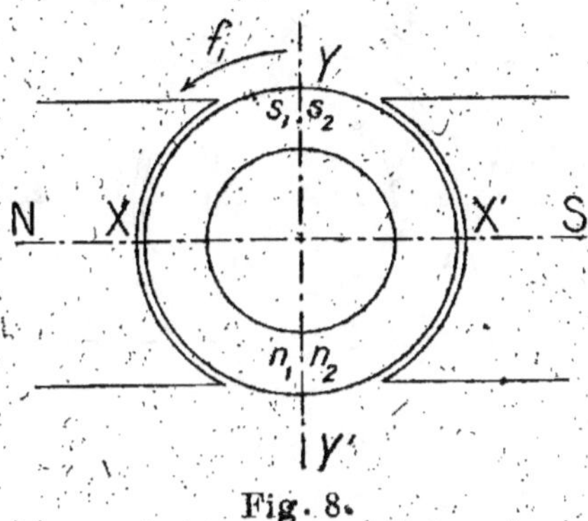

Fig. 8.

geons le sens du courant induit ; la polarité des solénoïdes précédents se trouvera inversée, les pôles $n_1 n_2$

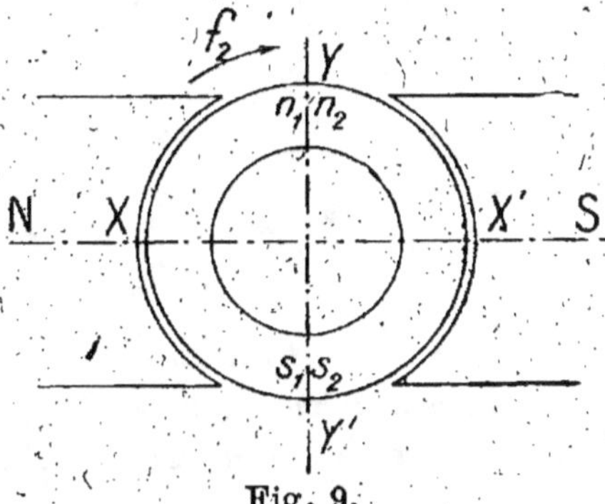

Fig. 9.

seront en Y, les pôles $s_1 s_2$ en Y', et l'anneau tournera dans le sens de la flèche f_2 (fig. 9).

c) *Si l'on inverse le courant dans l'inducteur seul, le sens de rotation l'inverse.*

En effet, si dans le moteur représenté par la fig. 8,

nous inversons le sens du courant inducteur, le pôle sud S sera à gauche et le pôle nord N à droite, de sorte que l'induit tournera dans le sens f_3, inverse de f_1 (fig. 10).

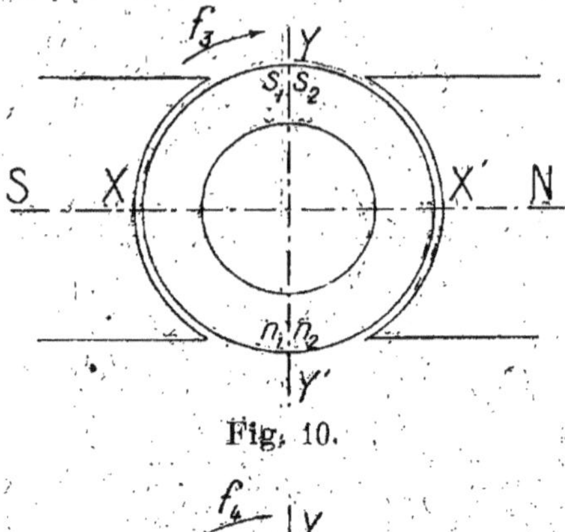

Fig. 10.

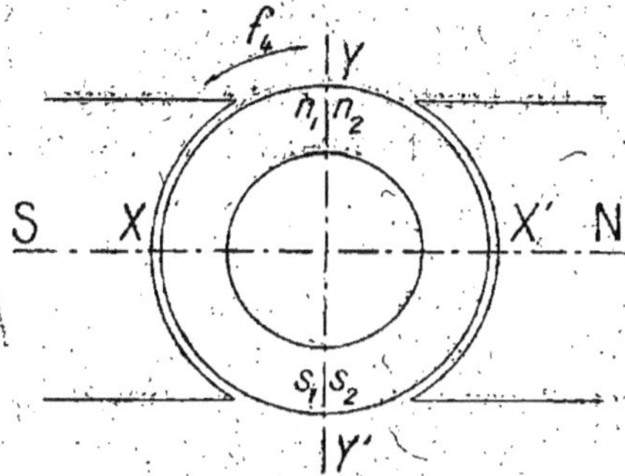

Fig. 11.

d) *Si l'on inverse le courant induit en même temps que le courant inducteur, le sens de rotation ne change pas.* Il suffit, pour s'en convaincre, de comparer les fig. 8 et 11.

5. Calage des balais. — Lorsqu'une dynamo fonctionne comme génératrice, il faut *avancer* les balais dans le sens du mouvement afin d'éviter la production d'étincelles [1].

Pour des raisons semblables, si la même machine fonc-

(1) Voir le manuel *Générateurs*, chap. VIII, page 165.

tionne comme réceptrice, les balais devront être décalés *en arrière* de la ligne neutre, par rapport au sens de rotation.

Dans la marche en moteur, l'angle de calage est moins grand que dans la marche en génératrice, et il est plus facile d'obtenir un fonctionnement sans étincelles appréciables.

Lorsqu'on inverse le sens de rotation d'un moteur, il faut modifier en même temps la position des balais. Toutefois, les moteurs à changements de marche fréquents sont construits spécialement pour fonctionner sans étincelles, avec un décalage nul, quel que soit le sens du mouvement.

6. Force contre-électromotrice d'un moteur. —
A) *Son existence ; sa valeur.* — Lorsque l'induit d'un moteur tourne sous l'influence du courant d'une source extérieure, les sections qu'il porte, se déplaçant dans le champ inducteur, sont le siège de f. é. m. induites qui, étant donné le sens de rotation défini par la règle précédente, sont dirigées en sens inverse des courants qui y circulent. Leur résultante s'oppose donc à la d. d. p. appliquée aux bornes, et affaiblit le courant dans l'induit ; c'est la *force contre-électromotrice* du moteur, dont nous avons déjà prévu l'existence [1].

Cette f. c. é. m. a naturellement la même valeur que la f. é. m. engendrée par la machine fonctionnant en génératrice dans les mêmes conditions de vitesse et de flux. Elle est donc donnée par la formule générale connue :

$$E' = \frac{p}{a} \frac{\Phi N n}{10^8} \ volts \ [2]$$

[1] Voir le manuel *Principes généraux de l'Électricité*, chap. VII, § 30, page 76.
[2] Voir le manuel *Générateurs*, chap. X, page 219.

p est le nombre de paires de pôles inducteurs ;

a est la moitié du nombre des voies d'enroulement ;

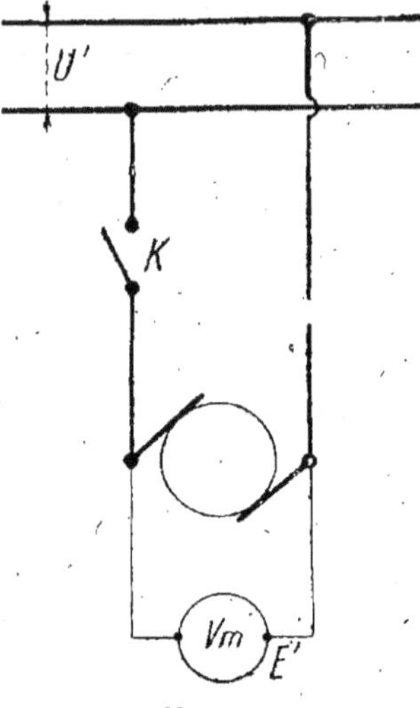

Fig. 12.

Φ est le flux utile par pôle ;

N est la vitesse de rotation de l'induit, en tours par seconde ;

n est le nombre de conducteurs périphériques.

Une expérience très simple permet de montrer la présence de la f. c. é. m. d'un moteur. Branchons un voltmètre en dérivation aux bornes, et ouvrons l'interrupteur K du circuit d'alimentation au moment où l'induit est en pleine vitesse (fig. 12). Le voltmètre indiquera une certaine d. d. p., alors même que le moteur est séparé de la source. Cette d. d. p. n'est pas autre chose que la f. c. é. m. E′ engendrée par l'induit ; comme la formule précédente le fait prévoir, elle diminue en même temps que la vitesse du moteur, et s'annule quand l'induit s'arrête.

B) *Relation entre la d. d. p. aux bornes de l'induit d'un moteur et la f. c. é. m. qu'il développe.* — Nous avons vu [1] que la d. d. p. aux bornes d'un récepteur est égale à sa f. c. é. m. augmentée du produit de sa résistance intérieure par l'intensité du courant qui le traverse :

$$U' = E' + r' I' \qquad (1)$$

[1] Voir le manuel *Principes généraux de l'Électricité*, chap. VII, page 78.

Il nous paraît indispensable de revenir un peu sur cette importante relation qu'il ne faut pas employer sans discernement.

Quand il s'agit d'un récepteur mécanique, la formule (1) n'est applicable en toute rigueur qu'à l'organe où s'opère la transformation d'énergie électrique en énergie mécanique, c'est-à-dire à l'induit seul. D'ailleurs, pour qu'il ne puisse y avoir aucune hésitation, nous allons en modifier la forme.

Durant toute l'étude des moteurs à courant continu, nous désignerons :

par U' la d. d. p. aux bornes du moteur,

par E' la f. c. é. m. développée par l'induit,

par r' la résistance intérieure du moteur, c'est-à-dire la résistance de l'ensemble constitué par l'inducteur et l'induit,

et par I' l'intensité totale du courant d'alimentation.

Nous désignerons aussi par :

U'_a la d. d. p. aux bornes de l'induit seul,

par r'_a la résistance propre de l'induit,

et par I'_a l'intensité du courant qui traverse l'induit ou intensité d'armature.

Dans ces conditions, et d'après ce qui vient d'être dit, nous écrirons toujours :

$$U'_a = E' + r'_a I'_a \qquad (2)$$

Cette nouvelle expression doit être considérée comme la forme particulière qu'il convient de donner à la relation générale (1) lorsque le récepteur considéré est un moteur. Elle résume cette loi fondamentale :

La tension appliquée aux bornes de l'induit d'un moteur est égale à la f. c. é. m. qu'il développe augmentée du produit de sa résistance propre par l'intensité du courant qui le traverse.

Considérons par exemple l'induit d'un moteur de $20^{\text{ch-v}}$. Sa résistance étant égale à $0^{\text{ohm}},03$, il absorbe normalement un courant de 140^{A} et développe une f. c. é. m. de $115^{\text{V}},8$. La tension qu'il convient d'appliquer à ses bornes nous est donnée par la relation (2) :

$$U'_a = 115^{\text{V}},8 + 0^{\text{ohm}},03 \times 140^{\text{A}} = 115^{\text{V}},8 + 4^{\text{V}},2 = 120^{\text{V}}.$$

Supposons le moteur excité en série, et soit $0^{\text{ohm}},025$ la résistance de l'inducteur (fig. 13) ; la d. p. p. U' qu'il faudra appliquer aux bornes du moteur s'obtient en ajoutant à 120^{V} la perte de charge dans l'inducteur :

$$U' = 120^{\text{V}} + 0^{\text{ohm}},025 \times 140^{\text{A}} = 120^{\text{V}} + 3^{\text{V}},5 = 123^{\text{V}},5.$$

D'une façon générale, si r'_s désigne la résistance de l'inducteur :

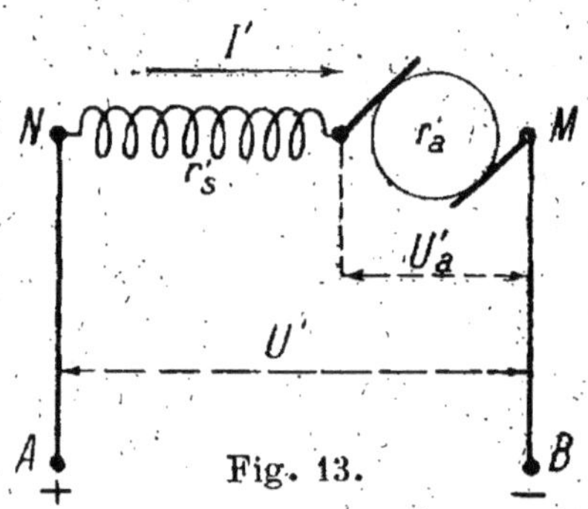

$$U' = U'_a + r'_s I'_a$$

Comme

$$U'_a = E' + r'_a I'_a,$$

nous pouvons écrire :

$$U' = E' + r'_a I'_a + r'_s I'_a$$
$$= E' + (r'_a + r'_s) I'_a.$$

Or $(r'_a + r'_s)$ représente la somme des résistances de l'induit et de l'inducteur en série, c'est-à-dire la résistance r' du moteur :

$$r'_a + r'_s = r'$$

D'autre part, le même courant I'_a traverse l'inducteur et l'induit ; il se confond ici avec le courant d'alimentation du moteur, de sorte qu'il nous est permis d'écrire indifféremment :

$$U' = E' + r' I'_a$$
ou
$$U' = E' + r' I'$$

Nous retrouvons ainsi la relation (1). Donc, quand il s'agit d'un moteur série, les relations (1) et (2) sont équivalentes, et on peut employer l'une ou l'autre, en ne se laissant guider que par des raisons de commodité. On conçoit aisément qu'il en soit ainsi précisément parce que, dans un moteur série, les deux organes constitutifs : l'inducteur et l'induit, sont traversés par le même courant.

Considérons maintenant un moteur shunt formé par l'induit précédent et un inducteur en dérivation produisant le flux normal avec un courant $i' = 4^A$ (fig. 14). Ici, la tension U' aux bornes du moteur est égale à la tension U'_a aux bornes de l'induit seul ; mais l'intensité I'_a du courant qui circule dans l'induit est inférieure à l'intensité I' du courant total qui alimente le moteur,

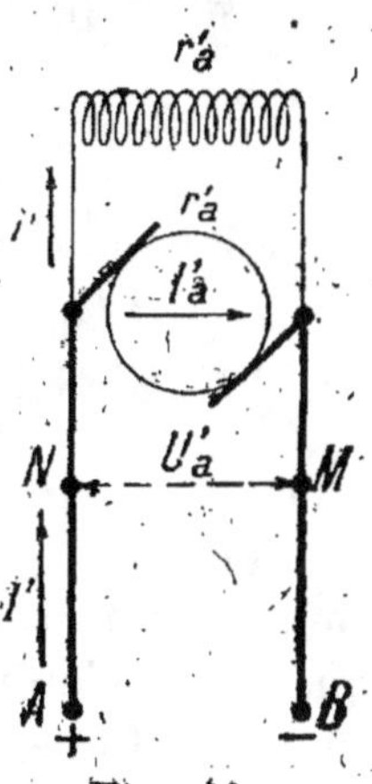

Fig. 14.

puisqu'elle n'en est qu'une partie. On a d'ailleurs :

$$I' = I'_a + i' = 140^A + 4^A = 144^A.$$

Calculons la résistance intérieure du moteur. Nous avons, en désignant par r'_d la résistance de l'inducteur :

$$\frac{1}{r'} = \frac{1}{r'_a} + \frac{1}{r'_d} \quad (1)$$

(1) Voir le manuel *Principes généraux de l'Electricité*, chap. IX, page 98.

La loi d'Ohm nous donne immédiatement la résistance r'_d. De

$$U'_a = r'_d \, i',$$

nous tirons en effet :

$$r'_d = \frac{U'_a}{i'} = \frac{120^V}{4^A} = 30^{ohms}$$

Par suite :

$$\frac{1}{r'} = \frac{1}{0,03} + \frac{1}{30} = \frac{1000}{30} + \frac{1}{30} = \frac{1001}{30}$$

$$\text{et} \qquad r' = \frac{30}{1001}$$

En appliquant la formule (1), nous aurions :

$$U' = 115^V,8 + \frac{30^{ohms}}{1001} \times 144^A = 115^V,8 + 4^V,315 = 120^V115$$

Cette tension est un peu supérieure à $U'_a = 120^V$. Evidemment, cette différence, très faible, n'est pas de nature à influencer gravement le résultat d'un calcul d'ordre pratique. Nous n'en proscrirons pas moins une méthode qui consacrerait une erreur de principe et risquerait de fausser l'esprit de l'élève. Admettre en effet que, dans un moteur shunt, les expressions.

$$U' = E' + r' \, I'$$
$$\text{et} \qquad U'_a = E' + r'_a I'_a$$

sont équivalentes, revient à poser :

$$r' \, I' = r'_a I'_a \qquad\qquad (3)$$
$$\text{puisque} \qquad U' = U'_a$$

Or, pour que la relation (3) soit vraie, il faudrait que l'induit et l'inducteur soient comparables à de simples conducteurs fixes en dérivation l'un sur l'autre ; il faudrait, par conséquent, que l'induit en mouvement se comporte comme s'il était au repos, c'est-à-dire ne développe aucune f. c. é. m.

Ainsi, la formule (1) n'est pas applicable au moteur shunt. Elle ne l'est pas davantage au moteur compound, qui est, en somme, un moteur shunt auquel on a ajouté quelques spires inductrices en série.

Pour qu'il n'y ait jamais d'hésitation sur la marche à suivre dans la résolution d'un problème, nous conseillons d'abandonner la relation (1), bien qu'elle soit applicable au moteur série, et de ne retenir que la formule (2) qui est vraie dans tous les cas.

7. Démarrage d'un moteur. — Considérons maintenant l'induit du moteur de 20^{ch-v} dont nous nous sommes occupé déjà au paragraphe précédent. Si nous le soumettions directement à la tension de 120 volts, il serait traversé par un courant de :

$$\frac{120^{V}}{0^{ohm},03} = 4.000^{A} .$$

Ce courant énorme brûlerait la machine et la canalisation elle-même.

Il est donc nécessaire de protéger le moteur et la ligne contre les effets d'une intensité qu'ils ne peuvent supporter. On y arrive très simplement au moyen d'un rhéostat mis en série avec l'induit, et dont la présence, au moment du démarrage, réduit le courant à une valeur convenable.

Pour préciser, cherchons quelle devra être la résistance du rhéostat pour que l'intensité de démarrage ne dépasse pas deux fois l'intensité de régime.

Si R est la résistance cherchée, celle du circuit induit a pour valeur :

$$0^{\text{ohm}},03 + R \quad \text{(fig. 15)}.$$

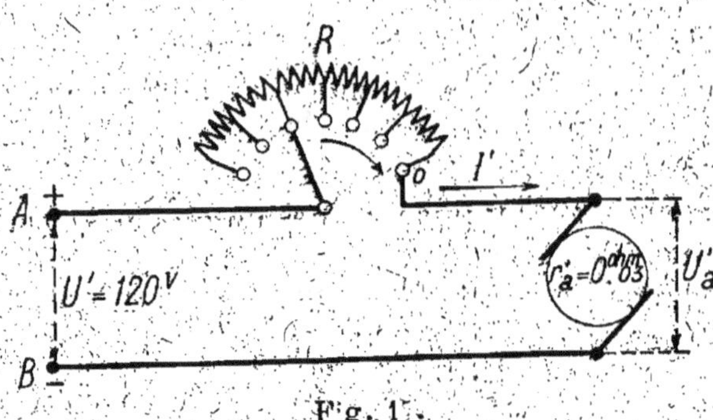

Fig. 15.

Soumis à la d. d. p. du réseau, soit 120^{V}, ce circuit ne devra pas supporter plus de :

$$140^{\text{A}} \times 2 = 280^{\text{A}}$$

donc :

$$\frac{120^{\text{V}}}{R + 0^{\text{ohm}},03} = 280^{\text{A}} \quad \text{(Loi d'Ohm)}.$$

Par suite :

$$(R + 0^{\text{ohm}},03)\,280^{\text{A}} = 120^{\text{V}}$$

et

$$R + 0^{\text{ohm}},03 = \frac{120^{\text{V}}}{280^{\text{A}}} = 0^{\text{ohm}},43 \text{ environ},$$

de sorte que :

$$R = 0^{\text{ohm}},43 - 0^{\text{ohm}},03 = 0^{\text{ohm}},4.$$

Ainsi un rhéostat de $0^{\text{ohm}},4$, mis en série avec l'induit, préviendra tout accident à la mise en marche.

Lorsque le moteur tourne, il développe une f. c. é. m. dont la valeur augmente au fur et à mesure que la vitesse s'accélère.

Cette f. c. é. m. croissante s'opposant à la tension appliquée aux bornes, réduit l'intensité du courant dans l'induit, et l'on peut supprimer progressivement les résistances du rhéostat.

Lorsque le moteur atteindra sa vitesse de régime, le rhéostat ne servira plus à rien, et l'on pourra le retirer complètement du circuit en plaçant la manette sur le plot O. La f. c. é. m. sera alors très voisine de la tension motrice, et limitera le courant induit à sa valeur normale.

La résistance de protection n'est donc utile que pendant la période de mise en marche ; on lui donne, pour cette raison, le nom de **rhéostat de démarrage**.

Remarque : Le lecteur se demandera peut-être si le courant dans l'induit peut s'annuler. Un moment de réflexion lui montrera que ce n'est pas possible.

En effet : $\qquad U'_a = E' + r'_a I'_a$ (1)

Donc $\qquad r'_a I'_a = U'_a - E'$

et $\qquad -I'_a = \dfrac{U'_a - E'}{r'_a}$

Pour que l'intensité I'_a soit nulle, il faudrait que la f. c. é. m. E' soit égale à la tension U'_a. Le moteur devrait alors tourner à la vitesse qui serait nécessaire à la machine fonctionnant comme génératrice pour engendrer une f. é. m. égale à la d. d. p. U'_a. Or, cela ne peut pas être, car, même à vide, le moteur doit vaincre les résistances dues à l'air, aux frottements de l'arbre contre ses coussinets, et des balais sur le collecteur.

Problème : Proposons-nous de calculer les différentes résistances du rhéostat précédent. Cet exercice nous per-

(1) Voir *Principes généraux de l'Électricité*, chap. VII, p. 78.

mettra de suivre d'un peu plus près le mécanisme du démarrage d'un moteur.

Au moment où l'on ferme le circuit du moteur, le

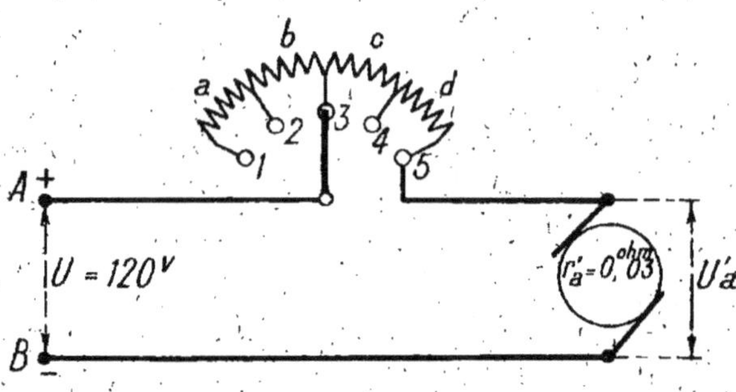

Fig. 16.

rhéostat est tout entier en service et la manette repose sur le plot 1 (fig. 16). La résistance du rhéostat, jointe à celle de l'induit, limite l'intensité du courant au double de sa valeur normale, soit 280ᴬ.

Sous l'influence de ce courant, le moteur démarre, sa vitesse croît progressivement ainsi que la f. c. é. m. A un moment donné, celle-ci a une valeur telle que le courant atteint son intensité de régime, 140ᴬ. Cette valeur s'obtient en écrivant que la d. d. p. U′ est égale à la f. c. é. m. du moteur E′ₐ, augmentée de la perte de charge dans la portion de circuit comprise entre les bornes A et B. Or, la résistance de la portion de circuit considérée se compose de la résistance R du rhéostat et de la résistance r'_a de l'induit du moteur ; elle est donc égale à :

$$R + r'_a = 0^{ohm},4 + 0^{ohm},03 = 0^{ohm},43,$$

et la perte de charge a pour valeur :

$$0^{ohm},43 \times 140^A = 60^V,2$$

Par suite :

$$U' = E'_1 + 60^V,2$$

Comme
$$U' = 120^V$$
$$120^V = E'_1 + 60^V,2$$

et
$$E'_1 = 120^V - 60^V,2 = 59^V,8$$

Ainsi, le courant prend sa valeur normale lorsque la f. c. é. m. atteint $59^V,8$. Nous pouvons alors supprimer la première résistance a du rhéostat, en faisant passer la manette du plot 1 sur le plot 2. Mais alors l'intensité remonte aussitôt ; pour qu'elle ne dépasse pas 280^A, il faut que la résistance qui reste en circuit soit suffisante pour limiter le courant à cette valeur. Or, en supprimant a, la résistance comprise entre A et B devient :

$$0^{ohm},43 - a,$$

et la perte de charge dans cette portion de circuit a pour valeur :

$$(0^{ohm},43 - a)\ 280^A$$

de sorte que :

$$U' = E'_1 + (0^{ohm},43 - a)\ 280^A,$$
$$\text{ou :} \quad 120^V = 59^V,8 + (0^{ohm},43 - a)\ 280^A.$$

Par suite :

$$(0^{ohm},43 - a)\ 280^A = 120^V - 59^V,8 = 60^V,2$$
$$0^{ohm},43 - a = \frac{60^V,2}{280^A} = 0^{ohm},215$$

et
$$a = 0^{ohm},43 - 0^{ohm},215 = 0^{ohm},215.$$

La résistance a du rhéostat doit donc être égale à $0^{ohm},215$.

La vitesse augmente encore, et ave celle la f. ç. é. m. du moteur, de sorte que le courant diminue. En répétant le calcul du début, nous pouvons trouver la valeur E', de la f. c. é. m. qui correspond au courant normal.

La résistance totale de la portion de circuit A B est égale à $0^{ohm},43$; en retirant du circuit $a = 0^{ohm},215$, il reste :

$$0^{ohm},43 - 0^{ohm},215 = 0^{ohm},215.$$

Le courant ayant son intensité de régime 140^A, la perte de charge est :

$$0^{ohm},215 \times 140^A = 30^V,1.$$

Par suite :

$$120^V = E'_2 + 30^V,1$$

et $\qquad E'_2 = 120^V - 30^V,1 = 89^V,9.$

La f. c. é. m. ayant cette valeur, nous pouvons supprimer la résistance b en faisant passer la manette sur le plot 3 ; pour que le courant ne dépasse pas 280^A, il faut que :

$$120^V = 89^V,9 + (0^{ohm},215 - b)\, 280^A.$$

Par suite :

$$(0^{ohm},215 - b) \times 280^A = 120^V - 89^V,9 = 30^V,1$$

$$0^{ohm},215 - b = \frac{30^V,1}{280^A} = 0^{ohm},108$$

et $\qquad b = 0^{ohm},215 - 0^{ohm},108 = 0^{ohm},107$

On peut calculer ainsi de proche en proche toutes les résistances du rhéostat ; il suffit de répéter point par point la série des opérations que nous avons faites pour déterminer les deux premières.

En suivant la méthode exposée, le lecteur peut aisément terminer cet exercice. Les résultats qu'il obtiendra sont les suivants :

La manette étant sur le plot 3, le courant devient normal quand la f. c. é. m. E'_3 est égale à $104^V,88$; pour qu'en poussant la manette sur le plot 4, le courant ne dépasse pas 280^A, il faut que la résistance c, supprimée par cette manœuvre, soit égale à $0^{ohm},054$.

Le courant diminue et reprend sa valeur de régime quand la f. c. é. m. E', est $112^V,44$. On pousse alors la manette sur le plot 5 ; pour que le courant ne dépasse pas 280^A, la résistance d doit être égale à $0^{ohm},027$.

La somme des résistances ainsi calculées donne :

$$0^{ohm},215 + 0^{ohm},107 + 0^{ohm},054 + 0^{ohm},027 = 0^{ohm},403.$$

c'est-à-dire, très sensiblement la résistance totale du rhéostat. Celui-ci comprendra donc quatre résistances et cinq plots. Il devra être manœuvré de telle sorte que le moteur atteigne sa vitesse de régime aussitôt après que la manette a été placée sur le plot 5. L'induit est alors seul en circuit, et la f. c. é m. E', correspondant à la marche normale, limite à elle seule l'intensité du courant à 140^A. Sa valeur est telle que :

$$U' = E' + r'_a I'_a.$$

Nous tirons de là :

$$E' = U' - r'_a I'_a$$
$$= 120^V - 0^{ohm},03 \times 140^A = 120^V - 4^V,2.$$
$$= 115^V,8$$

La période de démarrage est terminée. Le rhéostat est tout entier hors circuit, et on n'y touchera plus jusqu'à l'arrêt du moteur.

QUESTIONNAIRE

3. Exposez le principe de la réversibilité des dynamos, en considérant successivement :

a) une dynamo bipolaire avec induit en anneau ;

b) une dynamo à 6 pôles avec induit en anneau ;

c) une dynamo bipolaire avec induit en tambour,
d) une dynamo tétrapolaire avec induit en tambour.

4. Quel est le sens de rotation d'un moteur ? — Que devient le sens de rotation, si l'on inverse le sens du courant dans l'induit seul ? — Que devient le sens de rotation, si l'on inverse le sens du courant dans l'inducteur seul ? — Que devient le sens de rotation, si l'on inverse le sens du courant simultanément dans l'induit et dans l'inducteur ? — 5. Lorsqu'une dynamo fonctionne comme réceptrice, comment doit-on caler les balais ? — 6. Lorsque l'induit d'un moteur tourne entre les pôles inducteurs, quel est le sens des f. é. m. induites dans les spires ? — Quelle est la valeur de la f. c. é. m. d'un moteur ? — Comment peut-on montrer l'existence de cette f. c. é. m. ? — Quelle relation existe-t-il entre la d. d. p. aux bornes de l'induit d'un moteur et la f. c. é. m. qu'il développe ? — 7. Qu'arriverait-il si l'on branchait directement un moteur sur une distribution à tension constante ? — Comment protège-t-on l'induit d'un moteur pendant la période de démarrage ? — Expliquez avec précision le rôle d'un rhéostat de démarrage. — L'intensité du courant peut-elle s'annuler ? Pourquoi ?

EXERCICES

1. — L'induit d'un moteur de $7^{ch-v},5$ absorde 59^A sous 110^V. Sa résistance intérieure est $0^{ohm},09$; quelle est la f. c. é. m. qu'il développe ?

2. — L'induit d'un moteur de 24^{ch-v} absorbe 180^A sous 110^V. Sa f. c. é. m. est $105^V,5$. Calculer sa résistance intérieure.

3. — La chute de tension à l'intérieur de l'induit d'un moteur représente $5,5 \%$ de la d. d. p. appliquée à ses bornes. Celle-ci étant égale à 220^V, quelle est la f. c. é. m. du moteur ?

4. — Un moteur bipolaire tourne à raison de 1200 tours par minute. L'induit porte 560 conducteurs. Sachant que le flux utile pénétrant dans l'armature est 1.000.000 de maxwells, calculer la f. c. é. m. du moteur.

5. — Un moteur tétrapolaire tourne à la vitesse de 530 tours par minute. L'induit, bobiné en série, porte 792 conducteurs. Sachant que le flux utile par pôle est 3.290.000 maxwells, calculer la f. c. é. m. du moteur.

6. — Un moteur à 6 pôles tourne à la vitesse de 600 tours

par minute. L'induit porte 800 conducteurs et comprend 4 voies d'enroulement. Sachant que la f. c. é. m. du moteur est 420^V, quel est le flux utile par pôle ?

7. — Un moteur est alimenté par une canalisation à 440^V. La résistance intérieure de l'induit est 0^{ohm},8 et le courant normal qui le traverse : 20^A. Calculer :

a) l'intensité du courant qui passerait dans l'induit si, à la mise en marche, on lui appliquait directement la tension de distribution ;

b) la résistance du rhéostat, capable de limiter l'intensité du courant de démarrage au double de l'intensité normale.

8. — Un moteur de 50^{ch-v} est alimenté par une canalisation à 220^V. La résistance intérieure de l'induit est 0^{ohm},1 et l'intensité normale du courant qui l'alimente : 185^A. Calculer :

a) la résistance totale du rhéostat de démarrage, sachant que l'intensité maxima admise dans l'induit ne doit pas dépasser 1,25 fois l'intensité du courant de régime ;

b) les résistances comprises entre les plots successifs de ce rhéostat.

9. — Un moteur de 5^{ch-v} est alimenté par une canalisation à 110^V. La résistance intérieure de l'induit est 0^{ohm},14 et l'intensité normale du courant qui le traverse 40^A. Calculer :

a) la résistance totale du rhéostat de démarrage, sachant que l'intensité maxima admise dans l'induit est égale à 2,5 fois l'intensité du courant de régime ;

b) les résistances comprises entre les plots successifs de ce rhéostat.

10. — Le rhéostat de démarrage précédemment calculé (exercice 9) est constitué par un fil de maillechort, dont la résistivité est 0,31 $^{ohm-mm2}$ par mètre, et dans lequel on admet une densité maxima de courant égale à 10 ampères par mm^2. Calculer :

a) la section du conducteur ;
b) son diamètre ;
c) la longueur totale du fil employé.

11. — Les résistances du rhéostat précédent sont pratiquement réalisées en enroulant le fil de maillechort sur un mandrin de 22^{mm} de diamètre, de manière à former un certain nombre de boudins.

Sachant que les spires successives sont séparées par un intervalle égal à deux fois le diamètre du fil, indiquer :

a) le nombre de boudins qui paraît convenir le mieux ;
b) le nombre de spires par boudin ;
c) l'encombrement longitudinal d'un boudin ;
d) les dimensions approximatives du cadre métallique qui servira de support aux boudins.

Faire le schéma de montage du rhéostat, en indiquant les liaisons des boudins avec les plots.

CHAPITRE III

ÉLECTROMOTEURS

PRINCIPES GÉNÉRAUX *(Suite).*

8. Notion de couple. — Avant de poursuivre cette étude, et pour donner au lecteur des notions dont la simplicité n'exclut pas la précision, nous voudrions le familiariser avec la notion importante de couple moteur.

En Mécanique, on donne le nom de *couple* à un système de deux forces égales, parallèles et de sens contraires.

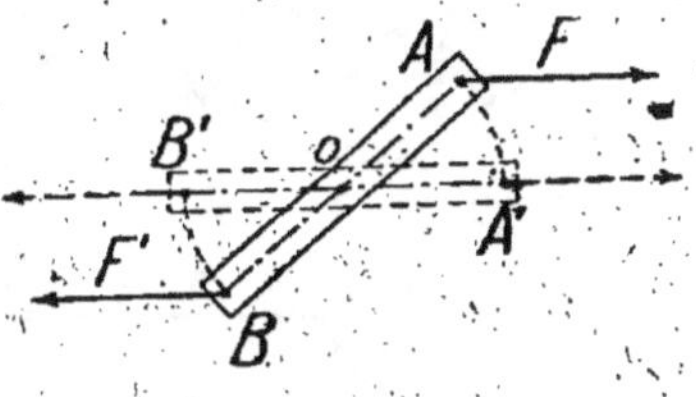

Fig. 17.

Ainsi, une force F est appliquée en un point A d'un corps (fig. 17) ; une deuxième force F′ égale et parallèle à F, mais de sens contraire, agit en un deuxième point B du même corps ; *l'ensemble des deux forces F et F′ constitue un couple.*

Si le corps est abandonné à l'action de ce couple, il va

pivoter autour du point O, milieu de A B, jusqu'à ce que les deux forces F et F' soient dans le prolongement l'une de l'autre, et s'équilibrent mutuellement.

L'orientation d'une aiguille aimantée dans un champ magnétique, est due à un couple dont les forces sont appliquées aux deux pôles.

9. Moment d'un couple. — Il est facile de se rendre compte que l'effet d'un couple dépend non seulement de la grandeur des forces qui le constituent, mais encore de leur distance A H (fig. 18-*a*).

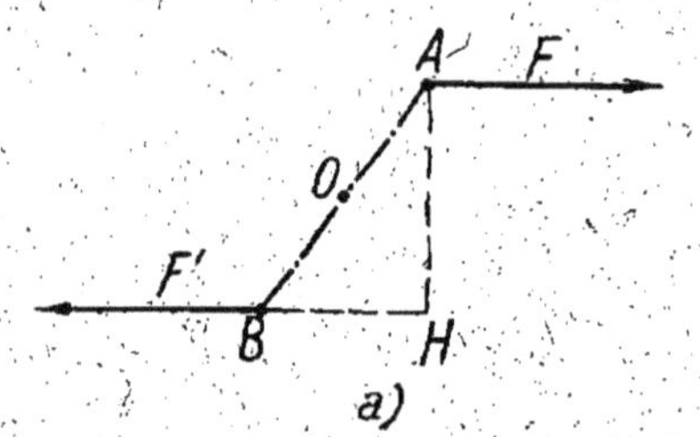

En effet, lorsque les forces F et F' ont la même direction (fig. 18-*b*), la distance qui les sépare est nulle, et le couple n'a aucun effet sur le corps.

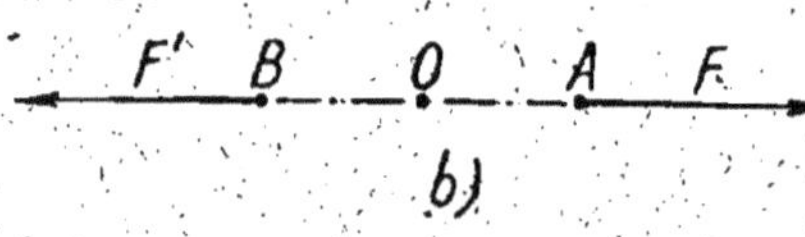

Lorsque les forces F et F' sont perpendiculaires à la droite AB qui joint leurs points d'application (fig. 18-*c*), la distance qui les sépare ne peut pas être plus

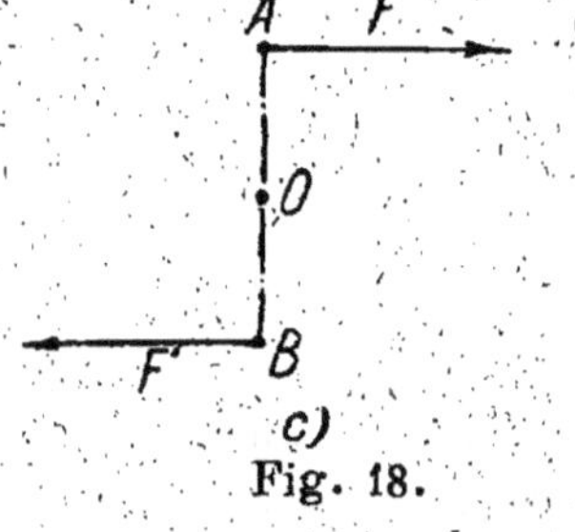

Fig. 18.

grande, et il est manifeste que le travail pouvant être accompli par le couple est maximum.

Comme la grandeur des forces d'un couple ne suffit pas à caractériser sa capacité de travail, on spécifie son effet utile en multipliant l'intensité commune de ses forces par leur distance. Le produit ainsi obtenu s'apelle *moment du couple*. Ainsi, en *a*), le moment du couple est : $F \times AH$; en *b*), il est nul ; en *c*), il est maximum et égal à $F \times AB$.

Nous savons que l'unité usuelle de force est le *kilo-*

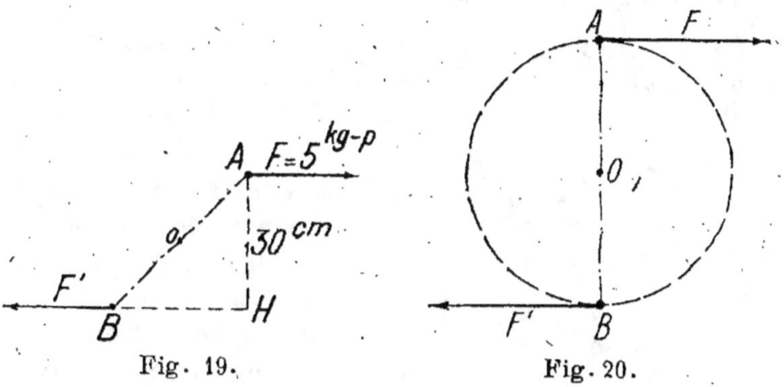

Fig. 19.   Fig. 20.

gramme poids et l'unité usuelle de longueur, le *mètre*. L'unité usuelle de moment sera donc le moment d'un couple dont les forces, égales à 1 kilogramme-poids sont distantes de 1 mètre ; nous lui donnerons le nom de *mètre-kilogramme* (m-kg).

Supposons par exemple que les forces du couple représenté par la fig. 19 soient égales à 5^{kg-p} et que leur distance AH mesure 30 cm. ; le moment du couple sera :

$$0^m,30 \times 5^{kg-p} = 1,5 \text{ mètre-kilogramme.}$$

10. Couple moteur. — a) Définition : Supposons maintenant que les forces F et F′ du couple restent constamment tangentes à la circonférence décrite par leurs points d'application (fig. 20) ; elles n'auront jamais la même direction et le corps entraîné, ne pouvant se fixer dans une position d'équilibre, prendra un *mouvement de rotation* continu. Réciproquement, tout corps animé d'un mouvement de rotation peut être considéré comme soumis à l'action d'un couple, que nous appellerons **couple moteur** ; c'est le cas, par exemple, d'une poulie, d'un volant, d'un induit de moteur.

b) **Travail d'un couple-moteur.** — Supposons qu'une poulie soit entraînée par un couple dont les forces sont F et F' (fig. 21). Au bout d'un certain temps, la poulie a tourné d'un angle *a*, et le diamètre AB des points d'application est passé en A'B'. Or, on démontre en Mécanique que le travail produit par une force constante, dont le point d'application se déplace sur une circonférence à laquelle elle reste tan-

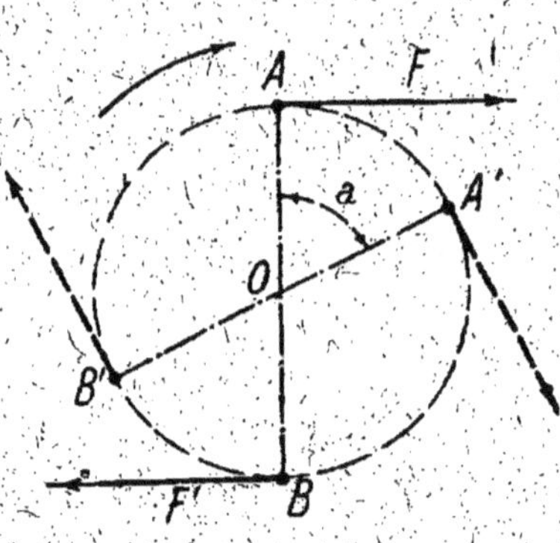

Fig. 21.

gente, est égal au produit de la grandeur de la force par l'arc que décrit son point d'application. Le travail accompli par la force F est donc :

$$F \times \text{arc } AA'.$$

De même, le travail accompli par la force F' est :

$$F' \times \text{arc } BB'.$$

Comme les deux forces F et F' agissent dans le même

sens, ces deux travaux s'ajoutent, et le travail total effectué par le couple est :

$$F \times \text{arc } AA' + F' \times \text{arc } BB'$$

Ce travail est égal à :

$$2\,(F \times \text{arc } AA')$$

car $\qquad F = F'$

et l'arc AA' est égal à l'arc BB'.

Lorsque la poulie a fait un tour complet, l'arc AA', décrit par le point d'application de la force F, est égal à la circonférence entière. Si R est le rayon de la poulie, la longueur de celle-ci est $2\pi R$, et le travail accompli par le couple est :

$$W = 2\,(F \times 2\pi R).$$

Cette expression peut s'écrire encore :

$$W = (F \times 2R) \times 2\pi.$$

Or, $\qquad 2R = AB$

Donc : $\qquad F \times 2R = F \times AB.$

Mais le produit $F \times AB$ est précisément le moment du couple moteur ; nous le désignerons par C et nous écrirons :

$$W = C \times 2\pi$$

ou, ce qui revient au même :

$$W = 2\pi C.$$

Ainsi, *le travail effectué par un couple moteur pendant un tour complet du corps entraîné, est égal au produit de 2π par le moment du couple.*

Prenons un exemple numérique pour bien préciser ce

raisonnement. Supposons que la poulie ait un diamètre de 30^{cm} et que les forces du couple soient égales à 40^{kg-p}. La circonférence de la poulie a pour longueur :

$$2\pi R = 2 \times 3,14 \times \frac{30^{cm}}{2} = 3,14 \times 30^{cm}$$
$$= 94^{cm},2 \quad \text{ou} \quad 0^{m},942.$$

Pendant un tour, le travail accompli par chacune des forces est :

$$40^{kg-p} \times 0^{m},942 = 37,680^{kgm},$$

de sorte que le travail total effectué par les deux forces, c'est-à-dire le travail du couple moteur est :

$$W = 37^{kgm},680 \times 2 = 75^{kgm},360.$$

Pour arriver à ce résultat, nous avons multiplié 3,14 par 30^{cm} ou $0^{m},30$, puis par 40^{kg-p}, et enfin par 2 ; en d'autres termes, nous avons effectué le produit

$$W = 3,14 \times 0^{m},30 \times 40^{kg-p} \times 2$$

Nous pouvons évidemment grouper d'une autre manière les facteurs de ce produit, et écrire par exemple :

$$W = 2 \times 3,14 \times (40^{kg-p} \times 0^{m},30).$$
$$\text{Or} \qquad 2 \times 3,14 = 2\pi ;$$

d'autre part : $40^{kg-p} \times 0^{m},30 = 12$ mètres-kilogrammes est le moment C du couple moteur ;

donc : $W = 2 \times 3,14 \times 12^{m-kg} = 75,360$ kgm.

Nous n'hésitons pas à familiariser l'élève avec l'emploi de formules simples, qu'il peut aisément comprendre et retenir, car ces formules conduisent rapidement au résultat cherché, et permettent souvent d'effectuer des opérations impossibles par le calcul direct.

Ainsi, avec l'expression

$$W = 2\pi C.$$

on peut trouver le travail effectué par un couple moteur donné, sans qu'il soit nécessaire de connaître l'intensité des forces qui le composent, ou la distance qui le sépare.

11. Expression mécanique de la puissance d'un moteur. — Supposons que la poulie précédente soit celle d'un moteur quelconque tournant à la vitesse de 1.200 tours par minute, et proposons-nous d'évaluer la puissance mécanique disponible sur la jante, c'est-à-dire la puissance même du moteur.

Le couple moteur effectue $75^{kgm},360$ par tour. Or, la poulie fait 1200 tours par minute, ou $\dfrac{1200}{60} = 20$ tours par seconde ; le couple moteur accomplit donc :

$$75^{kgm},360 \times 20 = 1507^{kgm},2$$

en une seconde.

Ainsi, on peut recueillir sur la poulie $1507^{kgm},2$ par seconde ; en d'autres termes, la puissance du moteur est :

$$P'_m = 1507,2 \text{ kgm par seconde.}$$

En chevaux-vapeur, cette puissance est :

$$P''_m = \frac{1507,2}{75} = 20^{ch\text{-}v},1 \text{ ou } 20^{ch\text{-}v} \text{ en chiffres ronds.}$$

Le moteur considéré est précisément celui dont nous avons étudié le démarrage au chapitre précédent. S'il commande une machine opératrice par l'intermédiaire d'une courroie dont le rendement est 90 %, la poulie motrice confie à la courroie une puissance de 20^{ch-v}, et celle-ci transmet à la poulie réceptrice une puissance égale à :

$$20^{ch-v} \times 0,90 = 18^{ch-v}.$$

Généralisons. Nous avons obtenu la puissance du moteur en multipliant le travail correspondant à 1 tour par la vitesse de rotation en tours par seconde :

$$P'_m = 75,360 \times 20 \text{ kgm par seconde.}$$

Or, $\qquad 75,360 = W^{kgm}.$

Désignons par N la vitesse de rotation, en tours par seconde :

$$N = 20 \; \frac{t}{sec}$$

Donc $\qquad P'_m = W \times N$

Comme $\qquad W = 2\pi C$

$$P'_m = 2\pi C \times N = 2\pi NC$$

Telle est l'expression mécanique de la puissance d'un moteur. Ecrivons-la de nouveau, afin de bien faire apparaître les unités employées pour exprimer les différentes grandeurs qui y figurent :

$$\boldsymbol{P'_m}^{\frac{kgm}{sec}} = \boldsymbol{2\pi N}^{\frac{t}{sec}} \times \boldsymbol{C}^{m-kg}$$

Cette formule importante nous montre que **la puissance d'un moteur est proportionnelle :**

a) à la vitesse de rotation ;
b) au moment du couple moteur.

Remarque importante. — Si le moteur considéré est un moteur *électrique*, la formule qui vient d'être établie exprime la puissance disponible sur la poulie, c'est-à-dire la *puissance mécanique utile* du moteur. Or, celle-ci ne représente pas exactement l'équivalent de la puissance électrique transformée en puissance mécanique. En effet, la puissance électrique absorbée par le moteur se divise en deux parties :

a) la première est transformée en chaleur par le passage du courant dans les enroulements (loi de Joule) ;

b) la seconde est la puissance électrique utile, se transformant intégralement en puissance mécanique, et que l'on peut appeler par conséquent *puissance mécanique totale* développée par le moteur.

Mais cette dernière n'est pas entièrement utilisable ; une fraction sert à vaincre l'hystérésis, les courants de Foucault, les frottements et la ventilation ; le reste représente la *puissance mécanique utile*, celle qui est réellement disponible sur la poulie du moteur.

Pour plus de clarté, résumons dans le tableau suivant les transformations de puissance dont le moteur est le siège :

$$
\text{Puissance électrique absorbée : } P_i
\begin{cases}
a) \text{ Puissance perdue sous forme de chaleur dans les enroulements.....} p'. \\
b) \text{ Puissance électrique utile, ou puissance mécanique totale développée par le moteur : } P'_u
\begin{cases}
a') \text{ Puissance mécanique absorbée par l'hystérésis, les courants de Foucault, les frottements et la ventilation...} P'_p. \\
b') \text{ Puissance mécanique utile...} P'_m.
\end{cases}
\end{cases}
$$

Ce tableau nous montre :

1° que la *puissance mécanique totale* développée par le moteur est la différence entre la puissance électrique absorbée et la puissance perdue sous forme de chaleur dans les enroulements :

$$P'_u = P'_t - p' \, ;$$

2° que la *puissance mécanique utile* est la différence entre la puissance mécanique totale développée et la puissance mécanique absorbée par l'hystérésis, les courants de Foucault, les frottements et la ventilation :

$$P'_m = P'_u - P'_p.$$

Soient maintenant :

C le moment du couple moteur total développé par le moteur ;

C_u le moment du couple moteur utile développé par le moteur, c'est-à-dire le moment du couple moteur capable de produire un travail utile ;

et C_p le moment du couple moteur employé à vaincre les résistances dues à l'hystérésis, aux courants de Foucault, aux frottements mécaniques et à la ventilation.

N représentant toujours la vitesse de rotation en tours par seconde :

$$P'_u = 2\pi N C$$
$$P'_m = 2\pi N C_u$$

et
$$P'_p = 2\pi N C_p$$

Comme
$$P'_m = P'_u - P'_p$$
$$2\pi N C_u = 2\pi N C - 2\pi N C_p$$

et par suite
$$C_u = C - C_p$$

Ainsi, *le moment du couple moteur utile est égal à la différence entre le moment du couple moteur total et le moment du couple qui doit vaincre les résistances intérieures.*

Dorénavant, pour abréger l'écriture, nous dirons simplement couple moteur au lieu de moment du couple moteur.

12. Expression électrique du couple moteur total d'un induit en mouvement. — *A*) Nous savons que la puissance totale développée par un récepteur électrique est égale au produit de sa f. c. é. m. par l'intensité du courant qui l'alimente [1]. Or, dans un moteur, c'est l'induit qui est le siège de la transformation d'énergie électrique en énergie mécanique ; la puissance mécanique totale qu'il développe est donc égale au produit de sa f. c. é. m. E' par l'intensité I'_a du courant qui le traverse :

$$P'_u = E'I'_a \text{ watts}$$

D'après la remarque précédente, l'expression mécanique de cette même puissance est :

$$P'_u = \pi NC \frac{\text{kgm}}{\text{sec}}$$

Donc :
$$2\pi NC \frac{\text{kgm}}{\text{sec}} = E'I'_a \text{ watts}$$

Comme
$$1 \text{ kgm} = 9,81 \text{ joules,}$$

$$1 \frac{\text{kgm}}{\text{sec}} = 9,81 \frac{\text{joules}}{\text{sec}} = 9,81 \text{ watts.}$$

Par suite :
$$2\pi NC \times 9,81 \text{ watts} = E'I'_a \text{ watts.}$$

D'autre part :
$$E' = \frac{p}{a} \cdot \frac{Nn\Phi}{10^8}$$

Donc :
$$2\pi NC \times 9,81 = \frac{p}{a} \cdot \frac{Nn\Phi}{10^8} \cdot I'_a$$

(1) Voir *Principes généraux de l'Electricité*, chap. VII, page 78.

Divisons par N les deux membres de cette égalité :

$$2\,\pi\,C \times 9{,}81 = \frac{p}{a} \cdot \frac{n\,\Phi}{10^{8}} \cdot I'_a.$$

Nous tirons de là :

$$C = \left(\frac{1}{2\,\pi \times 9{,}81} \cdot \frac{p}{a} \cdot \frac{n}{10^{8}} \right) \Phi\,I'_a$$

Pour simplifier, désignons par K le terme constant placé entre parenthèses, nous aurons :

$$C = K \cdot \Phi\,I'_a \text{ mètres-kilogrammes.}$$

Cette expression permet de calculer le couple moteur total d'un induit en rotation, à l'aide des grandeurs électriques qui caractérisent la construction et le fonctionnement du moteur.

Son examen nous montre :

a) *que le moment du couple moteur total est indépendant de la vitesse de rotation ;*

b) *qu'il est proportionnel au flux utile par pôle, ainsi qu'à l'intensité du courant qui alimente l'induit.*

Prenons comme exemple le moteur de 20 ch-v considéré précédemment. L'inducteur possède quatre pôles, et le flux utile par pôle est 1.507.800 maxwells. Le bobinage induit est en parallèle et porte 384 conducteurs périphériques. Dans ce cas, le nombre de voies d'enroulement est égal au nombre de pôles :

$$2\,a = 2\,p$$

et

$$\frac{p}{a} = 1.$$

L'induit absorbant un courant de 140^A, le moment du couple moteur total est :

$$C = \left(\frac{1}{2\pi \times 9,81} \times \frac{384}{10^6} \right) 1.507.800 \times 140$$

$$= \frac{6,2337}{10^6} \times 1.507.800 \times 140 = 13,159 \text{ mètres-kilogr.}$$

Nous avons trouvé antérieurement que le *couple moteur utile*, agissant sur la poulie, a pour valeur

$$C_u = 12 \text{ mètres-kilogrammes.}$$

Par suite, le couple moteur employé à vaincre les résistances intérieures est :

$$C_p = C - C_u = 13,159 - 12 = 1,159 \text{ mètre-kilogramme.}$$

B) Lorsqu'un moteur tourne à vide, il ne produit aucun travail, donc le couple utile est nul ; le couple total développé par l'induit se réduit alors à la valeur nécessaire pour vaincre les résistances dues à l'hystérésis, aux courants de Foucault, aux frottements et à la ventilation.

Lorsque le moteur entraîne une machine opératrice, celle-ci lui oppose un *couple résistant* qui tend à retarder son mouvement.

Si le couple moteur utile équilibre le couple résistant, la vitesse est constante.

Si le couple résistant devient inférieur au couple moteur utile, la vitesse s'accélère.

Enfin, si le couple résistant devient supérieur au couple moteur utile, la vitesse diminue.

13. Intensité du courant d'alimentation. — Il est très important de ne pas confondre l'intensité du courant absorbé par l'induit seul avec l'intensité totale du courant d'alimentation.

A) *Intensité du courant absorbé par l'induit.* — A vide, l'induit d'un moteur absorbe un courant très faible, puisqu'il ne développe que le couple moteur correspondant aux résistances intérieures. Si on lui oppose un couple résistant utile, en embrayant la machine qu'il doit entraîner, il ralentit, la f. c. é. m. diminue en même temps, et l'intensité du courant qui le traverse augmente. En effet, la valeur de cette intensité est donnée par la formule :

$$I'_a = \frac{U'_a - E'}{r'_a}$$

La tension U'_a est supposée constante, ainsi que la résistance intérieure r'_a. Si la f. c. é. m. décroît, le numérateur $(U'_a - E')$ de la fraction augmente, et avec lui l'intensité I'_a du courant.

Reprenons l'exemple précédent et supposons que la f. c. é. m. soit $119^V,76$ à vide ; le courant correspondant est :

$$I'_a = \frac{120^V - 119^V,76}{0^{ohm},03} = \frac{0^V,24}{0^{ohm},03} = 8^A.$$

La vitesse diminuant de 1 %, la f. c. é. m. décroît dans le même rapport et devient égale à $118^V,56$; l'intensité du courant absorbé est alors :

$$I'_a = \frac{120^V - 118,^V56}{0^{ohm},03} = \frac{1^V,44}{0^{ohm},03} = 48^A.$$

Si le couple moteur dû à ce courant équilibre le couple résistant, la vitesse de l'induit ne change plus. S'il n'est pas suffisant, le moteur ralentit encore, la f. c. é. m. diminue, l'intensité augmente, et le couple moteur croît ; ce ralentissement se poursuit jusqu'à ce que le couple moteur arrive à contrebalancer la charge extérieure.

Nous avons vu qu'à pleine charge, le moteur considéré fournit une puissance de 20 chevaux en absorbant un courant de 140^A. Si le couple résistant diminue, la vitesse s'accélère, la f. c. é. m. augmente, la différence $(U'_a - E')$ diminue et l'intensité décroît en même temps. Réciproquement, une surcharge entraînerait un accroissement du courant.

Ainsi, un moteur électrique règle automatiquement sur la puissance mécanique qu'il doit fournir, l'intensité du courant qu'il demande au réseau. Nous avons vu que les transformateurs statiques jouissent de la même propriété. Moteurs et transformateurs sont donc des appareils *auto-régulateurs*. Il n'en est pas de même des machines à vapeur ou des turbines hydrauliques par exemple, dans lesquelles on est obligé de régler l'admission de la vapeur ou de l'eau pour faire varier la puissance motrice en même temps que la charge extérieure.

On peut demander momentanément à un moteur une puissance supérieure à sa puissance normale. Mais, le moteur étant construit pour le courant correspondant à celle-ci, toute surcharge entraîne une augmentation du courant, et par suite un échauffement exagéré du bobinage. Une surcharge prolongée peut compromettre les enroulements ; une surcharge trop grande ou trop brusque risque de caler le moteur.

B) *Intensité totale du courant d'alimentation.* — Par cette expression, il faut entendre l'intensité que le réseau doit fournir au moteur pour alimenter non seulement l'induit, mais aussi l'inducteur.

Dans un moteur série, le courant absorbé par l'induit se confond avec le courant total d'alimentation.

Dans un moteur shunt ou compound, le courant total d'alimentation est égal au courant absorbé par l'induit, augmenté du courant qui traverse les spires inductrices en dérivation :

$$I' = I'_a + i'.$$

Ainsi, dans le moteur shunt considéré à la page 31, le courant absorbé par l'induit est 140^A, et le courant total d'alimentation : 144^A.

14. Vitesse d'un moteur. — De la formule :

$$E' = \frac{p}{a} \cdot \frac{N n \Phi}{10^8}$$

on tire :
$$E'a \times 10^8 = p \cdot N n \Phi$$

et, par suite :
$$N = \frac{E'a \times 10^8}{p n \Phi}$$

Comme
$$U'_a = E' + r'_a I'_a$$
$$E' = U'_a - r'_a I'_a$$

et
$$N = \frac{(U'_a - r'_a I'_a)\, a \times 10^8}{p n \Phi} = \frac{a \times 10^8}{p n} \left(\frac{U'_a - r'_a I'_a}{\Phi} \right).$$

Pour simplifier, désignons par K' le terme constant

$$\frac{a \times 10^8}{p n}.$$

La formule précédente s'écrit alors :

$$N = K' \frac{U'_a - r'_a I'_a}{\Phi}.$$

Le terme $r'_a I'_a$ représente la chute de tension dans l'induit ; il est généralement très faible, et ses modifications n'influent presque pas sur la vitesse du moteur.

Celle-ci ne dépend alors que de la tension U'_a appliquée aux bornes de l'induit, et du flux utile par pôle Φ ; *elle est à peu près proportionnelle à U'_a, et inversement proportionnelle à Φ.*

Pour faire varier la vitesse d'un moteur, on peut donc :

1° *agir sur la d. d. p. appliquée aux bornes de l'induit*, et, par suite, sur la tension d'alimentation qui lui est égale dans les moteurs shunt, et qui en diffère très peu dans les moteurs série ou compound ;

2° *modifier le flux utile par pôle ;*

3° *combiner ces deux modes de réglage.*

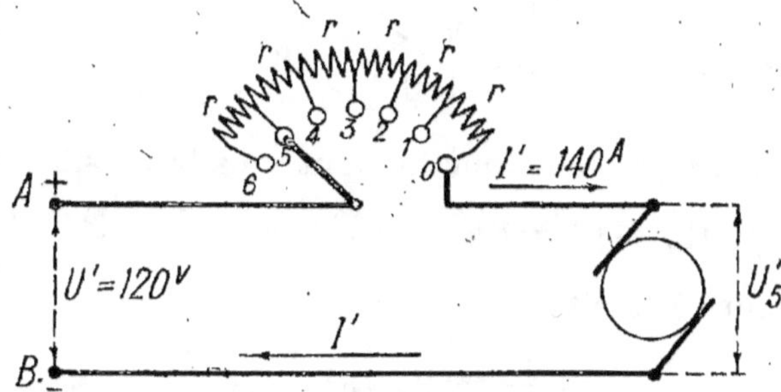

Fig. 22.

Modification de la vitesse d'un moteur au moyen d'un rhéostat de réglage en série avec l'induit ([1]).

A) Le premier procédé comporte plusieurs solutions.

a) La plus simple consiste à faire varier la tension aux bornes des dynamos qui alimentent le réseau. Elle n'est évidemment possible que si tous les moteurs de l'installation doivent être soumis ensemble aux mêmes variations de vitesse.

b) On peut aussi mettre en série avec l'induit une résistance variable ou *rhéostat de réglage* (fig. 22).

([1]) Sur la figure, lire I'_a au lieu de I'.

Supposons, par exemple, que le moteur précédemment étudié tourne à 1200 tours par minute quand il est soumis à la tension de 120^V, la manette du rhéostat se trouvant alors sur le plot zéro. Si le rhéostat comporte un certain nombre de résistances r égales chacune à $0^{ohm},06$, en faisant passer la manette sur le plot 1, on produira une chute de potentiel :

$$r\,I'_a = 0^{ohm},06 \times 140^A = 8^V,4$$

représentant $7\,°/_°$ de la tension totale.

La vitesse diminuera sensiblement aussi de $7\,°/_°$, c'est-à-dire de

$$\frac{1200 \times 7}{100} = 84^{\frac{t}{min}}$$

Ainsi, le moteur fonctionnant sous la tension :

$$U'_1 = U' - r\,I'_a = 120^V - 8^V,4 = 111^V,6$$

tournera à la vitesse

$$N_1 = 1200 - 84 = 1116^{\frac{t}{min}}$$

L'intensité d'alimentation étant supposée constante, si l'on amenait la manette du rhéostat sur le plot 2, la deuxième résistante insérée dans le circuit provoquerait une nouvelle chute de tension de $8^V,4$; la d. d. p. aux bornes du moteur deviendrait :

$$U'_2 = U' - 2\,r\,I'_a = 120^V - 2 \times 8^V,4 = 103^V,2\,;$$

la vitesse diminuerait encore de $84^{\frac{t}{min}}$ et prendrait la valeur

$$N_2 = 1116^{\frac{t}{min}} - 84^{\frac{t}{min}} = 1032^{\frac{t}{min}}.$$

Et ainsi de suite.

Cette solution n'est pas avantageuse au point de vue économique, car elle entraîne une sérieuse perte de puissance par échauffement du rhéostat. Ainsi, dans l'exemple considéré, la puissance absorbée par chaque résistance r est :

$$r\,\mathrm{I}'^2_a = 0^{\mathrm{ohm}},06 \times \overline{140^{\mathrm{A}}}^2 = 1176 \text{ watts,}$$

soit 8 % environ de la puissance normale du moteur, ce qui est énorme.

c) Une troisième méthode, très employée en traction, consiste à coupler en série, puis en parallèle, deux ou plusieurs moteurs excités en série. Considérons deux moteurs M_1 et M_2 montés en série sous une tension constante égale à 500^{V} ; chacun d'eux fonctionnera sous 250^{V}, avec une certaine vitesse N (fig. 23). Si on les couple en paral-

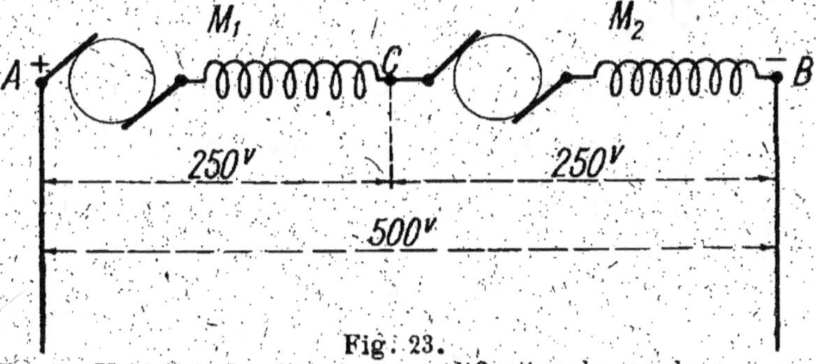

Fig. 23.
Variation de vitesse par modification du couplage
de deux moteurs série.
Couplage en série : vitesse N.

lèle sur le même réseau, ils seront tous les deux soumis à la tension totale 500^{V}, et la vitesse sera environ deux fois plus grande, soit 2 N (fig. 24).

B) Le flux utile par pôle peut être modifié :

a) en agissant sur le nombre des ampères-tours d'excitation ;

b) en faisant varier la résistance magnétique du circuit inducteur ;

c) en modifiant l'angle de calage des balais.

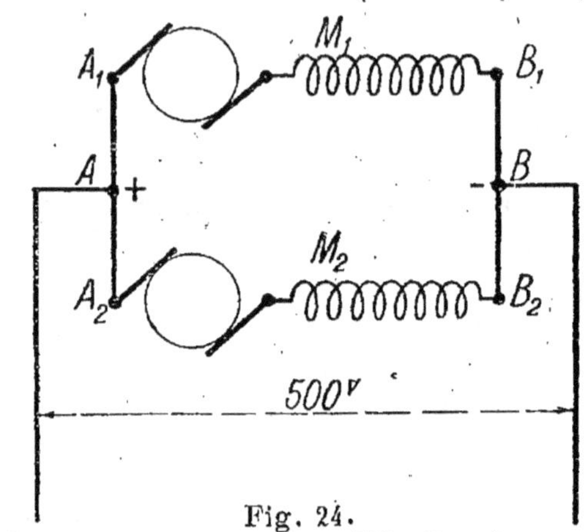

Fig. 24.
Variation de vitesse par modification du couplage
de deux moteurs série.
Couplage en dérivation : vitesse 2 N.

Le premier de ces modes de réglage comporte plusieurs solutions.

Généralement, on modifie l'intensité du courant d'excitation à l'aide d'un rhéostat de réglage convenablement disposé.

On peut aussi diviser les bobines inductrices en un certain nombre de groupes dont le couplage peut être changé à volonté. Cette méthode est employée en traction, avec des moteurs excités en série.

Le second des modes de réglage signalés plus haut est basé sur le principe suivant :

Si l'on peut, en rapprochant les pièces polaires de l'induit, réduire l'épaisseur de l'entrefer, la résistance magnétique du circuit inducteur diminue, le flux augmente, et la vitesse décroît. L'éloignement des pièces polaires produirait naturellement l'effet inverse, c'est-à-dire un accroissement de l'épaisseur de l'entrefer, une augmentation de la résistance du circuit magnétique, une diminution du flux, et une accélération de la vitesse. Ce procédé n'est évidemment applicable qu'à certains moteurs construits spécialement à cet effet.

Il est enfin possible de régler la vitesse d'un électromoteur en agissant sur le calage des balais. Le flux engendré par le courant induit diminue la valeur utile du flux inducteur d'une quantité d'autant plus grande que l'angle de calage est lui-même plus grand. Une réduction de cet angle produira un accroissement du flux utile et un ralentissement de l'induit ; une augmentation du décalage entraînera une accélération.

Ce mode de réglage ne peut être employé que si le moteur fonctionne sans étincelles avec des décalages variables.

Nous nous proposons de revenir plus tard en détail sur la pratique de la régulation des moteurs à courant continu.

15. Rendement d'un moteur. — *Le rendement industriel d'un moteur est le rapport de la puissance mécanique utile fournie P'_m à la puissance électrique dépensée P'_t :*

$$\text{Rendement} = \frac{P'_m}{P'_t}$$

Si le moteur fonctionne avec un courant total I' sous une tension U' :

$$P'_t = U'I'$$

et le rendement a pour valeur :

$$\frac{P'_m}{U'I'},$$

A titre d'exercice, calculons le rendement du moteur de 20 ch-v. plusieurs fois considéré au cours de cette étude, en supposant qu'il est excité en dérivation.

Sa puissance mécanique est :

$$P'_m = 1507,2 \ \frac{kgm}{sec},$$

soit : $9^W,81 \times 1507,2 = 14785$ watts.

Comme il absorbe au total 144^A sous 120^V, la puissance électrique demandée au réseau est :

$$P'_t = 120^V \times 144^A = 17280^W.$$

Son rendement est par suite :

$$\frac{P'_m}{P'_t} = \frac{14785^W}{17280^W} = 0,855, \text{ soit } 85,5\ ^o/^o$$

La formule précédente montre que l'évaluation du rendement comporte des mesures d'ordre mécanique et des mesures d'ordre électrique.

On détermine P'_m par un essai au frein de Prony. Pour connaître la puissance électrique P'_t, on peut se servir soit d'un wattmètre, soit d'un voltmètre et d'un ampèremètre.

A partir de 8 ou 10 chevaux, le rendement d'un moteur est généralement le même que celui d'une dynamo de même puissance ; au-dessous de cette valeur, le rendement d'un moteur est supérieur à celui de la génératrice correspondante.

Le rendement d'un moteur croît avec sa puissance ;

celui des tout petits moteurs est faible : 60 à 70 %; celui des gros moteurs atteint 90 et même 95 %. Pour un même moteur, le rendement varie avec la charge qui lui est imposée ; mauvais aux faibles charges, il atteint généralement sa valeur maxima dans le voisinage de la pleine charge, et une surcharge le fait diminuer d'une façon notable. Le tableau suivant, relatif à un moteur de 5 ch.-v. montre nettement ces variations.

Fractions de la pleine charge :

$$\frac{1}{4} \qquad \frac{1}{2} \qquad \frac{3}{4} \qquad 1 \qquad 1,25 \qquad 1,5$$

Rendement, en % :

$$70 \qquad 80 \qquad 83 \qquad 84 \qquad 77 \qquad 69$$

REMARQUE. — Il importe de ne pas confondre le *rendement industriel* d'un moteur avec son *rendement électrique*. Ce dernier est le rapport de la puissance mécanique totale P'_u développée par le moteur à la puissance électrique P'_t qu'il absorbe :

$$\text{Rendement électrique} = \frac{P'_u}{P'_t}.$$

Or, C désignant le couple moteur total :

$$P'_u = 2\pi N C\, \frac{\text{kgm}}{\text{sec.}} = 9,81 \times 2\pi N C \text{ watts.}$$

Dans l'exemple considéré antérieurement :

$$P'_u = 9,81 \times 2 \times 3,14 \times 20 \times 13,159 = 16.212^{W}.$$

Le rendement électrique du moteur est alors :

$$\frac{16.212^{W}}{17.280^{W}} = 0,938 \quad \text{ou} \quad 93,8\,\%.$$

Ce résultat pouvait être obtenu plus rapidement. Nous

savons en effet que la puissance mécanique totale développée par le moteur est égale au produit de sa f. c. é. m. par l'intensité du courant qu'absorbe l'induit :

$$P'_u = E'I'_a.$$

Par suite, le rendement électrique est :

$$\frac{E'I'_a}{U'I'}$$

Or :
$$E' = 115^V,8$$
$$U' = 120^V$$
$$I'_a = 140^A$$
et
$$I' = 144^A.$$

Par suite :

$$\frac{E'I'_a}{U'I'} = \frac{115^V,8 \times 140^A}{120^V \times 144^A} = \frac{16212^W}{17280^W} = 0,938 \text{ ou } 93,8\%.$$

La différence entre la puissance électrique absorbée et la puissance mécanique totale développée représente la puissance dissipée sous forme de chaleur dans les enroulements inducteur et induit :

$$p' = P'_t - P'_u = 17280^W - 16212^W = 1068^W.$$

La puissance perdue dans l'induit est naturellement égale au produit de sa résistance électrique par le carré de l'intensité du courant qu'il absorbe :

$$r'_a I'^2_a = 0^{ohm},03 \times \overline{140^A}^2 = 588^W.$$

Celle qui est dissipée dans l'inducteur est égale au produit de la d. d. p. à ses bornes par l'intensité du courant d'excitation :

$$U'i' = 120^V \times 4^A = 480^W.$$

Retranchons maintenant la puissance mécanique utile

P'_m de la puissance mécanique totale développée par le moteur ; nous obtiendrons la puissance P'_p absorbée par hystérésis, courants de Foucault, frottements mécaniques et ventilation :

$$P'_p = P'_u - P'_m = 16.212^{\mathrm{W}} - 14.785^{\mathrm{W}} = 1427^{\mathrm{W}}$$

Cette puissance peut être calculée directement, puisque nous connaissons le couple C_p qui la fournit :

$$P'_p = 2\,\pi \mathrm{N} \mathrm{C}_p\, \frac{\mathrm{kgm}}{\mathrm{sec.}} = 9,81 \times 2\pi \mathrm{N} \mathrm{C}_p\ \mathrm{watts.}$$

Dans le cas actuel :

$$C_p = 1,159\ \mathrm{m\text{-}kg.}$$

et par suite :

$$P'_p = 9,81 \times 2 \times 3,14 \times 20 \times 1,159 = 1427^{\mathrm{W}}$$

En résumé :
là puissance électrique absorbée par le moteur est :

$$P'_t = 17.280^{\mathrm{W}} ;$$

la puissance mécanique totale développée est :

$$P'_u = 16.212^{\mathrm{W}} ;$$

la puissance mécanique utile est :

$$P'_m = 14.785^{\mathrm{W}} ;$$

la puissance perdue sous forme de cha-
leur dans l'induit est . . . . 588^{W} ;

la puissance perdue sous forme de cha-
leur dans l'inducteur est . . . . 480^{W} ;

de sorte que la puissance dissipée par
effet Joule dans les enroulements est . . $p' = 1068^{\mathrm{W}}$;

la puissance perdue par hystérésis, courants de Foucault, frottements et ventilation est . . . . $P'_p = 1427^{W}$;
le rendement du moteur électrique est: 93,8 %,
et son rendement industriel . . . .   88,5 %.

On trouvera dans le tableau ci-dessous les valeurs moyennes du rendement industriel et du rendement électrique de quelques moteurs :

Puissance mécanique utile en ch-v	Rendement industriel en %	Rendement électrique en %
0,1	55	77
0,5	60	80
0,75	65	82
1	70	85
2	75	87
3 — 6	80	90
7 — 12	85	92
14 — 20	90	95
25 — 50	92	96
10	93	97

QUESTIONNAIRE

8. — Qu'est-ce qu'un couple ? Quel est l'effet d'un couple agissant sur un corps ? — 9. Qu'appelle-t-on moment d'un couple ? — Quelle est l'unité usuelle de moment ? — 10. Qu'appelle-t-on couple moteur ? — Quel est l'effet d'un couple moteur ? — Quel est le travail effectué par un couple moteur pendant un tour complet du corps entraîné ? — 11. Quelle est l'expression mécanique de la puissance d'un moteur ? — Comment varie cette puissance ? — 12. Quelle est l'expression électrique de la puissance d'un moteur ? — Trouvez l'expression électrique du couple moteur d'un induit en mouvement.

Comment varie ce couple ? — Qu'entend-on par couple résistant ? — Que devient la vitesse de l'induit quand le couple moteur est supérieur, égal, ou inférieur au couple résistant ? — 13. Trouvez l'expression de l'intensité du courant absorbé par l'induit. Lorsque le moteur tourne à vide, cette intensité est-elle grande ? Pourquoi ? — Que devient-elle quand on passe de la marche à vide à la marche en charge ? — Comment varie-t-elle quand la vitesse diminue par suite d'une augmentation du couple résistant ? — Comment varie-t-elle quand le couple résistant diminue ? — Pourquoi dit-on que le moteur électrique est un appareil auto-régulateur ? — Quel est l'effet d'une surcharge ? — Qu'entend-on par intensité totale du courant d'alimentation ? En examinant successivement les divers modes d'excitation, montrez la relation qui existe entre cette grandeur et l'intensité du courant absorbé par l'induit. — 14. Trouvez l'expression de la vitesse d'un moteur. — Comment varie cette vitesse ? — Énumérez les procédés de réglage basés sur la variation de la tension aux bornes du moteur — Quel inconvénient présente l'emploi d'un rhéostat de réglage en série avec le moteur ? — Montrez comment on peut faire varier la vitesse de deux moteurs série en modifiant leur mode de couplage. — Énumérez les procédés de réglage basés sur la variation du flux inducteur. — Comment modifie-t-on le nombre des ampères-tours d'excitation ? — Comment peut-on faire varier la réluctance du circuit magnétique ? — Comment varie la vitesse d'un moteur avec l'angle de calage des balais. — 15. Qu'appelle-t-on rendement industriel d'un moteur ? — Comment varie ce rendement avec la puissance du moteur et avec la charge qui lui est imposée ? — Montrez nettement par un exemple numérique la différence qui existe entre le rendement industriel et le rendement électrique d'un moteur. — Lequel, de ces deux rendements, est le plus élevé ? Pourquoi ?

EXERCICES

12. — Les forces d'un couple ont une intensité égale à 10^{kg-p} ; leurs points d'application sont distants de 50^{cm} ; quelle est la valeur maxima du moment de ce couple ?

13. — Le moment d'un couple est 6 mètres-kilogrammes ;

l'intensité commune des forces qui le composent est égale à 15^{kg-p}; quelle est leur distance ?

14. — Deux forces de 32^{kg-p} forment un couple dont le moment est égal à 19,2 mètres-kilogrammes ; quelle est leur distance ?

15. — La poulie d'un moteur a 22^{cm} de diamètre. Soumise à un couple moteur dont les forces ont une intensité égale à 24^{kg-p}, elle tourne à 1350 tours par minute. Calculer successivement :

    a) le moment du couple moteur ;
    b) le travail correspondant à un tour ;
    c) la puissance du moteur, en kgm. par sec. et en ch-v.

16. Quelle est, en ch-v, la puissance d'un moteur électrique dont le couple moteur utile est 1,476 mètre-kilogramme, et la vitesse de rotation 1700 tours par minute ?

17. — Un moteur de 5^{ch-v} tourne à 1400 tours par minute ; quel est le moment de son couple moteur utile ?

18. L'induit d'un moteur à six pôles est alimenté par un courant de 135^A. Bobiné en série, il porte 280 conducteurs. Sachant que le flux utile par pôle est 5.100.000 maxwells, calculer le moment du couple moteur total.

19. — L'induit d'un moteur, branché sur une canalisation à 500^V, absorbe 60^A et tourne à 530 tours par minute. Sa résistance intérieure étant égale à 0^{ohm},49, calculer :

    a) la f. c. é. m. du moteur ;
    b) sa puissance mécanique totale, en watts et en ch-v ;
    c) son couple moteur total.

20. L'induit d'un moteur branché sur une canalisation à 110^V a une résistance intérieure égale à 1^{ohm},22. A pleine charge, sa f. c. é. m. est 90^V; quelle est l'intensité normale du courant qu'il absorbe ?

21. — L'induit d'un moteur, branché sur une canalisation à 110^V, a une résistance intérieure égale à 0^{ohm},05. A vide, il absorbe 6^A et tourne à 1113 tours par minute. En charge normale, la vitesse tombe à 1050 tours par minute. Calculer :

    a) la f. c. é. m. à vide ;
    b) la f. c. é. m. en charge, le flux inducteur étant supposé constant ;
    c) l'intensité du courant dans l'induit en charge.

22. — Calculer la puissance mécanique totale développée par le moteur précédent :

a) à vide ;
b) en charge normale ;
c) lorsque l'induit tourne à 1.100 tours par minute.

23. — L'induit d'un moteur de 30 $^{ch-v}$ est alimenté par une canalisation à 220 volts. Sa résistance intérieure est 0 ^{ohm},107 et l'intensité du courant qu'il absorbe : 111 ^{A},5. Bobiné en série, il porte 538 conducteurs. L'inducteur a 4 pôles, et le flux utile par pôle est 3 866.000 maxwells. Calculer la vitesse du moteur en tours par minute.

24. — Que devient la vitesse du moteur précédent lorsque, par suite d'une diminution de la charge qui lui est imposée, l'induit ne demande plus que 80 ^{A} au réseau ? La tension et le flux inducteur sont supposés constants.

25. — On monte en série avec l'induit du même moteur un rhéostat formé de 10 résistances égales à 0 ^{ohm}, 05. L'intensité du courant et le flux inducteur étant supposés invariables, calculer :

a) les différentes vitesses que l'on peut obtenir en introduisant successivement en circuit toutes les résistances du rhéostat ;
b) la puissance perdue sous forme de chaleur dans le rhéostat, lorsque le moteur tourne à sa plus faible vitesse.

26. — Pour régler la vitesse du moteur précédent, on agit sur le flux inducteur. La tension et l'intensité du courant dans l'induit étant supposées constantes, quelles sont les vitesses que l'on obtient lorsque le flux utile par pôle prend les valeurs suivantes :

4.000,000 ; — 3,500.000 ; — 3.000,000 ; — 2.500.000 maxwells.

27. — Un moteur de 3,5 $^{ch-v}$ absorbe au total 28 ^{A},5 sous 110 ^{V} ; quel est son rendement industriel ?

28. — Un moteur de 7,5 $^{ch-v}$ a un rendement industriel égal à 85 %. Sachant qu'il est branché sur une canalisation à 110 ^{V}, calculer :

a) la puissance électrique qu'il absorbe ;
b) l'intensité totale du courant qui l'alimente.

29. — Un moteur de 10 $^{ch-v}$ fonctionne 8 heures par jour dans les conditions moyennes suivantes :

5 heures à pleine charge ;

2 heures à $\dfrac{3}{4}$ de charge ;

1 heure à $\dfrac{1}{2}$ charge.

Le rendement industriel de ce moteur est :

86 °/₀ à pleine charge ;

85 °/₀ à $\dfrac{3}{4}$ de charge ;

et 82 °/₀ à $\dfrac{1}{2}$ charge.

Calculer :

a) l'énergie électrique consommée par le moteur en un jour ;

b) la dépense mensuelle d'énergie, en admettant que le moteur fonctionne 25 jours par mois dans les conditions indiquées. Le prix du kw-h est 0 fr, 30.

30. — Un moteur électrique actionne un treuil par l'intermédiaire d'un train d'engrenages qui réduit la vitesse à 20 tours par minute. Le treuil, dont le diamètre est 40ᶜᵐ, soulève un fardeau de 1500 kg. Le rendement industriel du moteur est 86 °/₀ et celui du train d'engrenages 70 °/₀. Calculer :

a) la vitesse d'ascension du fardeau, en mètres par seconde ;

b) la puissance mécanique fournie au treuil ;

c) la puissance électrique absorbée par le moteur ;

d) le courant demandé par le moteur au réseau, si la tension d'alimentation est 120 V ;

e) l'énergie électrique consommée, la hauteur de levage étant 4ᵐ,20.

31. — Un moteur de 5 ch-v, tournant à 600 tours par minute à pleine charge, commande un treuil de levage par l'intermédiaire d'un train d'engrenages qui réduit la vitesse à une valeur 24 fois plus petite. Le diamètre du treuil est 30ᶜᵐ. Le rendement industriel du moteur est 84 °/₀ et celui du train d'engrenages 60 °/₀. Calculer :

a) la vitesse à laquelle le treuil peut élever un fardeau ;

b) la charge maxima qu'il est capable de lever à cette vitesse.

32. — Un moteur commande une pompe centrifuge qui élève 10 litres d'eau par seconde à 15ᵐ,50 de hauteur. Le moteur, dont le rendement industriel est 82 %, absorbe au total 28^A,5 sous 110^V. Calculer :

a) le rendement total du groupe moto-pompe ;
b) la puissance mécanique fournie par le moteur à la pompe :
c) le rendement de la pompe.

33. — Un moteur de 15^{ch-v} actionne une pompe centrifuge qui élève l'eau à 30^m de hauteur. Le rendement industriel du moteur est 87 % et celui de la pompe 74 %. Calculer le débit de la pompe, en litres par seconde.

CHAPITRE IV

MOTEURS SÉRIE

Sommaire. — Sens de rotation. — Calage des balais. — Propriétés des moteurs série : la tension d'alimentation est constante ; l'intensité d'alimentation est constante ; la tension et l'intensité d'alimentation sont toutes deux variables. — Usages des moteurs série.

16. Sens de rotation. — Considérons une dynamo-série. Pour qu'elle s'amorce, il faut la faire tourner dans un sens tel que le flux produit par le courant renforce le magnétisme rémanent. Soit f le sens de rotation ainsi défini ; le courant intérieur circulera par exemple de la borne N négative, à la borne M positive (fig. 25).

Sans modifier les connexions, faisons fonctionner la machine comme réceptrice, en envoyant dans l'induit un courant de même sens. Il nous faudra pour cela réunir le point N au pôle positif A d'une source, et le point M au pôle négatif B. La polarité des bornes M et N se trouvera inversée, ce qui est naturel, puisque, dans un récepteur, le courant passe du pôle positif au pôle négatif. La figure 26-a montre que le courant a conservé le même sens, non seulement dans l'induit, mais aussi dans l'inducteur en série avec lui. D'après la règle énoncée au chapitre II, le moteur tournera dans le sens f', inverse de f.

Si nous permutions les bornes, le courant s'inverserait

à la fois dans l'inducteur et dans l'induit, et le sens de rotation ne serait pas modifié (fig. 26-*b*).

Donc : *une dynamo réceptrice excitée en série n'a qu'un sens de rotation possible ; ce sens est inverse de celui dans lequel il faudrait la faire tourner comme génératrice pour lui faire produire un courant de même sens que celui qui la traverse ; il est indépendant du sens du courant d'alimentation.*

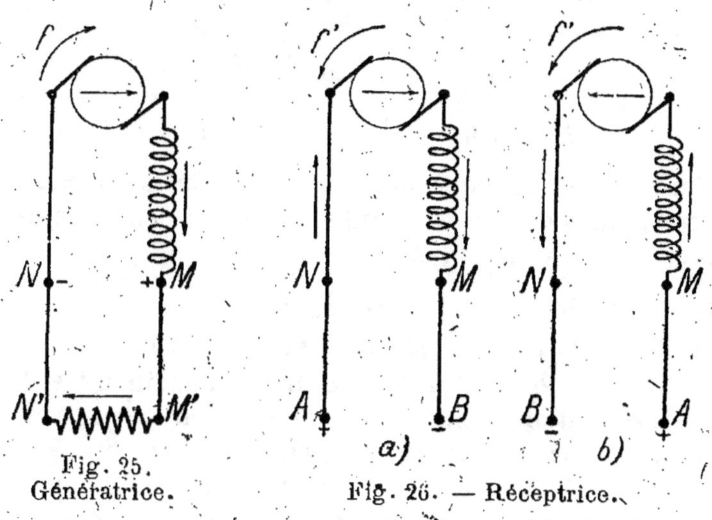

Fig. 25.
Génératrice.

Fig. 26. — Réceptrice.

17. Calage des balais. — Pour simplifier, supposons que la dynamo précédente n'ait que deux pôles, et soit LL′ le diamètre théorique de contact des balais (fig. 27). Lorsque la machine fonctionne comme génératrice, il faut incliner ce diamètre dans le sens du mouvement, et l'amener par exemple en $L_1 L'_1$. Lorsqu'elle fonctionne comme réceptrice, elle tourne en sens inverse de sorte que les balais se trouvent calés en arrière de LL′.

Il n'y a donc pas à modifier la position des balais d'une

machine série quand on passe de la marche en génératrice à la marche en moteur.

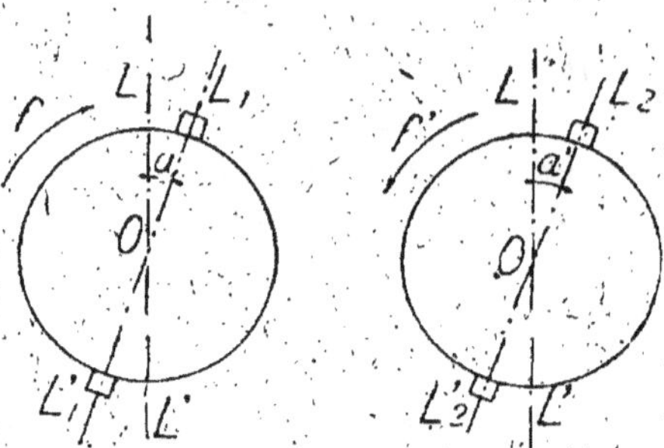

Fig. 27.

Génératrice.   Réceptrice.

D'après une remarque antérieure, l'angle de calage a pourra généralement être réduit à une valeur a' plus petite.

18. Propriétés des moteurs série.

A) **La tension d'alimentation est constante.**

a) **Couple moteur total.** — Entre deux points A et B d'une distribution à tension constante, installons un moteur série avec son rhéostat de démarrage R $h u$ (fig. 28). Au moment où nous fermons l'interrupteur K, la manette du rhéostat est sur le plot O, et toutes les résistances sont insérées dans le circuit.

Soient : R la résistance totale du rhéostat,

et r' la résistance intérieure du moteur (inducteur et induit).

L'intensité I' du courant partira de zéro et augmentera progressivement jusqu'à la valeur maxima admise I'_d, définie par la loi d'Ohm :

$$I'_d = \frac{U'}{r' + R}$$

Le courant I'_d que l'on tolère au démarrage varie entre 1 fois $\dfrac{1}{2}$ et 2 ou même 3 fois le courant normal, lorsque le moteur est très chargé.

Le couple moteur est proportionnel au flux inducteur et à l'intensité du courant absorbé par l'induit, laquelle

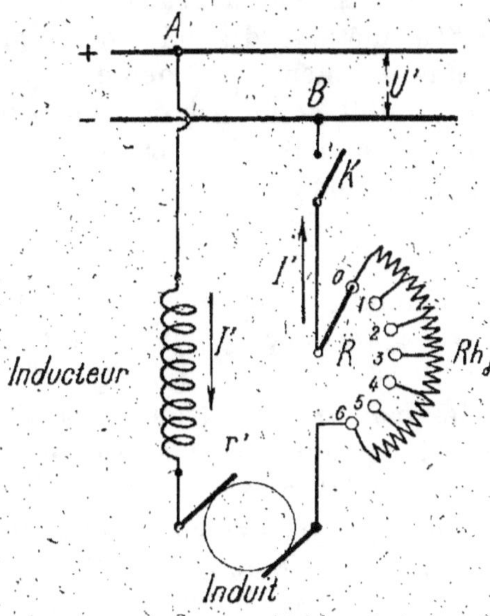

Fig. 28.

se confond ici avec l'intensité du courant d'alimentation :

$$C = K \cdot \Phi I'$$

Comme le courant qui traverse l'induit passe aussi dans l'inducteur, toute augmentation de I' entraîne un renforcement du flux Φ, et le couple croît sous l'influence de ces deux causes.

Tant que les inducteurs ne sont pas saturés, le

flux utile est proportionnel au courant qui l'engendre :

$$\Phi = K_1 I'$$

de sorte que : $C = K (K_1 I') I'$

ou : $C = K K_1 I'^2.$

Dans ces conditions, **le couple moteur est proportionnel au carré de l'intensité du courant.**

Lorsque l'état magnétique des inducteurs approche de la saturation, une augmentation même importante de l'intensité I' ne produit qu'un accroissement très faible du flux, et l'on peut admettre que celui-ci est à peu près constant. Dans la formule :

$$C = (K \Phi) I',$$

le terme entre parenthèses est invariable, et le *couple moteur est alors simplement proportionnel à l'intensité du courant.*

En général, les moteurs série sont construits de manière à ce que les inducteurs ne soient pas saturés, même lorsque le courant atteint la valeur maxima fixée par le rhéostat de démarrage. Si donc on admet, à la mise en marche, une intensité double de l'intensité de régime, on aura un couple de démarrage quatre fois plus grand que le couple normal.

La période d'établissement du courant, que nous venons d'analyser, est extrêmement courte, et le moteur n'a pas encore commencé à tourner quand le courant atteint l'intensité I'_d limitée par le rhéostat. L'induit est donc au repos lorsque le couple possède sa plus grande valeur correspondant au courant maximum I'_d.

Soumis à ce couple énergique, le moteur se met à tourner ; il engendre alors une f. c. é. m. qui croît avec la vitesse et réduit l'intensité du courant ; naturellement, le couple moteur diminue en même temps. Poussons la manette du rhéostat sur le plot 1 ; le courant augmente brusquement, mais les résistances restant en circuit sont établies de manière à ce que son intensité ne dépasse pas la valeur I'_a. Cet afflux de courant fait croître le couple moteur et la vitesse s'accélère ; alors la f. c. é. m. augmente, l'intensité du courant diminue, et le couple s'affaiblit. Les mêmes phénomènes se reproduisent toutes les fois que la manette passe d'un plot au suivant, jusqu'à ce que le rhéostat soit complètement retiré du circuit. A partir de ce moment, le moteur développe son couple normal en absorbant le courant de régime.

Si le couple résistant vient à augmenter, un appel de courant relativement faible produira l'effort nécessaire pour le vaincre, car le couple moteur croît plus vite que l'intensité du courant ; nous avons même vu que dans les moteurs à saturation lente, généralement employés, l'accroissement du couple est proportionnel au carré de l'afflux du courant qui le détermine. Le moteur série est donc capable de surmonter des variations de charge rapides et d'assez grande amplitude ; il peut donner des *coups de collier* très énergiques.

Ajoutons enfin que les enroulements à gros fil d'un moteur série peuvent supporter momentanément sans danger une assez grande augmentation de courant, et que, par suite, un moteur de ce genre triomphe aisément de surcharges considérables, mais de courte durée.

b) **Vitesse.** — Nous avons établi la formule :

$$N = K' \frac{U'_a - r'_a I'_a}{\Phi}. \qquad (14)$$

Or, dans un moteur série, l'expression

$$U'_a - r'_a I'_a$$

qui représente la f. c. é. m. développée par l'induit est encore égale à la d. d. p. U' appliquée aux bornes du moteur diminuée du produit de sa résistance intérieure r' par l'intensité I' du courant d'alimentation :

$$U'_a - r'_a I'_a = U' - r'I' \ ;$$

donc :
$$N = K' \frac{U' - r'I'}{\Phi}$$

Supposons que le moteur fonctionne en régime normal. Si la charge vient à augmenter, le courant I' croît et renforce le flux Φ. Comme la tension U' reste constante et que le terme à retrancher $r'I'$ augmente, la différence $(U' - r'I')$ diminue. *La vitesse N décroît alors très vite*, d'abord, parce que le numérateur de la fraction diminue, ensuite, parce que le dénominateur augmente. Remarquons que la résistance intérieure r' est très faible, et que, par suite, les variations de $r'I'$ sont beaucoup moins importantes que celles du flux.

Si le couple résistant augmente encore, l'intensité du courant continue à croître et peut atteindre une valeur dangereuse pour les enroulements ; en même temps, la vitesse diminue de plus en plus. Si la charge imposée arrive à caler l'induit, le moteur, soumis à la tension du réseau, sans résistance de protection, sera traversé par un courant très intense qui brûlera certainement le bobinage.

On peut craindre des accidents de ce genre quand la machine opératrice entraînée par le moteur lui oppose un couple résistant susceptible de varier brusquement ; tel est le cas d'un broyeur par exemple. Il est alors prudent d'intercaler sur le circuit un disjoncteur à maxima.

Si la charge diminue, l'intensité I' décroît ainsi que le terme soustractif $r'I'$, de sorte que le numérateur $(U' - r'I')$

de la fraction augmente ; en même temps, le flux Φ diminue, de sorte que *la vitesse N s'accélère rapidement.*

Lorsqu'un moteur série commande une machine par l'intermédiaire d'une courroie, le couple résistant peut s'annuler par suite de la chute ou de la rupture de celle-ci. L'intensité du courant tombant alors à une valeur très faible, le moteur *s'emballe.* S'il n'y avait pas de frottements, la vitesse augmenterait indéfiniment. En réalité, le couple opposé par les frottements mécaniques croît avec la vitesse, et limite cette dernière à une valeur malheureusement trop grande, et toujours dangereuse, sauf pour les très petits moteurs. Le raisonnement qui précède montre **qu'un moteur série ne doit jamais fonctionner à vide**, et que, si la charge peut disparaître, il faut prévenir l'emballement de l'induit au moyen d'un régulateur de vitesse ou d'un interrupteur automatique à force centrifuge.

c) **Puissance.** — La puissance mécanique totale développée par le moteur est :

$$P'_u = 2\,\pi\,N\,C \qquad (11)$$

Or, nous venons de voir que le couple augmente quand la vitesse diminue, et réciproquement. N et C varient toujours en sens inverse, et à peu près dans le même rapport ; leur produit NC est donc sensiblement constant, il en est de même de P'_u, et l'on peut dire que le moteur série est *autorégulateur de puissance.*

d) Nous pouvons résumer ainsi les propriétés du moteur série alimenté sous tension constante :

1° Il a, au démarrage, un couple puissant, et peut donner en marche des coups de collier très énergiques.

2° Sa vitesse varie avec la charge ; il s'emballe quand

le couple résistant diminue indéfiniment ; il peut caler et brûler, si la charge augmente brusquement au delà d'une certaine limite.

3° Il est à peu près autorégulateur de puissance.

B) L'intensité d'alimentation est constante.

a) **Couple moteur total.** — Comme l'intensité du courant ne change pas, il en est de même du flux inducteur Φ, et le couple

$$C = K \Phi I'$$

reste *constant*, quelle que soit la vitesse.

Pour que le moteur démarre, il faut évidemment que le couple résistant soit inférieur à la valeur précédente. Si cette condition est réalisée, l'induit prend une vitesse croissante jusqu'à ce que le couple résistant équilibre le couple moteur.

Si l'on désire avoir le couple maximum au démarrage, il faut brancher un rhéostat en dérivation aux bornes de l'inducteur, de manière

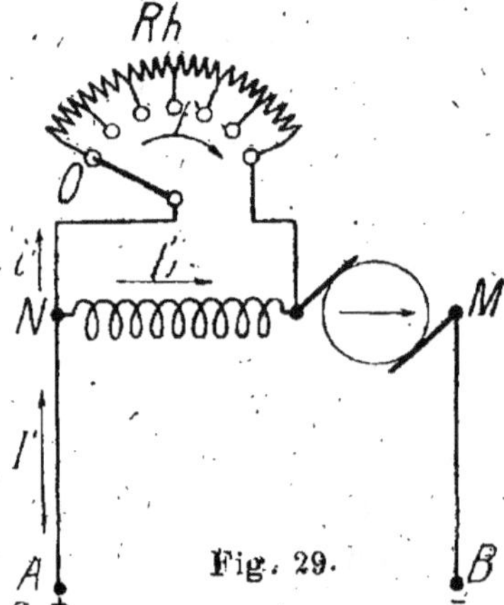

Fig. 29.

à agir sur le flux Φ (fig. 29). Le courant total I' se partage alors en deux courants dérivés : l'un I'_1 alimente l'inducteur, l'autre i' passe dans le rhéostat, et l'on a, à chaque instant :

$$I' = I'_1 + i'.$$

A la mise en marche, la manette du rhéostat est sur

le plot zéro, et toutes les résistances sont en circuit ; l'intensité I'_1 est alors maxima, et le couple possède sa plus grande valeur. Lorsque le moteur a démarré, on supprime quelques résistances en déplaçant la manette dans le sens de la flèche f ; le courant i' augmente alors en même temps que I'_1 diminue, et le couple décroît. Quand le courant inducteur a atteint son intensité de régime, le couple moteur prend sa valeur normale qu'il conservera pendant toute la durée du fonctionnement.

b) **Vitesse.** — Si le couple résistant diminue, la vitesse augmente jusqu'à ce que l'accroissement des résistances de frottement compense cette réduction ; à vide, le moteur s'emballe. Si la charge augmente; le couple résistant devient supérieur au couple moteur, et l'induit ralentit.

c) **En résumé, un moteur série alimenté par un courant d'intensité constante possède un couple moteur constant, et sa vitesse varie avec la charge.**

C) **La tension et l'intensité d'alimentation sont toutes deux variables.** — Relions ensemble deux machines série absolument identiques (fig. 30). La première, M par exemple, entraînée par une turbine hydraulique, servira de génératrice et fournira du courant à la seconde M' qui fonctionnera comme réceptrice.

Lorsque nous mettrons la génératrice en marche, elle s'amorcera facilement, car elle est fermée sur un circuit de faible résistance, et produira un courant déjà intense. Sous l'influence de ce courant, le moteur commencera à tourner, en développant une f. c. é. m. proportionnelle à sa vitesse.

Au fur et à mesure que la turbine accélère l'allure de la génératrice, le moteur tourne aussi plus vite, et il est facile de montrer qu'il existe un rapport constant entre les vitesses des deux machines.

En effet, soient :

E la f. é. m. de la dynamo, tournant à la vitesse N,
et E' la f. c. é. m. du moteur,   —   —   N'.

$$E = \frac{p}{a} \cdot \frac{N\,n\,\Phi}{10^8}$$

$$E' = \frac{p}{a} \cdot \frac{N'\,n\,\Phi}{10^8}$$

Les machines, étant supposées identiques, ont le même

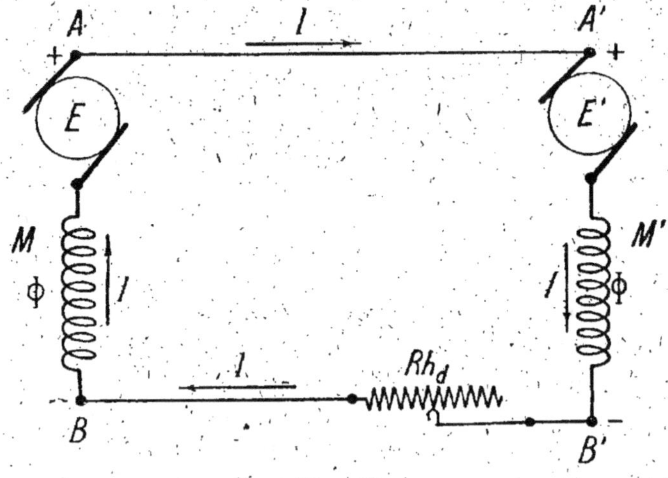

Fig. 30.

nombre de pôles, le même nombre de voies d'enroulement, et le même nombre de conducteurs périphériques. Comme elles sont en série, le même courant I produit le flux Φ dans les deux inducteurs.

Pour simplifier, posons alors :

$$k = \frac{p}{a} \cdot \frac{n\,\Phi}{10^8} \; ;$$

nous pouvons écrire :

$$E = k\,N$$
$$E' = k\,N'$$

d'où

$$\frac{E}{E'} = \frac{k\,N}{k\,N'} = \frac{N}{N'}.$$

La vitesse N de la génératrice est donc à la vitesse N' de la réceptrice comme la f. é. m. E de la dynamo est à la f. c. é. m. E' du moteur.

Or, la différence entre E et E' est égale à la perte de charge dans tout le circuit. Elle est toujours très petite, car la résistance totale est faible ; donc E' suit fidèlement les variations de E, et le moteur règle son allure sur celle de la dynamo. Si la perte de charge pouvait être négligée devant la f. é. m., on aurait :

$$E' = E$$

et par suite :

$$N' = N,$$

de sorte que *les deux machines tourneraient toujours à la même vitesse.*

L'allure du moteur est à peu près indépendante de sa charge. En effet, si le couple résistant augmente, le courant croît et renforce les flux inducteurs de la même quantité, E et E' augmentent sensiblement dans le même rapport, et N' ne change à peu près pas, si N n'a pas varié. Les phénomènes inverses se produisent quand la charge diminue, mais le résultat reste le même, et la vitesse n'est pas modifiée d'une manière sensible.

Ainsi le système étudié est absolument *auto-régulateur*

et n'exige aucune surveillance. Comme tous les appareils de l'installation sont très robustes, nous avons là une solution particulièrement simple du transport d'énergie mécanique à distance.

Le rhéostat de démarrage n'est pas absolument indispensable ; mais son emploi permet d'avoir une mise en marche plus douce en diminuant l'afflux du courant initial.

19. Usages des moteurs série. — *a)* Le moteur série alimenté sous tension constante est employé toutes les fois qu'on a besoin d'un couple moteur très grand au démarrage. C'est le **moteur de traction par excellence** ; attelé à une voiture de tramway par exemple, il pourra la mettre rapidement en route, aussi bien dans une rampe qu'en palier, avec un appel de courant relativement faible.

Il est tout désigné aussi pour la commande des appareils de levage et de manutention : grues, ponts-roulants, treuils, cabestans, palans, etc..., Lorsqu'un moteur série actionne une grue, les objets légers sont enlevés rapidement, et les fardeaux lourds, beaucoup plus lentement ; en effet, la vitesse de l'induit varie en sens inverse du couple moteur, et celui-ci est toujours proportionné à l'effort résistant, c'est-à-dire au poids à soulever.

Le moteur série peut encore être employé pour la commande des machines opératrices à marche régulière dont le couple résistant ne varie guère.

Enfin, le moteur série fonctionne convenablement quand le couple résistant croît avec la vitesse ; c'est le cas des ventilateurs, pompes centrifuges, etc. Dans ces machines, la résistance opposée par l'air ou par l'eau au mouvement des ailettes, augmente rapidement avec la vitesse, et limite ses variations. Le système entraîné joue le rôle d'un volant et stabilise la marche du moteur.

Le moteur série ne s'emploie pas lorsqu'une vitesse constante est nécessaire, ni quand la charge peut s'annuler complètement à un moment donné ; il n'est jamais relié à la machine entraînée par une courroie dont la chute ou la rupture est toujours à craindre, mais par un manchonnage direct ou un train d'engrenages dont la résistance prévient les dangers d'emballement.

b) Alimentés par un courant d'intensité constante, les moteurs série peuvent entraîner des machines à allure régulière, ou des ventilateurs, pompes, etc., avec lesquels ils forment des systèmes autorégulateurs. On les emploie surtout dans les *distributions à intensité constante système Thury* ; leur vitesse est alors réglée par des régulateurs automatiques à force centrifuge agissant à la fois sur le calage des balais, et sur l'excitation des inducteurs shuntés par un rhéostat.

c) Enfin, les moteurs série se prêtent parfaitement aux transports d'énergie mécanique à longue distance, par le système de transmission à tension et intensité variables. décrit plus haut. Il existe un assez grand nombre d'installations de ce genre ; l'une d'elles a été établie à Domène, près Grenoble, dès 1889.

QUESTIONNAIRE

16. Quel est le sens de rotation d'une dynamo série fonctionnant comme réceptrice ? — 17. Doit-on modifier la position des balais d'une dynamo série quand on passe de la marche en génératrice à la marche en réceptrice ? — 18. Un moteur série étant alimenté par une distribution à tension constante, montrer que le couple moteur au démarrage est très énergique. — Le moteur série est-il capable de donner des coups de collier ? — Pourquoi ? — Peut-il vaincre de

grandes surcharges de faible durée ? Pourquoi ? — La tension d'alimentation restant constante, comment varie la vitesse d'un moteur série quand la charge augmente ? — Qu'arrive-t-il si la charge imposée cale le moteur ? — Que faut-il faire pour prévenir cet accident ? — Que devient la vitesse d'un moteur quand la charge diminue ? — Qu'arrive-t-il si le couple résistant s'annule ? — Comment prévient-on tout danger d'emballement à vide ? — Pourquoi dit-on que le moteur série alimenté sous tension constante est autorégulateur de puissance ? Justifiez cette expression. — Résumez les propriétés du moteur série alimenté sous tension constante. — Lorsque l'intensité d'alimentation est constante, le couple moteur varie-t-il avec la charge ? Pourquoi ? — Que faut-il pour que le moteur démarre ? — Comment obtient-on le couple moteur maximum au démarrage ? — Quelle est l'influence des variations de charge sur la vitesse d'un moteur série alimenté par un courant d'intensité constante ? Résumez les propriétés du moteur série alimenté par une distribution à intensité constante. — Exposez le principe d'un transport d'énergie à distance à l'aide de deux machines série fonctionnant, l'une comme génératrice, l'autre comme réceptrice. Montrez en particulier qu'il existe un rapport invariable entre les vitesses des deux machines, et que l'allure du moteur est à peu près indépendante de sa charge. — Quels sont les principaux usages du moteur série alimenté par une distribution à tension constante ? — Quels sont les principaux usages du moteur série alimenté par une distribution à intensité constante ? — Dans quel cas le moteur série est-il alimenté par un courant dont la tension et l'intensité sont toutes deux variables ?

EXERCICE

34. — Un moteur série de 30$^{\text{ch-v}}$ est branché sur une canalisation à 500^{V} son rendement industriel est 89 %, et son rendement électrique 95 %. La perte de puissance dans l'induit représente 2,25 % de la puissance électrique absorbée. Calculer :

a) l'intensité du courant d'alimentation à pleine charge ;
b) la f. c. é. m. du moteur ;

c) la résistance comprise entre les bornes (induit et inducteur en série) ;

d) la résistance de l'induit ;

e) la résistance de l'inducteur ;

f) la section du fil inducteur, sachant que la densité de courant admise est 2,48 ampères par mm².

35. — Un moteur série à 4 pôles est branché sur une canalisation à 500^V. Sa puissance à pleine charge est 35 $^{ch-v}$, son rendement industriel 85,8°/₀ et son rendement électrique 93°/₀. L'induit, bobiné en série, porte 792 conducteurs périphériques, et a une résistance égale à 0^{ohm},49. Le flux utile par pôle à pleine charge est égal à 3.290.000 maxwells. Au démarrage, on admet un courant égal à 1,5 fois le courant normal. Calculer :

a) l'intensité normale du courant d'alimentation ;

b) l'intensité du courant dans les conducteurs induits ;

c) la résistance intérieure du moteur (induit et inducteur en série) ;

d) la résistance de l'inducteur ;

e) le couple moteur total en régime normal ;

f) l'intensité du courant au démarrage ;

g) la résistance du rhéostat de démarrage ;

h) le couple moteur total au démarrage, en admettant que l'inducteur ne soit pas saturé.

36. — Calculer le couple total du moteur précédent pour les valeurs suivantes du courant d'alimentation.

5^A; 10^A; 15^A; 20^A; 25^A; 30^A; 35^A;
40^A; 45^A; 50^A; 55^A; 60^A; 65^A; 70^A;
75^A; 80^A; 85^A; 90^A; 95^A; 100^A.

Traduire ces résultats par une courbe montrant comment varie le couple moteur avec l'intensité du courant d'alimentation.

37. — Calculer la vitesse du même moteur :

a) en charge normale ;

b) lorsque, pour vaincre une surcharge, le moteur développe un couple égal à deux fois le couple normal.

Que deviendrait cette vitesse si, par suite d'une disparition complète de la charge, l'intensité du courant tombait à 2^A?

38. — Répéter le calcul de la vitesse pour les différentes valeurs du courant indiquées à l'exercice 36, et traduire les résultats obtenus par une courbe.

39. — Calculer la puissance mécanique totale développée par le moteur pour les mêmes valeurs du courant d'alimentation, et traduire les résultats obtenus par une courbe.

40. — Comment faudrait-il modifier le bobinage induit du moteur précédent pour qu'il puisse développer la même puissance mécanique totale sous une tension deux fois moindre, soit 250 volts. Calculer dans ces conditions :

a) l'intensité normale du courant d'alimentation, le rendement conservant la même valeur ;

b) l'intensité du courant dans les conducteurs induits ;

c) la résistance intérieure de l'induit ;

d) le couple moteur total, en régime normal ;

e) la vitesse à pleine charge.

41. — Un moteur série tétrapolaire est alimenté sous tension constante. A la vitesse de 600 tours par minute, il développe une puissance utile de $25^{\text{ch-v}}$ en élevant un fardeau de 500 kg ; son rendement industriel est alors $89,7\,^0/_0$. L'induit, bobiné en série, porte 688 conducteurs ; lorsqu'il est traversé au repos par le courant normal, soit $37^A,3$, la tension entre les balais est $12^V,68$. La résistance de l'inducteur est $0^{\text{ohm}},40$. Calculer :

a) la vitesse d'ascension du fardeau, en mètres par seconde ;

b) la puissance électrique absorbée par le moteur ;

c) la tension qui doit être appliquée à ses bornes ;

d) la f. c. e. é. m. du moteur ;

e) le flux utile par pôle ;

f) la perte de puissance dans l'inducteur et dans l'induit ;

g) la somme des pertes de puissance par hystérésis, courants de Foucault, frottements et ventilation.

42. — Un moteur série à 4 pôles est alimenté par une distribution dont l'intensité constante est 20^A. Sa puissance à pleine charge est $12^{\text{ch-v}}$, son rendement industriel $88\,^0/_0$ et son rendement électrique $92\,^0/_0$. L'induit bobiné en série, porte 984 conducteurs périphériques ; sa résistance est $0^{\text{ohm}},81$. Le flux utile par pôle est 2.040.000 maxwells. Calculer :

a) la tension normale entre les bornes à pleine charge ;

b) la résistance intérieure du moteur (induit et inducteur en série).

c) la résistance de l'inducteur ;

d) le couple moteur total ;

e) le couple moteur utile ;

f) la vitesse à pleine charge ;

43. — Calculer la vitesse du même moteur pour les valeurs suivantes de la tension appliquée à ses bornes :

50^V ; 100^V ; 150^V ; 200^V ; 250^V ; 300^V ; 350^V ;
400^V ; 450^V ; 500^V ; 550^V ; 600^V ; 650^V ; 700^V ;
750^V ; 800^V.

Traduire ces résultats par une courbe montrant l'influence de la tension aux bornes sur la vitesse de rotation.

44. — Calculer la puissance mécanique totale développée par le moteur pour les mêmes valeurs de la tension aux bornes, et traduire les résultats obtenus par une courbe.

45. — Un rhéostat est branché en dérivation aux bornes de l'inducteur précédent. Pour une certaine position de la manette, la résistance en circuit est égale à la résistance même de l'inducteur. Calculer dans ces conditions :

a) le flux inducteur ;
b) le couple moteur total ;
c) la résistance intérieure du moteur (induit, inducteur et rhéostat) ;
d) la vitesse de rotation de l'armature, en admettant que la tension aux bornes soit égale à 500^V ;
e) la puissance mécanique totale développée par le moteur.

46. — Deux machines série semblables ont les caractéristiques suivantes :

Puissance normale : 100 kW.
Nombre de pôles inducteurs : 6.
Flux utile par pôle : 6.500.000 maxwells.
Bobinage induit : en série.
Nombre de conducteurs induits : 960.
Vitesse normale de rotation : 500 tours par minute.
Rendement industriel à pleine charge : 93 °/₀.
Rendement électrique : 97 °/₀.

L'une d'elles, installée dans une galerie de mine commande une pompe d'épuisement. L'autre installée au jour, fonctionne en génératrice et reçoit son mouvement d'une machine à vapeur. Les deux machines, distantes de 800 m. sont reliées par deux fils conducteurs en cuivre dont la section est 36 mm². Calculer :

a) la f. é. m. de la génératrice tournant à 500 tours par minute ;
b) la d. d. p. entre ses bornes ;

c) l'intensité du courant qu'elle débite, la puissance utilisable entre ses bornes étant égale à 100 kW ;

d) la résistance de chacun des fils de ligne, sachant que la résistivité du cuivre est 0,018 ohm-mm² par m ;

e) la perte de charge en ligne ;

f) la d. d. p. aux bornes de la machine fonctionnant en moteur ;

g) la f. c. é. m. du moteur ;

h) la vitesse de rotation du moteur ;

i) la puissance mécanique fournie par le moteur ;

j) le rendement global du transport d'énergie mécanique ainsi réalisé.

47. — Dans l'installation précédente, la vitesse de la génératrice est augmentée de 10 °/₀. L'intensité du courant étant supposée constante, calculer :

a) la f. é. m. de la génératrice ;

b) la f. c. é. m. du moteur ;

c) la vitesse du moteur ;

d) la puissance mécanique totale développée par le moteur ;

e) le rendement électrique du moteur à cette nouvelle charge.

48. — On considère à nouveau l'installation déjà étudiée (exercice 46), et l'on suppose que, par suite d'une réduction de la charge, l'intensité du courant diminue de 15 °/₀. Calculer :

a) la f. é. m. de la génératrice, dont la vitesse est maintenue constante et égale à 500 tours par minute ;

b) la f. c. é. m. du moteur ;

c) sa vitesse ;

d) la puissance mécanique totale qu'il développe ;

e) son rendement électrique à cette nouvelle charge.

On admet que les inducteurs ne sont pas saturés.

49. — Un tramway électrique est entraîné par deux moteurs série fonctionnant sous 600 V. Ces moteurs attaquent l'essieu des roues motrices par l'intermédiaire d'engrenages qui réduisent leur vitesse de rotation dans le rapport de 71 à 15. Sachant que le diamètre des roues motrices est 0ᵐ,84 et que les moteurs tournent à 600 tours par minute, on demande la vitesse du tramway, en kilomètres par heure.

50. — Dans les conditions indiquées à l'exercice précédent, chacun des deux moteurs, absorbant un courant de 75 A, développe à la jante des roues motrices un effort de 700 kg. Calculer :

a) leur puissance mécanique utile, en ch.-v. disponibles à la jante des roues ;

b) leur rendement industriel (engrenages compris).

51. — On considère à nouveau l'un des moteurs précédents. Pour différentes valeurs du courant absorbé, les valeurs correspondantes de l'effort communiqué à la jante des roues motrices et de la vitesse du tramway sont inscrites dans le tableau ci-après :

Courant absorbé, en ampères :

| 14 | 20 | 30 | 40 | 50 | 60 | 70 | 80 | 90 | 100 |

Effort à la jante, en kg :

| 0 | 50 | 150 | 250 | 375 | 500 | 640 | 775 | 915 | 1050 |

Vitesse du tramway, en km par heure :

| 52,5 | 36 | 28,5 | 25 | 22 | 20,5 | 19 | 18 | 17,5 |

Tracer d'abord une première courbe montrant comment varie l'effort à la jante avec le courant absorbé ; à cet effet, porter sur l'axe horizontal les différentes valeurs du courant et, sur les verticales issues des points obtenus, les valeurs correspondantes de l'effort.

Tracer de la même façon la courbe figurant les variations de la vitesse du tramway avec l'intensité du courant d'alimentation.

Des données du tableau, déduire par le calcul, pour chaque valeur du courant absorbé :

a) la puissance mécanique disponible sur la jante des roues motrices ;

b) le rendement du moteur, avec engrenages.

A l'aide des résultats obtenus, tracer les courbes de variation de ces deux dernières grandeurs ; on aura ainsi la représentation graphique complète des conditions de fonctionnement du moteur.

52. — Les deux moteurs série considérés jusqu'ici peuvent être couplés, soit en parallèle sous la tension de 600^V, soit en série ; dans ce dernier cas, ils se partagent la tension totale, de sorte que chacun d'eux fonctionne sous 300^V. Le tableau donné à l'exercice 51 est relatif au couplage en parallèle. Lorsque les moteurs sont en série, la vitesse du tramway est à peu près réduite de moitié ; les nombres ci-dessous montrent d'ailleurs comment elle varie avec l'intensité du courant absorbé par un moteur :

Courant d'alimentation, en ampères :

| 20 | 30 | 40 | 50 | 60 | 70 | 80 | 90 | 100 |

Vitesse du tramway, en km. par heure :

| 25 | 17,5 | 14 | 12 | 10 | 9 | 8,5 | 8 | 7,5 |

L'effort à la jante restant le même que dans le cas précédent, calculer, pour chaque valeur du courant absorbé :

a) la puissance mécanique communiquée par chaque moteur à la jante des roues motrices ;

b) le rendement d'un moteur, engrenages compris.

Tracer les courbes de variation de ces deux grandeurs.

Pour comparer aisément les conditions de fonctionnement des deux moteurs suivant qu'ils sont couplés en parallèle ou en série, il suffit de tracer sur la même feuille toutes les courbes demandées (exercices 51 et 52), en figurant en noir, par exemple, celles qui sont relatives au couplage en parallèle (fonctionnement sous 600 V) et en rouge celles qui ont trait au couplage en série (fonctionnement sous 300 V).

CHAPITRE V

MOTEURS SHUNT

20. Sens de rotation. — Soit f le sens pratique de rotation d'une dynamo shunt fonctionnant en génératrice (fig. 31). Ce sens est défini par les conditions d'amorçage de la machine (1).

L'induit est alors traversé par un courant I_a, l'inducteur est excité par le courant i, la borne M est positive et la borne N négative.

Sans modifier les connexions, faisons fonctionner la machine comme réceptrice, en envoyant dans l'induit un courant de même sens. Il nous faudra pour cela réunir la borne N au pôle positif A d'une source, et la borne M au pôle négatif B (fig. 32-a). Le courant total I' arrivant au balai positif F_x se partagera en deux courants dérivés : le premier I'_a traversera l'induit, le second i' passera dans l'enroulement inducteur. La comparaison des deux schémas montre que le courant induit a bien conservé le même sens, mais que le courant inducteur s'est inversé. Donc *le sens de rotation ne change pas quand on passe de la marche en génératrice à la marche en moteur* (4).

(1) Voir *Générateurs*, chap. VII, page 176.

Si nous permutions les bornes (fig. 32 *b*), le courant s'inverserait à la fois dans l'inducteur et dans l'induit, de sorte que le sens de rotation ne serait pas modifié.

Donc : *Une dynamo réceptrice excitée en dérivation n'a qu'un sens de rotation possible ; ce sens est celui dans lequel*

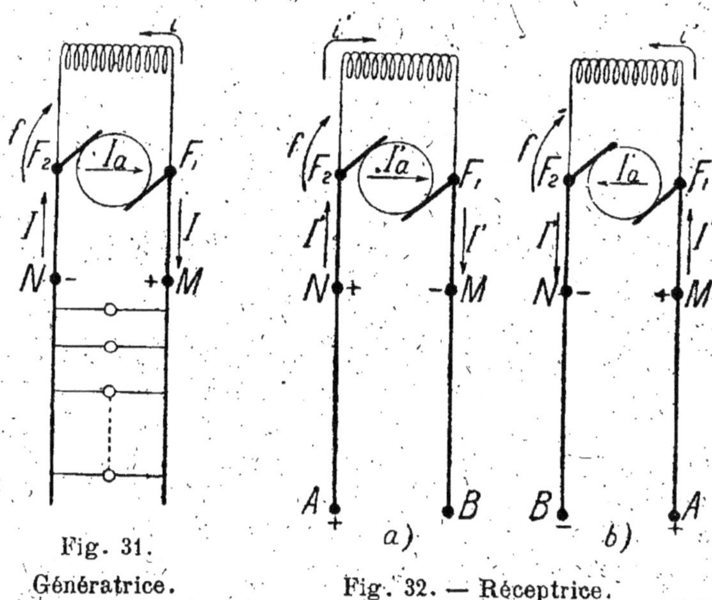

Fig. 31.

Génératrice.

Fig. 32. — Réceptrice.

il faut la faire tourner comme génératrice pour lui faire produire un courant de même sens de celui qui traverse l'induit ; il est indépendant du sens du courant d'alimentation.

21. Calage des balais. — Lorsqu'une dynamo bipolaire fonctionne en génératrice, le diamètre de contact des balais doit être incliné dans le sens du mouvement. Soit $L_1L'_1$ la position pratique de ce diamètre ; LL' est sa position théorique ; a est l'angle de calage. Lorsque la machine fonctionne en moteur, elle tourne dans le même sens ; pour que les balais soient calés en arrière de L L′, il faut les faire passer de l'autre côté de cet axe, et les amener dans une position L, L′, faisant avec L L′ un angle de calage a' un peu inférieur à a (fig. 33).

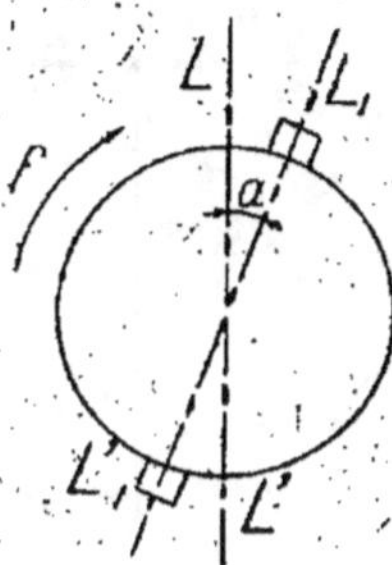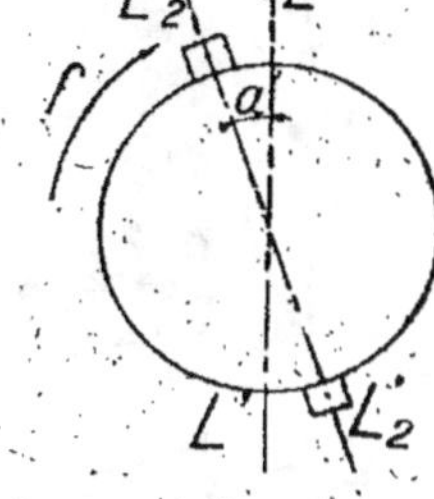

Fig. 33.

Génératrice.   Réceptrice.

22. Propriétés des moteurs shunt. — Les moteurs shunt sont à peu près inutilisables dans les distributions à intensité constante. Nous n'étudierons donc leurs propriétés qu'en les supposant alimentés par une canalisation à tension constante.

A) Couple moteur total. — a) Considérons un moteur shunt branché sur un réseau comme l'indique la fig. 34, le rhéostat de démarrage se trouvant en série avec l'ensemble inducteur et induit. Au moment où nous fermons l'interrupteur C, la manette du rhéostat est sur le plot zéro, toutes les résistances sont en circuit, et l'intensité I' du courant augmente progressivement depuis zéro jusqu'à la valeur maxima admise I'_d. Ce courant se bifurque en deux courants dérivés : le courant induit d'intensité I'_a et le courant inducteur d'intensité i'.

Soient : r'_a la résistance de l'induit,
r'_d la résistance de l'inducteur,
et U'_a la d. d. p. entre les balais F_1 et F_2.

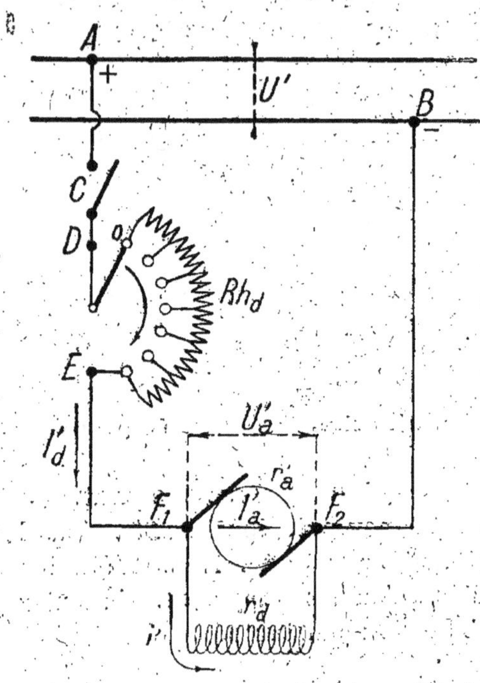

Fig. 34.

D'après la loi d'Ohm :

$$U'_a = r'_a I'_a$$

et

$$i' = \frac{U'_a}{r'_d}$$

Or, la résistance r'_a de l'induit est très faible, la résistance r'_d de l'inducteur est élevée, la fraction $\dfrac{r'_a I'_a}{r'_d}$ est par suite très petite et le courant inducteur a une intensité i' extrêmement réduite.

Pour plus de clarté, prenons des chiffres. Supposons que le moteur, alimenté par un réseau à 110^V, fonctionne normalement avec un courant de 100^A, et que l'on tolère au démarrage une intensité doublé, soit 200^A. L'intensité I'_a du courant d'armature aura sensiblement la même valeur, car la fraction i' dérivée dans l'inducteur est négligeable. Si l'induit a une résistance égale à 0^{ohm},04, la d. d. p. à ses bornes est :

$$U'_a = 0^{ohm},04 \times 200^A = 8^V$$

Supposons que l'inducteur ait une résistance de 36 ohms ; il sera traversé par un courant :

$$i' = \frac{8^V}{36^{ohms}} = 0^A,22$$

Le flux inducteur engendré par ce courant est très faible, il en est de même du couple moteur correspondant.

Si le moteur n'est pas chargé, il pourra se mettre en route. S'il est chargé, l'induit ne démarrera pas.

Qu'arrivera-t-il alors si nous manœuvrons le rhéostat ?

L'intensité du courant n'étant pas limitée par la f. c. é. m. du moteur, toujours immobile, prendra une valeur dangereuse pour les enroulements, avant que l'excitation ne soit suffisante pour que le couple moteur triomphe du couple résistant.

Le montage étudié est donc défectueux.

Pour le corriger, il suffit de détacher l'extrémité du fil inducteur reliée à F_a, et de la reporter à la borne D du rhéostat (fig. 35). Celui-ci se trouve alors en série avec l'induit seul, et l'inducteur, en dérivation aux bornes de l'ensemble, est soumis à la tension du réseau dès qu'on ferme l'interrupteur ; tout se passe en effet comme si le circuit inducteur aboutissait aux deux points A et B et *le moteur shunt est assimilable à un moteur excité séparément.*

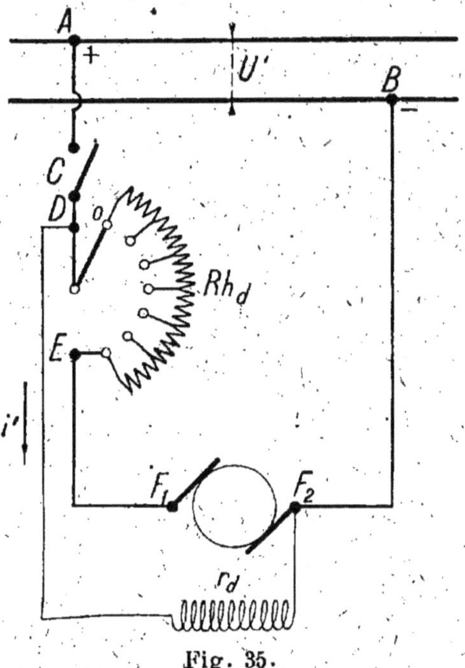

Fig. 35.

Le courant d'excitation prend immédiatement son intensité de régime :

$$i' = \frac{U'}{r'_d}$$

et le flux Φ qu'il engendre acquiert sa valeur normale dès le début du démarrage.

Si nous reprenons l'exemple précédent :

$$i' = \frac{110^{\text{v}}}{36^{\text{ohms}}} = 3^{\text{A}},33$$

Avec le premier montage le courant d'excitation était de $0^{\text{A}},22$ à la fermeture de l'interrupteur ; il est maintenant 15 fois plus intense. Si l'inducteur n'est pas saturé, le flux Φ est aussi 15 fois plus grand et le couple moteur augmente dans le même rapport. L'induit se met alors en mouvement et l'on peut retirer progressivement du circuit les résistances du rhéostat.

b) Le couple moteur est toujours donné par la formule :

$$C = K\,\Phi\,I'_a$$

Dans un moteur shunt, installé correctement, le flux inducteur est constant, puisque le courant qui l'engendre est produit par la tension du réseau qui est elle-même constante ; le produit $K\,\Phi$ est donc invariable et le couple C ne dépend que de I'_a :

$$C = (K\,\Phi)\,I'_a$$

Ainsi, *le couple d'un moteur shunt est proportionnel à l'intensité du courant absorbé par l'induit.*

Donc, si l'on tolère à la mise en marche une intensité d'armature double de l'intensité de régime, le couple de démarrage vaudra deux fois le couple normal. Dans les mêmes conditions, un moteur série développerait un couple quatre fois plus grand. Réciproquement, si l'on désire un couple de démarrage deux fois supérieur au couple normal, il faudra admettre dans l'induit d'un moteur shunt une intensité double de l'intensité de régime, tandis que, dans un moteur série, on obtiendrait le même résultat avec un appel de courant égal à 1,5 fois le courant normal [1].

c) Considérons enfin un moteur série et un moteur shunt de même puissance. Pour vaincre le même accroissement de charge, le moteur shunt demandera au réseau un afflux de courant bien plus grand que le moteur série, parce que le renforcement du couple moteur n'est dû qu'à l'augmentation du courant qui traverse l'induit, tandis que, dans un moteur série, le flux inducteur croît en même temps que l'intensité d'alimentation, et contribue pour une part égale à l'accroissement du couple. Le moteur shunt ne peut donc donner des coups de collier énergiques ni surmonter des surcharges considérables.

***B)* Vitesse.** — Examinons la formule :

$$N = K' \frac{U'_a - r_a I'_a}{\Phi}$$

Dans un moteur shunt, la tension U'_a aux bornes de l'induit est égale à la d. d. p. U' appliquée aux bornes du moteur :

$$U'_a = U'.$$

Par suite :

$$N = K' \frac{U' - r'_a I'_a}{\Phi}$$

Or, le flux Φ est constant et la tension d'alimentation U' est invariable ; la vitesse ne dépend donc que de l'intensité I'_a. Si le couple résistant augmente, le courant I'_a croît, le terme soustractif $r'_a I'_a$ augmente en même temps, et la différence $(U' - r'_a I'_a)$ diminue ; l'induit ralentit donc un peu son mouvement. Un raisonnement

[1] Pour être tout à fait exact, il faudrait remplacer 1,5 par 1,414 qui est égal à $\sqrt{2}$.

semblable nous montrerait qu'une réduction de charge entraîne une accélération. Comme la résistance intérieure de l'induit est très petite, la perte de charge $r'_a I'_a$ est très faible devant la tension d'alimentation U', et ses variations ne peuvent produire que de très légères variations de vitesse. En général, la chute de vitesse ne dépasse pas 5 % entre la marche à vide et la pleine charge. **On peut donc dire qu'un moteur shunt, alimenté par une distribution à tension constante, a une vitesse sensiblement constante et indépendante de la charge.**

REMARQUES. — 1° Supposons que la charge s'annule. Le moteur n'a plus à vaincre que les résistances de frottement, et le courant I'_a tombe à une valeur très faible, voisine de zéro.

La f. c. é. m.
$$E' = U' - r'_a I'_a$$

devient presque égale à la tension d'alimentation U', et la vitesse tend vers une limite maxima fixée par la relation

$$N_1 = K' \frac{U'}{\Phi}$$

Un moteur shunt ne peut donc pas s'emballer, même si la charge est complètement supprimée.

2° Examinons maintenant ce qui se produirait si le circuit inducteur venait à se rompre. Le courant d'excitation se trouverait alors supprimé ; le flux inducteur disparaîtrait à peu près complètement et avec lui la f. c. é. m. développée par l'induit. Il en résulterait :

a) un accroissement de vitesse inadmissible, causé par la suppression du flux ;

b) un appel de courant dangereux dû à la disparition de la f. c. é. m.

Cet accident peut se produire quand le fil aboutissant

à la borne D du rhéostat (fig. 35) n'a pas été bien attaché.

Il importe donc, lors du montage, d'établir les connexions avec le plus grand soin.

3° Considérons enfin un moteur shunt installé sur un tramway. Quand la voiture descend une pente, la vitesse s'accélère et peut dépasser la valeur N, définie plus haut. La f. c. é. m. du moteur devient alors supérieure à la tension d'alimentation ; *la machine fonctionne en génératrice et fournit du courant au réseau.* On **récupère** ainsi une partie de l'énergie communiquée précédemment au véhicule. D'autre part, la génératrice, absorbant une partie de la puissance mécanique de la voiture entraînée par la pesanteur, limite sa vitesse de descente et produit un véritable **freinage électrique.**

C) Nous pouvons résumer ainsi les propriétés du moteur shunt :

a) Son couple moteur est peu puissant au démarrage ; il est incapable de donner des coups de collier énergiques et de vaincre des surcharges considérables.

b) Sa vitesse est sensiblement constante et indépendante de la charge ; il ne présente aucun danger d'emballement à vide.

c) Son emploi en traction permet la récupération et le freinage dans les descentes.

23. Usages du moteur shunt. — *a*) Le moteur shunt est employé pour la commande des machines opératrices dont la vitesse doit être maintenue sensiblement constante, quelle que soit leur charge, et dont la mise en marche ne nécessite pas un couple puissant.

C'est le **moteur d'atelier par excellence.** Il convient

particulièrement, à la commande des métiers à tisser et des machines-outils : tours, perceuses, étaux-limeurs, raboteuses, fraiseuses, mortaiseuses, dégauchisseuses, toupies, etc...

Un moteur série ne peut conduire convenablement une raboteuse à plateau mobile par exemple, et, après un moment de réflexion, le lecteur s'en rendra parfaitement compte.

En effet, au moment où l'outil aborde la pièce à usiner fixée sur le plateau, le couple résistant augmente brusquement.

Si le moteur est excité en série, l'induit peut être calé et brûlé par le courant. En admettant qu'il puisse vaincre l'accroissement de charge qui lui est imposé, sans échauffement anormal de son bobinage, il prendra une vitesse excessive lorsque la passe sera terminée, le plateau commençant alors sa course de retour pendant laquelle l'outil ne travaille pas.

Si le moteur est excité en dérivation, sa vitesse sera à peine modifiée par ces variations périodiques de charge.

b) Le moteur shunt est encore utilisé pour la commande des machines d'extraction, ascenseurs, monte-charges, tapis-élévateurs, rampes mobiles, ponts transbordeurs, chariots roulants des gares, vérins de levage, etc... En courant continu, le moteur électrique qui actionne le treuil d'un ascenseur est toujours excité en dérivation ; l'emploi d'un moteur à vitesse constante permet de réaliser un fonctionnement automatique, et supprime le danger d'emballement pendant les descentes.

c) Enfin, le moteur shunt remplace quelquefois le moteur série dans la traction électrique. Son emploi est particulièrement intéressant quand la source d'énergie est une batterie d'accumulateurs portée par le véhicule : automobile ou tramway ; pendant les descentes, la machine fonctionne en génératrice et recharge partiellement la batterie, en même temps qu'elle forme frein sur la voiture.

QUESTIONNAIRE

20. Quel est le sens de rotation d'une dynamo shunt fonctionnant comme réceptrice ? — 21. Comment doit-on modifier la position des balais d'une dynamo shunt quand on passe de la marche en génératrice à la marche en réceptrice ? — 22. Qu'arriverait-il si dans un moteur shunt, on branchait le circuit inducteur directement entre les balais ? — Comment doit-on monter le circuit inducteur d'un moteur shunt ? — Comment varie le couple d'un moteur shunt avec l'intensité du courant d'alimentation ? — Comparez le moteur shunt et le moteur série au point de vue couple de démarrage. — Le moteur shunt est-il capable de donner des coups de collier énergiques ? Pourquoi ? — Que devient la vitesse d'un moteur shunt quand la charge varie ? — Quelle est, en général, la chute de vitesse entre la marche à vide et la pleine charge ? — Quelle est l'influence de l'échauffement du moteur sur la vitesse ? — Un moteur shunt peut-il s'emballer à vide ? Pourquoi ? — Qu'arriverait-il si le circuit inducteur venait à se rompre ? Quelle précaution faut-il prendre, lors du montage, pour éviter cet accident ? — Un moteur shunt étant installé sur un tramway, expliquez le mécanisme de la récupération et du freinage électrique pendant les descentes. — Résumez les propriétés du moteur shunt. — 23. Quels sont les principaux usages du moteur shunt ? — Un moteur série pourrait-il conduire une machine-outil ? Pourquoi ? — Quel intérêt présente l'emploi du moteur shunt :

a) dans la commande du treuil d'un ascenseur ;
b) en traction ?

EXERCICES

53. — Un moteur shunt de 5 $^{ch\text{-}v}$ est branché sur une canalisation à 120^V. Son rendement électrique est 90 $^\circ/_\circ$ et son

rendement industriel 80 °/₀. La puissance perdue dans l'induit représente 6 °/₀ de la puissance électrique totale absorbée, et l'intensité du courant inducteur est égale à 5 °/₀ de l'intensité du courant principal. Calculer :

a) la puissance électrique absorbée par le moteur ;
b) l'intensité du courant d'alimentation ;
c) l'intensité du courant inducteur ;
d) l'intensité du courant induit ;
e) la résistance de l'induit ;
f) la résistance du circuit inducteur ;
g) la f. c. é. m. du moteur.

54. — Un moteur shunt tétrapolaire de 20$^{\text{ch-v}}$ est alimenté par une distribution à 220^{V}. Son rendement industriel est 90 °/₀ et son rendement électrique 95 °/₀. Le bobinage induit, en parallèle, comprend 860 conducteurs. Le flux utile par pôle est 1,628.000 maxwells, et l'intensité du courant inducteur représente 4 °/₀ de l'intensité du courant d'alimentation. La perte de puissance dans l'induit est égale à 3 °/₀ de la puissance électrique totale absorbée. Au démarrage, on admet dans l'induit un courant égal à 1,75 fois le courant normal. Calculer :

a) l'intensité normale du courant d'alimentation ;
b) l'intensité du courant inducteur ;
c) l'intensité du courant traversant l'induit ;
d) l'intensité du courant dans les conducteurs induits ;
e) la résistance de l'induit ;
f) la résistance de l'inducteur ;
g) le couple moteur total en régime normal ;
h) le couple moteur total au démarrage ;
i) le couple moteur que l'on obtiendrait au démarrage, si le circuit inducteur était branché directement entre les balais ;
j) le couple moteur utile.

On admet que la perméabilité des inducteurs est constante.
55. — Calculer le couple total du moteur précédent pour les valeurs suivantes du courant dans l'induit :

5^{A} ; 10^{A} ; 15^{A} ; 20^{A} ; 25^{A} ; 30^{A} ; 35^{A} ;
40^{A} ; 45^{A} ; 50^{A} ; 55^{A} ; 60^{A} ; 65^{A} ; 70^{A} ;
75^{A} ; 80^{A} ; 85^{A} ; 90^{A} ; 95^{A} ; 100^{A} ;

Traduire ces résultats par une courbe montrant comment

varie le couple moteur total avec l'intensité du courant qu alimente l'induit.

56. Calculer la vitesse du même moteur :

a) en charge normale ;
b) lorsque le moteur développe un couple égal à 1,5 fois le couple normal ;
c) à vide, l'intensité du courant dans l'induit tombant alors à 5A.

57. — Répéter le calcul de la vitesse pour les différentes valeurs du courant indiquées à l'exercice 55, et traduire les résultats obtenus par une courbe.

58. — Calculer la puissance mécanique totale développée par le moteur pour les mêmes valeurs du courant dans l'induit, et traduire les résultats obtenus par une courbe.

59. Un moteur shunt, installé sur une voiture de tramway, développe normalement une puissance de 30^{ch-v} à la vitesse de 500 tours par minute. La tension d'alimentation est 550^V. Le rendement industriel du moteur est 92 °/₀ et son rendement électrique 96 °/₀.

La perte de puissance dans le circuit inducteur représente 2 °/₀ de la puissance électrique totale absorbée. Calculer :

a) l'intensité normale du courant d'alimentation ;
b) le courant inducteur ;
c) le courant traversant l'induit ;
d) la résistance intérieure de l'induit ;
e) la f. c. é. m. du moteur ;
f) la f. é. m. du moteur fonctionnant en génératrice, lorsque la voiture, descendant une pente, l'entraîne à 535 tours par minute ;
g) l'intensité du courant que la machine fournit alors au réseau.

60. — Un moteur shunt bipolaire est installé à l'extrémité d'une ligne en cuivre, dont les deux fils ont chacun 135 mètres de longueur et 30 mm² de section. Ce moteur développe un couple total égal à 6,480 mètres-kilogrammes. L'induit, dont la résistance intérieure est $0^{ohm},116$, porte 260 conducteurs. Le flux inducteur utile, produit par un courant de 3^A, est 2.000.000 de maxwells. Calculer :

a) l'intensité du courant traversant l'induit ;
b) l'intensité du courant d'alimentation ;
c) la f. c. é. m. du moteur tournant à 1200 tours par minute ;

d) la d. d. p. entre ses bornes ;

e) le rendement électrique du moteur ;

f) la puissance perdue par hystérésis, courants de Foucault, frottements et ventilation, sachant que le rendement industriel du moteur est 85°/₀ ;

g) le couple moteur utile ;

h) la perte de charge en ligne ;

i) la tension à l'origine de la ligne.

Résistivité du cuivre : 0,018 ohm mm² par mètre.

CHAPITRE VI

MOTEURS COMPOUND

Sommaire. — Sens de rotation. — Propriétés des moteurs compound alimentés par une distribution à tension constante : moteurs compound à flux différentiels ; moteurs compound à flux additionnels. — Usages des moteurs compound.

24. Sens de rotation. — *A*) Soit f le sens pratique de rotation d'une dynamo compound fonctionnant en génératrice (fig. 36). Les courants dans les différents circuits de la machine ont, par exemple, les sens indiqués sur le schéma ; la borne M est positive et la borne N négative. Les connexions sont telles que le flux produit par l'enroulement série S renforce le flux produit par l'enroulement dérivation D.

Sans modifier ces connexions, faisons fonctionner la machine comme réceptrice, en envoyant dans l'induit un courant de même sens. Il nous faudra pour cela réunir la borne N au pôle positif A d'une source, et la borne M au pôle négatif B (fig. 37). La figure montre que les courants passant dans l'induit et dans l'enroulement série conservent le même sens, mais que le courant i' s'est inversé dans l'enroulement dérivation.

Les deux flux, qui s'ajoutaient dans la marche en génératrice, sont maintenant opposés, et le flux résultant est égale à leur différence ; on a alors un *moteur compound à flux différentiels*.

Le sens de rotation de l'induit dépend des valeurs relatives des deux flux :

Si le flux dérivation Φ_d l'emporte sur le flux série Φ_s,

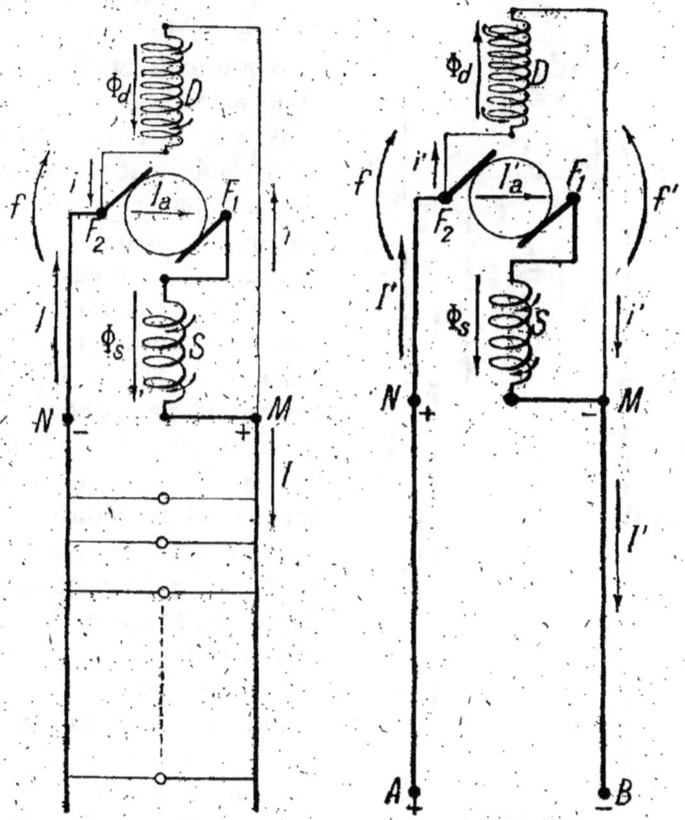

Fig. 36.
Génératrice compound.

Fig. 37. — Moteur compound
à flux différentiels.

la machine se comporte comme un moteur shunt et tournera dans le sens f ;

Si, au contraire, le flux série Φ_s est supérieur au flux dérivation Φ_d, la machine se comporte comme un moteur série et tourne dans le sens f' inverse de f.

En général, l'enroulement série ne comprend que quelques spires de gros fil, de sorte que le flux dérivation Φ_d est bien supérieur au flux série Φ_s. L'induit tourne alors dans le sens f. Mais, si le moteur actionnait, par exemple, une poinçonneuse ou un train de laminoirs, une surcharge brusque déterminerait un appel de courant très important et le flux série Φ_s se trouverait renforcé. En même temps, l'augmentation de la perte de charge dans l'induit réduirait la d. d. p. entre les balais F_1 et F_2, ce qui aurait pour effet d'affaiblir le courant i' et, par suite, le flux dérivation. Il pourrait arriver que le flux série Φ_s surpasse le flux Φ_d; il y aurait alors une *inversion du sens de marche*, susceptible de provoquer un accident sérieux.

Le moteur compound à flux différentiels est donc impropre à la commande de machines opératrices capables de lui opposer un couple résistant très variable.

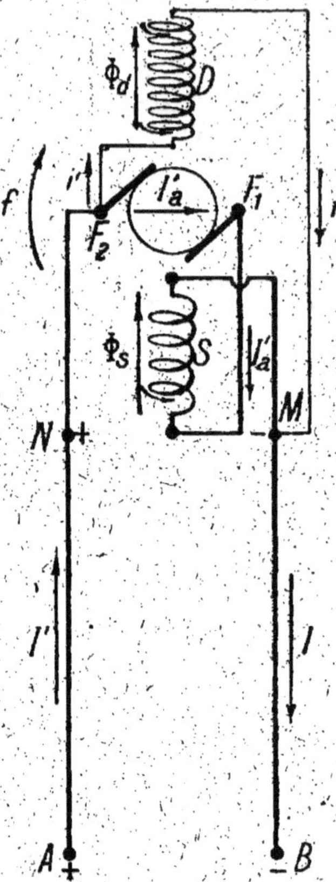

Fig. 38.
Moteur compound à flux additionnels.

B) Reprenons la dynamo compound fonctionnant en génératrice, et changeons les connexions de l'enroulement série avant de la faire tourner comme réceptrice (fig. 38). Comme on le voit, le courant I'_a conservant le même sens dans l'induit, les courants inducteurs I'_a et i' se trouveront inversés dans l'enroulement série et dans l'enroulement dérivation. Les deux flux Φ_s et Φ_d s'ajouteront comme dans la marche en génératrice et le flux résultant Φ sera égal à leur somme ; nous aurons alors un *moteur compound à flux additionnels* ou à *flux totalisés*.

Le flux total s'étant renversé, la machine se comportera comme un moteur shunt, et tournera dans le sens f.

Cette fois, tout danger d'inversion du sens de marche est écarté.

En résumé : a) *Une dynamo compound que l'on fait fonctionner en réceptrice sans toucher aux connexions, se transforme en un moteur compound à flux différentiels ;*

b) *si l'on inverse les connexions de l'enroulement série, on obtient un moteur compound à flux additionnels ;*

c) *dans les deux cas, le sens de rotation du moteur est le même que dans la marche en génératrice, mais une surcharge peut renverser le sens du mouvement d'un moteur à flux différentiels.*

25. Calage des balais. — Comme dans un moteur shunt, quand on passe de la marche en génératrice, à la marche en réceptrice, il faut déplacer les balais, et les faire passer de l'autre côté du diamètre théorique de contact.

26. Propriétés des moteurs compound alimentés par une distribution à tension constante. — **A)** Moteur compound à flux différentiels.

a) **Couple moteur total.** — Considérons un moteur

compound à flux-différentiels installé comme un moteur shunt sur une distribution à tension constante (fig. 39). A la fermeture de l'interrupteur, l'enroulement dérivation se trouvera soumis à la d. d. p. totale du réseau, et produira le flux constant Φ_d.

Le flux résultant Φ est égal à la différence entre le flux dérivation Φ_d et le flux série Φ_s.

$$\Phi = \Phi_d - \Phi_s$$

L'expression du couple devient alors :

$$C = K (\Phi_d - \Phi_s) I'_a = K \Phi_d I'_a - K \Phi_s I'_a \quad (1)$$

Si l'enroulement série n'existait pas, on aurait un moteur shunt, ayant un couple :

$$C_d = K \Phi_d I'_a \quad (2)$$

proportionnel à l'intensité du courant d'armature.

La formule (1) montre que dans un moteur à flux différentiels, *le flux série diminue la valeur du couple moteur qui croît alors moins vite que l'intensité du courant.*

A la mise en marche, le couple de démarrage sera

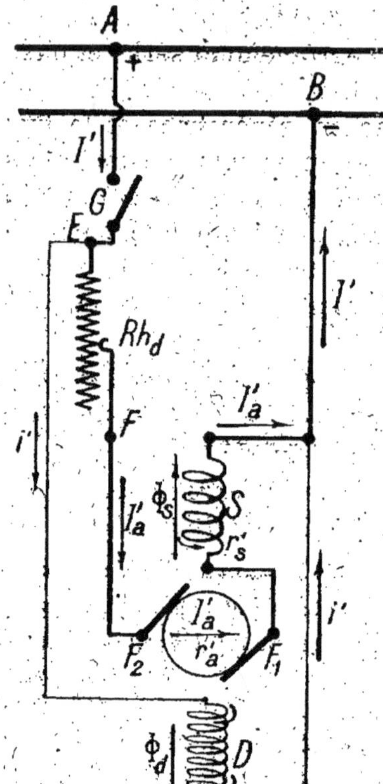

Fig. 39.

encore plus petit que celui du moteur shunt correspondant, et l'induit ne se mettra en route que si la charge est faible.

b) **Vitesse :** La vitesse d'un moteur compound à flux différentiels est donnée par la formule :

$$N = K' \frac{U'_a - r'_a I'_a}{\Phi_d - \Phi_s}$$

Dans cette expression, la tension U'_a et le flux dérivation Φ_d sont invariables [1].

Si la charge du moteur vient à augmenter, le courant I'_a croît, le terme soustractif augmente aussi, de sorte que le numérateur diminue. Mais, en même temps, l'appel de courant renforce le flux série Φ_s, et le dénominateur décroît. Or, l'affaiblissement du numérateur correspond à un ralentissement ; la diminution du dénominateur correspond à une accélération. Donc, si le nombre des spires de l'enroulement série est convenablement déterminé, il peut y avoir compensation exacte, et la vitesse du moteur ne change pas.

Nous avons vu que la vitesse d'un moteur shunt tombe légèrement quand la charge augmente ; *avec un moteur compound à flux différentiels, on peut obtenir une vitesse absolument constante, quelle que soit la charge.*

B) **Moteur compound à flux additionnels.**

a) **Couple moteur total :** Le moteur étant installé

(1) En réalité, la d. d. p. U'_a aux bornes de l'induit varie très légèrement avec I'_a, car elle est égale à la tension d'alimentation U' diminuée de la perte de charge dans l'enroulement série :

$$U'_a = U' - r'_s I'_a.$$

Mais cette perte de charge $r'_s I'_a$ est si faible que l'on peut considérer U'_a comme sensiblement égale à U', laquelle est supposée constante.

comme l'indique le schéma (fig. 40), les flux Φ_d et Φ_s sont de même sens, et le flux résultant est égal à leur somme :

$$\Phi = \Phi_d + \Phi_s$$

Cette fois, le couple moteur :

$$C = K (\Phi_d + \Phi_s) I'_a = K \Phi_d I'_a + K \Phi_s I'_a$$

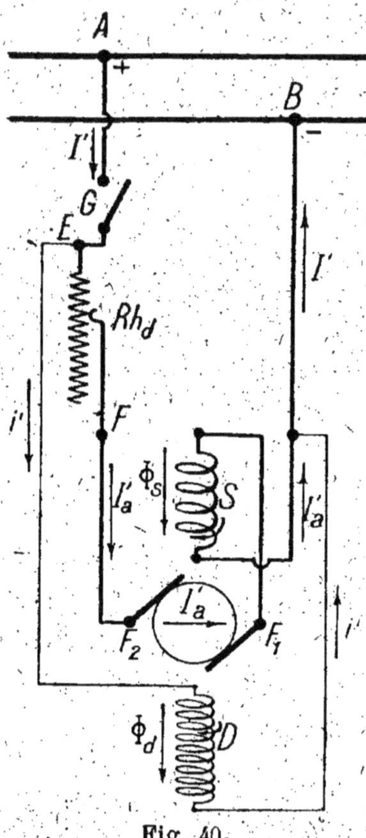

Fig. 40.

sans être proportionnel au carré de l'intensité du courant, comme dans un moteur série non saturé, croit plus vite que le courant d'armature ; il est toujours supérieur au couple :

$$C_d = K \Phi_d I'_a$$

du moteur shunt correspondant.

En particulier, l'enroulement série renforce le couple à la mise en marche de sorte qu'un moteur compound à flux additionnels peut démarrer sous de fortes charges.

b) Vitesse. — La formule :

$$N = K' \frac{U'_a - r'_a I'_a}{\Phi_d + \Phi_s}$$

donne la vitesse d'un moteur compound à flux additionnels.

Toute agmentation de charge produit un afflux de courant de sorte que le terme $r'_a I'_a$ croît, et que le numérateur diminue ; en même temps, le renforcement du flux Φ_s fait augmenter le dénominateur, et la fraction diminue pour ces deux raisons. La chute de vitesse est donc plus grande que si l'enroulement dérivation existait seul.

Réciproquement, une réduction de la charge entraîne une accélération, mais il ne peut y avoir emballement, même à vide, car le flux dérivation, constant, limite la vitesse à la valeur maxima :

$$N_4 = K' \frac{U'_a}{\Phi_d}$$

Cette vitesse limite est celle du moteur shunt que l'on obtiendrait en supprimant l'enroulement série.

Ainsi, le moteur compound à flux additionnels est sujet à des variations de vitesse plus grandes qu'un moteur shunt ; ces variations sont naturellement d'autant plus importantes que le nombre des spires série est plus grand et que, par conséquent, le couple moteur est plus puissant.

C) En résumé :

a) *Le moteur compound à flux différentiels développe un faible couple moteur au démarrage, mais il peut assurer une vitesse rigoureusement constante.*

b) *Le moteur compound à flux additionnels développe un couple moteur énergique au démarrage, mais sa vitesse varie avec la charge ; toutefois, il n'y a aucun danger d'emballement, même à vide.*

Remarques : 1° Il n'est pas indispensable ici de ramener la fin de l'enroulement dérivation à la borne E du rhéostat ; on peut la laisser attachée au balai F_4 (fig. 41).

En effet, si la charge n'est pas trop grande, le moteur commencera à tourner dès la fermeture de l'interrupteur sous l'influence du flux série ; puis, l'induit développant une f. c. é. m. croissante au fur et à mesure que la vitesse augmente, le flux dérivation s'établira progressivement et ajoutera son action à celle des ampères-tours série.

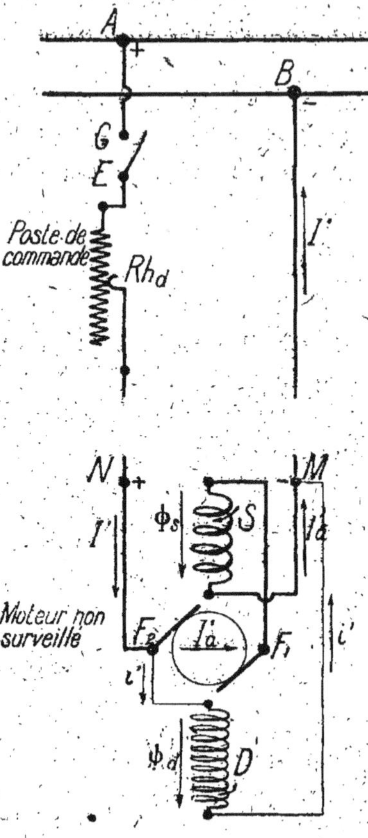

Fig. 41.

Ce montage peut être intéressant pour commander à distance un appareil non surveillé, car il permet d'économiser le fil qui, dans une installation ordinaire, devrait relier l'enroulement dérivation à la borne E du rhéostat.

Remarquons en passant que si le moteur entraîne une machine opératrice par l'intermédiaire d'une courroie, la rupture ou la chute de de ce lien ne causera aucun accident, puisque l'induit ne peut pas s'emballer.

2° Au point de vue des variations corrélatives du couple moteur et de l'intensité du courant, on peut ranger comme il suit les différents moteurs étudiés, en com_ mençant par celui dans lequel le plus faible appel de courant produit le plus grand accroissement du couple :

> Moteur série.
> Moteur compound à flux additionnels.
> Moteur shunt.
> Moteur compound à flux différentiels.

3° Au point de vue de la stabilité de marche sous des charges variables, ces moteurs se rangent exactement dans l'ordre inverse.

27. Usages du moteur compound : *a)* L'emploi du *moteur compound à flux différentiels* est strictement limité à la commande d'appareils qui n'imposent pas de grandes variations de couple, mais dont le fonctionnement exige une vitesse très régulière ; — exemple : métiers à tisser.

b) Le *moteur compound à flux additionnels* se prête aisément à l'entraînement des machines qui réclament un couple énergique et dans lesquelles des variations notables de l'effort résistant ne doivent pas entraîner de grands écarts de vitesse ; — exemples : laminoirs, cisailles, appareils de broyage et de pulvérisation, sécheurs et refroidisseurs rotatifs des fabriques de ciment, etc...

Le moteur compound à flux additionnels est encore employé pour la commande à distance d'appareils non surveillés conduits par courroie : pompes, cabestans, ventilateurs, etc...

Enfin, il peut remplacer le moteur shunt dans les appareils de levage et de manutention ; il fournit alors un effort plus énergique et s'oppose comme lui à toute accélération excessive.

QUESTIONNAIRE

24. Qu'obtient-on en faisant fonctionner une dynamo compound en réceptrice ? Quel est le sens de rotation d'un moteur compound à flux différentiels ? Quel accident peut-on craindre en cas de surcharge ? — Que faut-il faire pour supprimer tout danger d'inversion du sens de marche ? Quel moteur obtient-on alors ? Quel est le sens de rotation de ce moteur ? — **25.** Comment doit-on modifier la position des balais d'une dynamo compound quand on passe de la marche en génératrice à la marche en réceptrice ? — **26.** Comment varie le couple total d'un moteur compound à flux différentiels avec l'intensité du courant d'armature ? Comparez ce moteur au moteur shunt au point de vue couple de démarrage. — Que faut-il pour qu'il se mette en marche ? — Que devient la vitesse d'un moteur compound à flux différentiels quand la charge varie ? — Comment varie le couple total d'un moteur compound à flux additionnels avec l'intensité du courant d'armature ? Comparez ce moteur au moteur shunt au point de vue couple de démarrage. — Que devient la vitesse d'un moteur compound à flux additionnels quand la charge varie ? — Y a-t-il danger d'emballement à vide ? — Quelle est la vitesse limite ? — Résumez les propriétés des moteurs compound. — Peut-on, dans un moteur compound, brancher l'enroulement shunt directement entre les balais ? Pourquoi ? — Dans quel cas ce montage peut-il être intéressant ? — Un moteur compound peut-il commander une machine opératrice par l'intermédiaire d'une courroie ? Pourquoi ? — Rangez les différents moteurs à courant continu au point de vue du couple qu'ils sont capables de développer dans les mêmes conditions, en commençant par celui dans lequel le plus faible appel de courant produit le plus grand accroissement de couple. — Rangez ces moteurs au point de vue de la stabilité de marche sous des charges variables. — **27.** Dans quels cas emploie-t-on le moteur compound à flux différentiels ? — Quels sont les principaux usages du moteur compound à flux différentiels ? — Quels sont les principaux usages du moteur compound à flux additionnels ?

EXERCICES

61. — Un moteur compound de 25 ch-v est branché sur
une canalisation à 220 V
(fig. 42). Son rendement
électrique est 96 %, et
son rendement industriel
92 %. Les pertes de puis-
sance se répartissent
ainsi :

Induit : 1,75 %

Enroulement shunt :
1,25 %

Enroulement série : 1 %.

Le courant dans l'induc-
ducteur shunt est égal à
3,5 % du courant d'alimentation. Calculer :

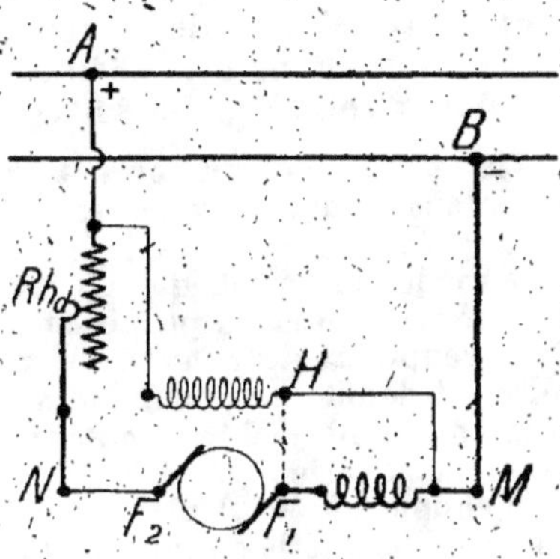

Fig. 42.

a) la puissance électrique absorbée par le moteur ;
b) la puissance perdue dans l'induit ;
c) la puissance perdue dans l'enroulement shunt ;
d) la   —   —   série ;
e) la   —   par hystérésis, courants de Foucault, frottements et ventilation ;
f) l'intensité du courant d'alimentation ;
g)   —   — dans l'enroulement shunt ;
h)   —   — dans l'induit, et dans l'enroulement série.
i) la résistance de l'induit ;
j) la résistance de l'enroulement shunt ;
k) la   —   —   série ;
l) la f.c.é.m. du moteur.

62. — Les données de l'exercice précédent n'étant pas
modifiées, on suppose que l'extrémité H du fil inducteur
shunt, au lieu d'être reliée au pôle M, est attachée au balai F₁
(fig. 42, connexion en trait ponctué). Calculer :

a) la résistance de l'enroulement série ;
b)   —   — shunt ;
c) la f.c.é.m. du moteur.

63. — Un moteur compound tétrapolaire à flux différentiels est branché sur une canalisation à 120 V. Sa puissance
à pleine charge est 20 ch-v et son rendement industriel : 89 %.

L'induit, bobiné en parallèle, porte 320 conducteurs ; sa résistance est $0^{ohm},014$. Le courant dans l'enroulement shunt est $3^A,4$; la résistance de l'enroulement série $0^{ohm},016$. Par pôle, le flux shunt est 2.500.000 maxwells, et le flux série 100.000 maxwells à pleine charge. Calculer :

   a) l'intensité totale du courant d'alimentation ;

   b) l'intensité du courant dans l'induit et dans l'enroulement série ;

   c) le rendement électrique du moteur ;

   d) le couple moteur à pleine charge ;

   e) le couple moteur au démarrage, si l'intensité de courant admise est double de l'intensité normale ;

   f) le couple normal du moteur shunt obtenu en supprimant l'enroulement série ;

   g) le couple de ce dernier moteur, au démarrage.

On suppose que le circuit magnétique n'est pas saturé.

64. — Calculer le couple du moteur compound considéré à l'exercice précédent pour les valeurs suivantes du courant traversant l'induit :

   0^A ; 10^A ; 20^A ; 30^A ; 40^A ; 50^A ; 60^A ;
   70^A ; 80^A ; 90^A ; 100^A ; 120^A ; 140^A ; 150^A ;
   160^A ; 180^A ; 190^A ; 200^A.

Traduire ces résultats par une courbe montrant l'influence de l'intensité du courant qui traverse l'induit sur le couple moteur qu'il développe.

Pour les mêmes valeurs du courant d'armature, calculer le couple du moteur shunt obtenu en supprimant l'enroulement série ; tracer la courbe qui représente ses variations et la comparer à la courbe précédente.

65. — Calculer la vitesse du moteur précédent :

   a) à pleine charge ;

   b) pour les valeurs suivantes du courant traversant l'induit :

   0^A ; 10^A ; 20^A ; 30^A ; 40^A ; 50^A ; 60^A ;
   70^A ; 80^A ; 90^A ; 100^A ; 120^A ; 140^A ; 150^A ;
   160^A ; 180^A ; 190^A ; 200^A.

Traduire ces résultats par une courbe.

66. — Reprendre le calcul de la vitesse pour les mêmes valeurs de l'intensité du courant d'armature, en supposant que le flux série à pleine charge soit égal à 50.000 maxwells.

Traduire ces résultats par une nouvelle courbe que l'on comparera à la précédente.

67. — Pour les mêmes valeurs du courant traversant l'induit, calculer la vitesse du moteur shunt obtenu en supprimant l'enroulement série ; tracer la courbe qui représente ses variations et comparer cette courbe aux deux premières.

68. — En considérant toujours les mêmes valeurs du courant qui traverse l'induit, et le flux série étant supposé égal à 100.000 maxwells, tracer :

a) la courbe représentant les variations de la puissance mécanique totale développée par le moteur ;

b) la couche représentant les variations du rendement électrique.

69. — On considère à nouveau le moteur compound dont la spécification a été donnée à l'exercice 63, mais on suppose que les connexions de l'enroulement série ont été inversées de manière à obtenir un moteur compound à flux additionnels. Calculer :

a) le couple moteur à pleine charge ;

b) le couple moteur au démarrage ;

c) la vitesse à pleine charge ;

d) la vitesse limite.

70. — Calculer le couple du moteur précédent pour les valeurs déjà indiquées du courant traversant l'induit, et tracer la courbe qui représente ses variations. Comparer cette courbe à celle du moteur shunt correspondant et à celle du moteur compound à flux différentiels obtenu précédemment (exercice 64).

71. — Pour les mêmes valeurs du courant traversant l'induit, calculer la vitesse du moteur précédent, et construire la courbe qui représente ses variations. Comparer cette courbe à celles qui figurent les variations de la vitesse du moteur shunt et du moteur compound à flux différentiels correspondants.

72. — En considérant toujours les mêmes valeurs du courant traversant l'induit, tracer :

a) la courbe représentant les variations de la puissance mécanique totale développée par le moteur ;

b) la courbe représentant les variations du rendement électrique.

73. — Le moteur précédent (exercice 69) entraîne par courroie un appareil non surveillé situé à 250^m du poste de commande. La tension au départ est 120^V. La ligne est constituée par deux conducteurs en cuivre de $9^{mm},5$ de diamètre. Pour économiser un fil, l'excitation shunt est prise directement entre les bornes du moteur, comme l'indique la figure 41. En admettant que le courant d'alimentation à pleine charge soit le même que précédemment, calculer :

a) la perte de charge en ligne ;

b) la tension aux bornes du moteur ;

c) le couple moteur normal ;

d) le couple moteur au démarrage, l'intensité totale admise étant double de l'intensité de régime ;

e) la vitesse normale ;

f) la vitesse que l'induit ne peut dépasser, même si la courroie tombe ;

g) la puissance mécanique totale développée par le moteur en marche normale ;

h) le rendement électrique du moteur en régime normal.

Résistivité du cuivre : 0,018 ohm-mm² par mètre.

CHAPITRE VII

MOTEURS SYNCHRÔNES MONOPHASÉS

Sommaire. — *Moteurs monophasés à champ constant.* — Réversibilité des alternateurs monophasés à inducteur fixe et induit mobile. — Sens de rotation. — Vitesse. — Démarrage ; décrochage. — Influence de l'excitation. — *Moteurs monophasés à champ alternatif.* — Réversibilité des alternateurs monophasés à induit fixe et inducteur mobile. — Propriétés.

1° Moteurs synchrônes monophasés a champ constant.

28. Réversibilité des alternateurs monophasés à inducteur fixe et induit mobile. — Considérons un alternateur monophasé à 6 pôles comprenant :

a) un inducteur fixe S, dont les 6 bobines, régulièrement distribuées à l'intérieur d'une couronne magnétique, sont enroulées en sens contraire, et alimentées par le courant continu d'une excitatrice ;

b) un induit mobile R portant 6 bobines réunies en série, et dont les extrémités aboutissent à deux bagues B_1 et B_2 isolées l'une de l'autre (fig. 43).

Pour établir le principe de fonctionnement des alternateurs [1], nous avons adopté la disposition inverse ; mais le lecteur reconnaîtra sans peine que le même mode de raisonnement est applicable à la machine représentée.

[1] Voir *Générateurs*, chap. IV.

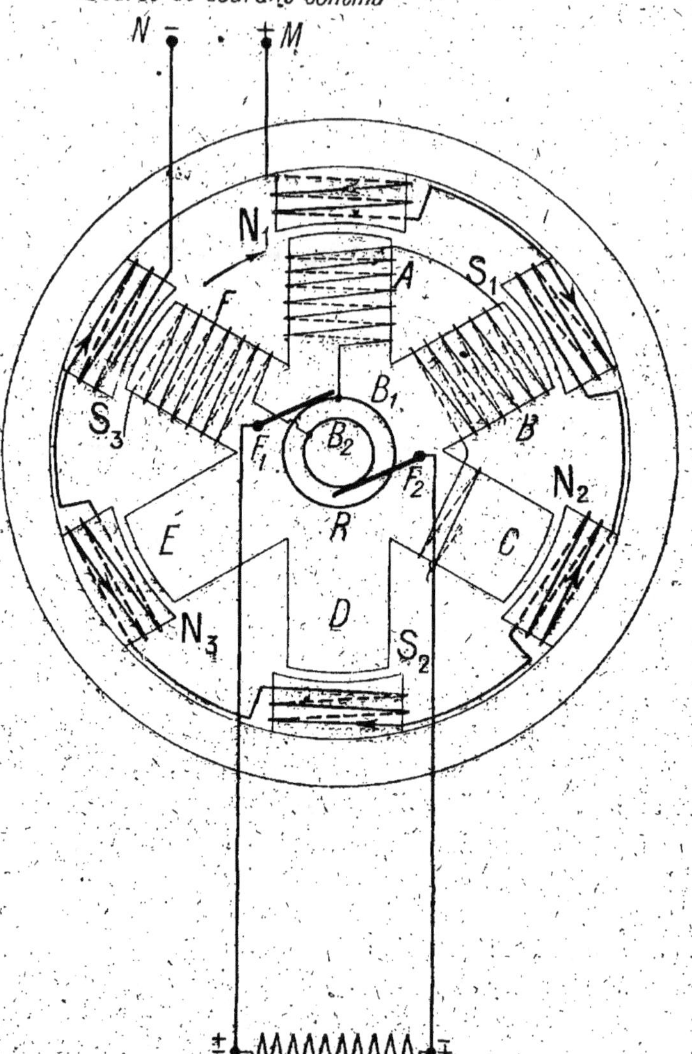

Fig. 43.
Alternateur à inducteur fixe et induit mobile.

La rotation de l'induit à l'intérieur de l'inducteur engendre une f. é. m. alternative, et l'on peut utiliser l'énergie électrique produite dans un circuit extérieur aboutissant à deux balais F_1 et F_2 frottant sur les bagues B_1 et B_2. La machine fonctionne alors comme *génératrice*.

Nous allons montrer que l'alternateur est *reversible*, comme la dynamo : si l'on envoie dans l'induit le courant alternatif d'une source, il tourne, et l'on peut recueillir du travail sur son axe ; la machine fonctionne alors comme *réceptrice*.

L'inducteur étant excité par un courant continu, relions les deux balais F_1 et F_2 aux deux pôles G et H d'une source à courant alternatif (fig. 44).

Supposons que l'induit soit au repos, et que la fréquence du courant d'alimentation soit égale à 50 périodes par seconde. Chacune des bornes G, H, conserve la même polarité pendant $\frac{1}{2}$ période ou $\frac{1}{100}$ de seconde. Fixons d'abord notre attention sur l'une des bobines induites, A par exemple ; le courant alternatif qui l'alimente engendre dans son noyau un flux alternatif de même fréquence de sorte que pendant $\frac{1}{100}$ de seconde, elle présente une face nord au pôle inducteur voisin N_1 qui la repousse ; puis, son extrémité polaire change de signe, et le pôle N_1 l'attire pendant $\frac{1}{2}$ période, après laquelle les mêmes phénomènes se reproduisent indéfiniment. Il est facile de constater que les autres pôles inducteurs S_1, N_2, S_2,... exercent sur les bobines voisines B, C, D,... des forces attractives et répulsives dont les sens concordent à tout instant.

Mais l'induit ne peut pas se mettre en route instanta-

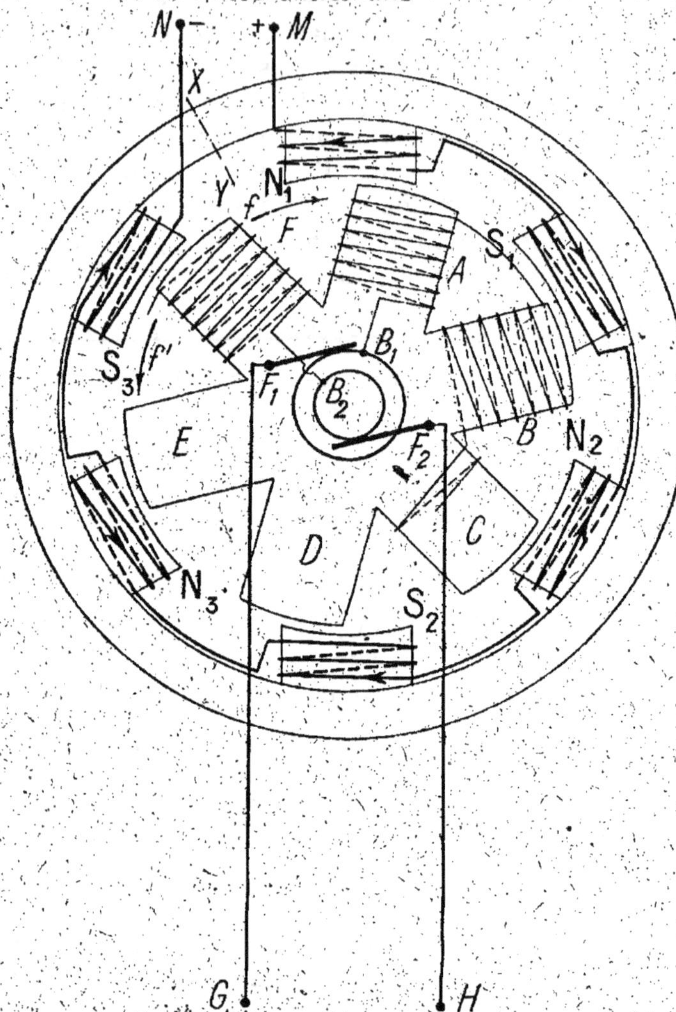

Fig. 44.

Moteur synchrone monophasé à champ constant.

nément ; sollicité vers la droite et vers la gauche par des forces dont le sens varie 100 fois par seconde, il n'exécutera que des vibrations insensibles.

Puisqu'il ne peut démarrer tout seul, lançons-le, par un procédé quelconque, dans le sens de la flèche f. Pour faciliter le raisonnement, nous supposerons l'inducteur coupé suivant XY et déroulé de façon à rendre plane la surface extérieure de la couronne (fig. 45). Les bobines induites se déplaceront alors devant les pôles inducteurs, de gauche à droite, suivant un trajet rectiligne. Isolons par la pensée l'une de ces bobines, A par exemple, et figurons les variations du courant qui l'alimente par une sinusoïde. Sur la figure, cette courbe est disposée de telle façon que le courant soit représenté à chaque instant, en grandeur et en signe, par le segment de droite, compris entre l'axe OZ et la courbe, et correspondant à la position de la bobine. Ainsi, quand la bobine est en 1, le courant est positif et a pour valeur $A_1 a_1$. La règle du tire-bouchon nous montre que ce courant fait apparaître un pôle nord n à son extrémité libre ; la bobine, repoussée par le pôle inducteur N_1, attirée par le pôle S_1, est sollicitée vers la droite, c'est-à-dire dans le sens du mouvement qu'une cause extérieure lui a communiqué. Supposons que son axe coïncide avec celui du pôle S_1 au moment précis où le courant induit change de sens. Sa face terminale sera maintenant un pôle sud s, de sorte que, repoussée par le pôle inducteur de même nom S_1, attirée par le pôle suivant N_1, elle continuera son chemin jusqu'à ce qu'elle arrive en face de ce dernier. Si, à ce moment, le courant s'inverse encore, la bobine poursuivra son mouvement dans le même sens ; et ainsi de suite.

Enroulons maintenant l'inducteur développé et consi-

X
Y
Z
S3
N3
S2
N2
S1
N1
Courant
induit
0
A1
a1, 1/2 période
A2
A2
1 tour : 3 périodes

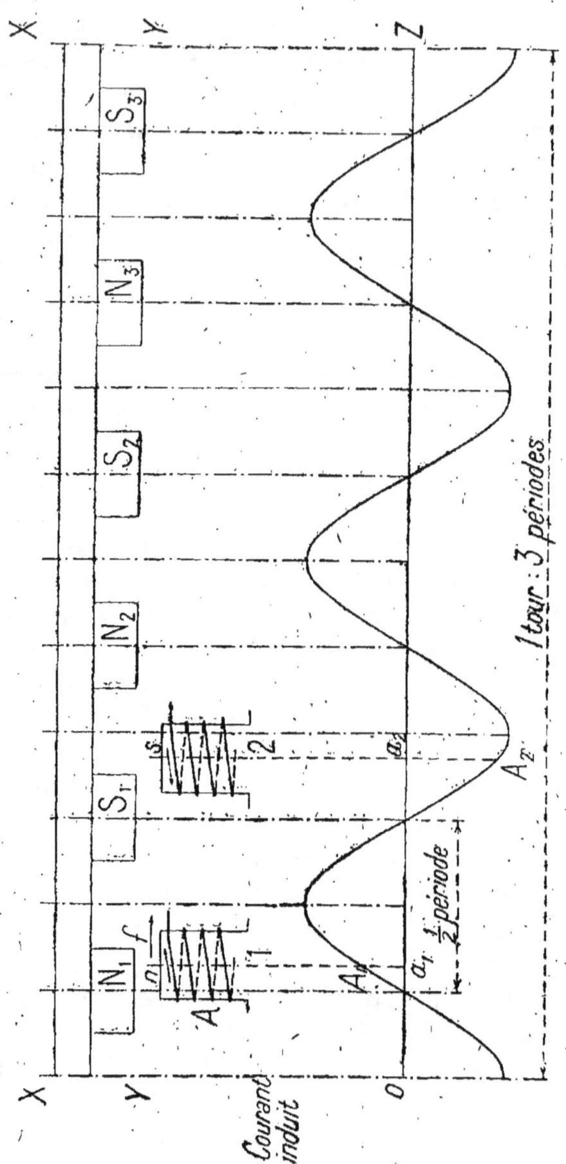

Fig. 45.

dérons l'ensemble des bobines induites. Si, à un instant donné, les noyaux des bobines A, C, E, présentant un pôle nord à leur extrémité libre, sont repoussés par les pôles inducteurs N_1, N_2, N_3, au même instant, les noyaux des bobines B, D, F, présentent un pôle sud à leur extrémité libre et sont repoussés par les pôles inducteurs S_1, S_2, S_3. Les bobines induites sont donc toujours soumises à des actions concordantes et le raisonnement qui précède montre que *l'induit prendra un mouvement de rotation continu, s'il est d'abord lancé à une vitesse telle que chaque bobine mette une demi-période à franchir l'intervalle de deux pôles inducteurs consécutifs.*

Tel est le principe du fonctionnement des moteurs synchrones à champ constant.

Dorénavant, nous donnerons le nom de **stator** à l'organe statique, c'est-à-dire immobile ; l'organe animé d'un mouvement de rotation sera généralement désigné sous le nom de **rotor**.

Dans le moteur étudié, le stator est l'inducteur, le rotor est l'induit.

29. Sens de rotation. — Supposons que l'induit ait été lancé dans le sens f', inverse de f (fig. 44). En répétant point par point le raisonnement qui précède, nous verrions que le rotor continue à tourner dans le sens f', à condition que le courant alternatif s'inverse dans une bobine induite au moment précis où son axe coïncide avec celui d'un pôle inducteur. *Un moteur synchrone monophasé n'a donc pas de sens de rotation déterminé ; il tourne dans le sens qui lui est communiqué par l'impulsion initiale nécessaire au démarrage.*

30. Vitesse. — Considérons toujours le même moteur, à 6 pôles. Puisque le rotor met $\frac{1}{2}$ période pour franchir l'intervalle de deux pôles inducteurs consécutifs, il lui faudra un temps égal à 3 périodes pour faire un tour complet. Or, le courant d'alimentation a pour fréquence 50, la période vaut donc $\frac{1}{50}$ de seconde, et la durée d'un tour est trois fois plus grande, ou $\frac{3}{50}$ de seconde.

En divisant une seconde par la durée d'un tour, nous obtiendrons la vitesse du rotor :

$$N^{\frac{t}{sec}} = \frac{1}{\frac{3}{50}} = \frac{50}{3}$$

Nous pouvons remarquer que cette vitesse est exprimée, en tours par seconde, par une fraction dont le numérateur est la fréquence du courant d'alimentation et dont le dénominateur est le nombre de paires de pôles. En désignant par F la fréquence et par $2\,p$ le nombre de pôles inducteurs, nous aurons la formule générale :

$$N^{\frac{t}{sec}} = \frac{F}{p}$$

Donc : *la vitesse de rotation d'un moteur synchrône, exprimée en tours par seconde, est égale à la fréquence du courant d'alimentation, divisée par le nombre de paires de pôles.*

La vitesse ainsi définie est dite **vitesse de synchronisme.** Elle est indépendante de la charge et de la tension d'alimentation.

Pour un moteur donné, elle est proportionnelle à la fréquence du courant.

Pour une fréquence donnée, elle est d'autant plus petite que le nombre de pôles est plus grand.

Le tableau suivant donne les vitesses de synchronisme correspondant à diverses fréquences et pour différents nombres de pôles. Ces vitesses sont exprimées en tours par minute ; elles ont été obtenues en multipliant par 60 les résultats donnés par la formule précédente :

NOMBRE DE PÔLES. 2 p.	FRÉQUENCES F			
	25	40	42	50
2	1.500	2.400	2.520	3.000
4	750	1.200	1.260	1.500
6	500	800	840	1.000
8	375	600	630	750
10	300	480	504	600
12	250	400	420	500
16	187,5	300	315	375
20	150	240	252	300

31. Démarrage. Décrochage. — Pour mettre en marche un moteur synchrone, il faut le lancer et l'amener progressivement à la vitesse du synchronisme. Lorsque ce résultat est atteint, on ferme l'interrupteur, et le rotor continue à tourner ; on dit alors que le moteur est *accroché*. Ce terme est très expressif ; tout se passe en effet comme s'il existait une liaison rigide entre le rotor et l'organe mobile de l'alternateur qui fournit le courant.

Dans le 5ᵉ volume, nous étudierons les procédés de démarrage les plus employés.

Une fois le moteur accroché, on lui applique graduellement la charge qu'il doit vaincre, et la vitesse se maintient constante, quelles que soient les variations du couple résistant. Mais, si la charge dépasse une certaine valeur, le moteur s'arrête et ne repart plus, même si la sur-

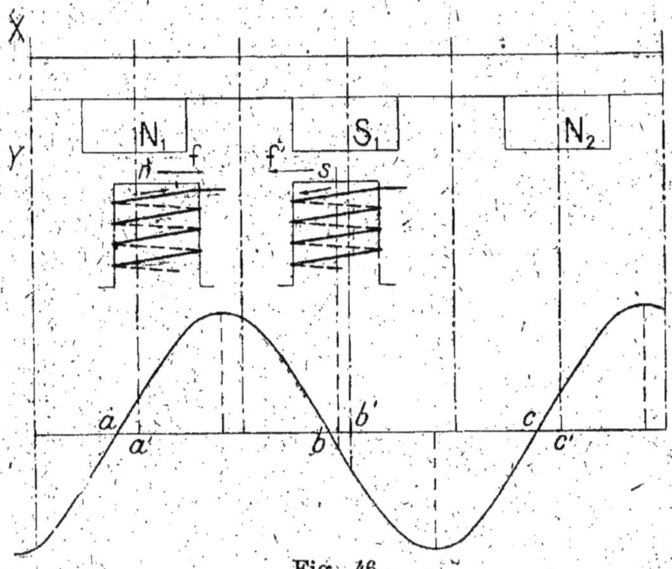

Fig. 46.

charge disparaît ; on dit alors que le moteur est *décroché*.

Ce phénomène s'explique facilement. En effet, considérons à nouveau une bobine induite se déplaçant devant les pôles de l'inducteur développé (fig. 46). Toute augmentation de charge ralentit un peu l'induit, de sorte que le courant s'inverse dans la bobine avant qu'elle n'arrive en face du pôle suivant. Sur la figure, la courbe représente toujours la valeur du courant induit correspondant à chaque position de la bobine, et l'on voit bien ainsi qu'en parcourant l'espace bb', l'extrémité polaire, ayant changé de signe trop tôt, est soumise à une force dont le sens f' est opposé au sens du mouvement.

Si l'accroissement du couple résistant est faible, l'intervalle bb' est très court. Le ralentissement du rotor entraîne alors un retard de la f. c. é. m. induite par rapport à la tension de la source, et, par suite, un appel de courant supplémentaire qui renforce l'aimantation des extrémités polaires ; le couple moteur se trouve ainsi augmenté et l'induit arrive à rattraper ce léger retard.

Si le couple résistant continue à croître lentement, le retard augmente de plus en plus, et le couple moteur croît en même temps ; ce dernier atteint sa valeur maxima quand l'intervalle bb' est égal à la moitié de la distance de deux pôles inducteurs voisins. Ainsi, comme les moteurs à courant continu, le moteur synchrone règle son couple moteur sur le couple résistant qu'il doit vaincre.

Nous croyons devoir faire remarquer ici au lecteur que ce retard n'empêche pas le rotor d'exécuter le même nombre de tours par seconde et ne modifie pas par conséquent sa vitesse de rotation. De même, un véhicule accroché à un tracteur qui le remorque par l'intermédiaire d'un lien élastique, ne cesse pas de le suivre à la même vitesse, s'il se trouve retardé à un moment donné par une cause quelconque, mais la distance qui le sépare de l'automoteur augmente autant que le permet l'élasticité du lien, dont la tension se trouve accrue.

Supposons maintenant que la charge du moteur augmente encore. Le retard du rotor s'aggrave, et l'intervalle bb' devient supérieur à la demi-distance de deux pôles inducteurs (fig. 47). L'action des forces retardatrices, de sens f', l'emporte alors sur l'action des forces motrices de sens f ; le couple moteur diminue et s'annule quand l'intervalle $b\,b'$ est égal à la distance de deux pôles inducteurs voisins, puis il change de sens ; le rotor ralentit progressivement sa marche et s'arrête ; il est *décroché*.

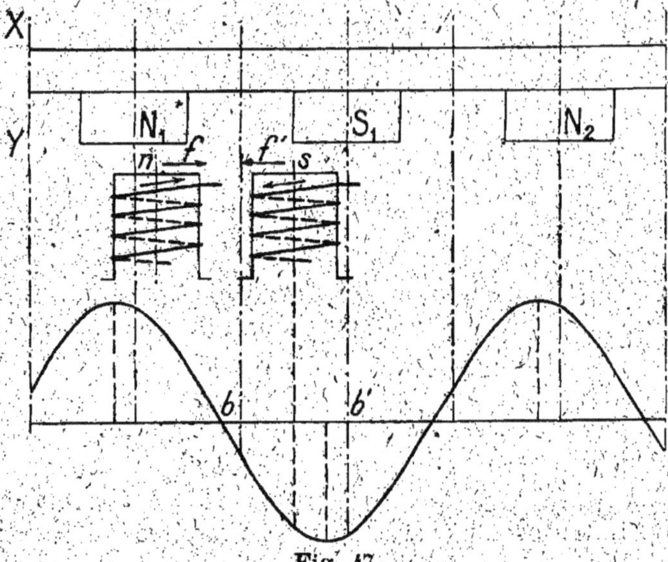

Fig. 47.

Le même accident peut évidemment se produire, si le moteur, au lieu d'être appelé à vaincre une charge progressivement croissante, se trouve soumis à une surcharge brusque.

La comparaison précédente nous donne une image frappante de ce phénomène. Si, en effet, le véhicule entraîné rencontre une résistance opiniâtre ou un obstacle inattendu, le lien d'accouplement peut se rompre, la remorque *se décroche* et s'arrête.

Lorsqu'un moteur synchrone est décroché, le rotor se

trouve à peu près dans les mêmes conditions que l'induit d'un moteur à courant continu calé par une brusque augmentation de charge; il ne développe plus de f. c. é. m. et le courant, qui n'est plus limité que par l'impédance intérieure de l'induit, peut atteindre une valeur dangereuse pour le bobinage. Le rotor doit donc être protégé contre cet accident par un disjoncteur automatique ou par des plombs fusibles.

32. Influence de l'excitation. — Considérons un moteur synchrone, branché sur une distribution monophasée à tension constante (fig. 48). Un ampèremètre,

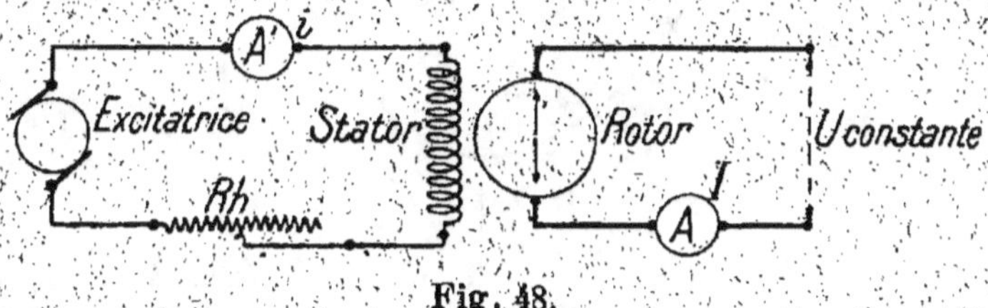

Fig. 48.

en série dans le circuit du rotor, donne à chaque instant l'intensité efficace du courant d'alimentation. Un rhéostat R*h* permet de régler à volonté l'intensité du courant fourni par l'excitatrice à l'inducteur, et un ampèremètre A' fait connaître la valeur de cette intensité.

Le moteur étant accroché au réseau et chargé, augmentons progressivement le courant d'excitation *i*, sans modifier la charge. L'ampèremètre A nous montrera que l'intensité I diminue d'abord, passe par une valeur minima, puis augmente. Ces résultats peuvent être traduits par une courbe qui, à cause de sa forme, est appelée courbe en V (fig. 49). Le lecteur est suffisamment habitué aux représentations graphiques pour que nous n'insistions pas sur la construction de cette courbe. A chaque valeur i du courant d'excitation, représentée par $O a_1$, correspond une intensité efficace I du courant d'alimentation, représentée par $A_1 a_1$.

Nous allons indiquer maintenant l'une des propriétés les plus curieuses du moteur synchrone :

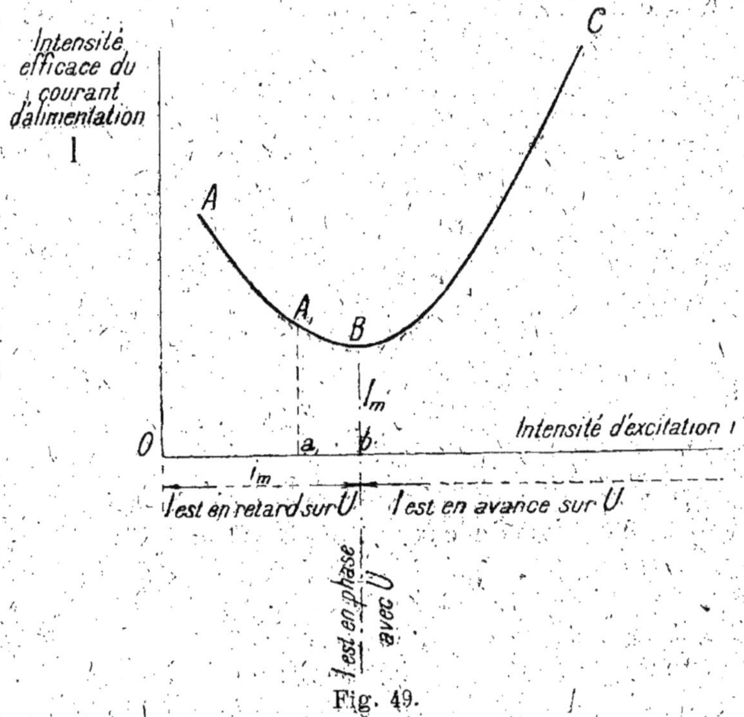

Fig. 49.

Tant que le courant i est inférieur à la valeur Ob correspondant au point le plus bas de la courbe en V, le courant I dans le rotor est décalé en arrière sur la tension U qui le produit. Ce retard diminue de plus en plus au fur et à mesure que l'excitation croît, et s'annule quand le courant i est égal à Ob. A partir de ce moment, tout accroissement du courant inducteur produit une avance du courant I sur la tension U du réseau. De ces considérations, il résulte que :

1° un moteur synchrone fonctionne dans les conditions les plus économiques quand le courant d'excitation a la valeur i_m représentée par Ob ; le courant absorbé est alors minimum ($I_m = Bb$), il est en concordance de phase avec la tension du réseau, et le facteur de puissance du moteur est égal à l'unité ;

2° si l'on surexcite un moteur synchrone, en d'autres termes, si l'on fournit au stator un courant supérieur à la valeur $i_m = Ob$, le courant dans l'induit est en avance sur la d. d. p. appliquée à ses bornes.

L'installation sur un réseau de moteurs synchrones surexcités peut donc améliorer son facteur de puissance en diminuant le décalage arrière produit par d'autres récepteurs, et notamment par des moteurs asynchrones.

2° Moteurs synchrones monophasés a champ alternatif.

33. Réversibilité des alternateurs monophasés à induit fixe et inducteur mobile. — Nous avons vu qu'un alternateur monophasé à inducteur fixe et induit mobile, fonctionnant en récepteur, se transforme en moteur synchrone à champ constant.

Si nous considérons maintenant un alternateur monophasé à induit fixe et inducteur mobile, il nous sera tout aussi facile d'établir que cette machine est également réversible, et que son fonctionnement en réceptrice donne naissance au moteur synchrone à champ alternatif.

La fig. 50 représente l'alternateur théorique étudié au chapitre IV du manuel *Générateurs*. L'inducteur mobile

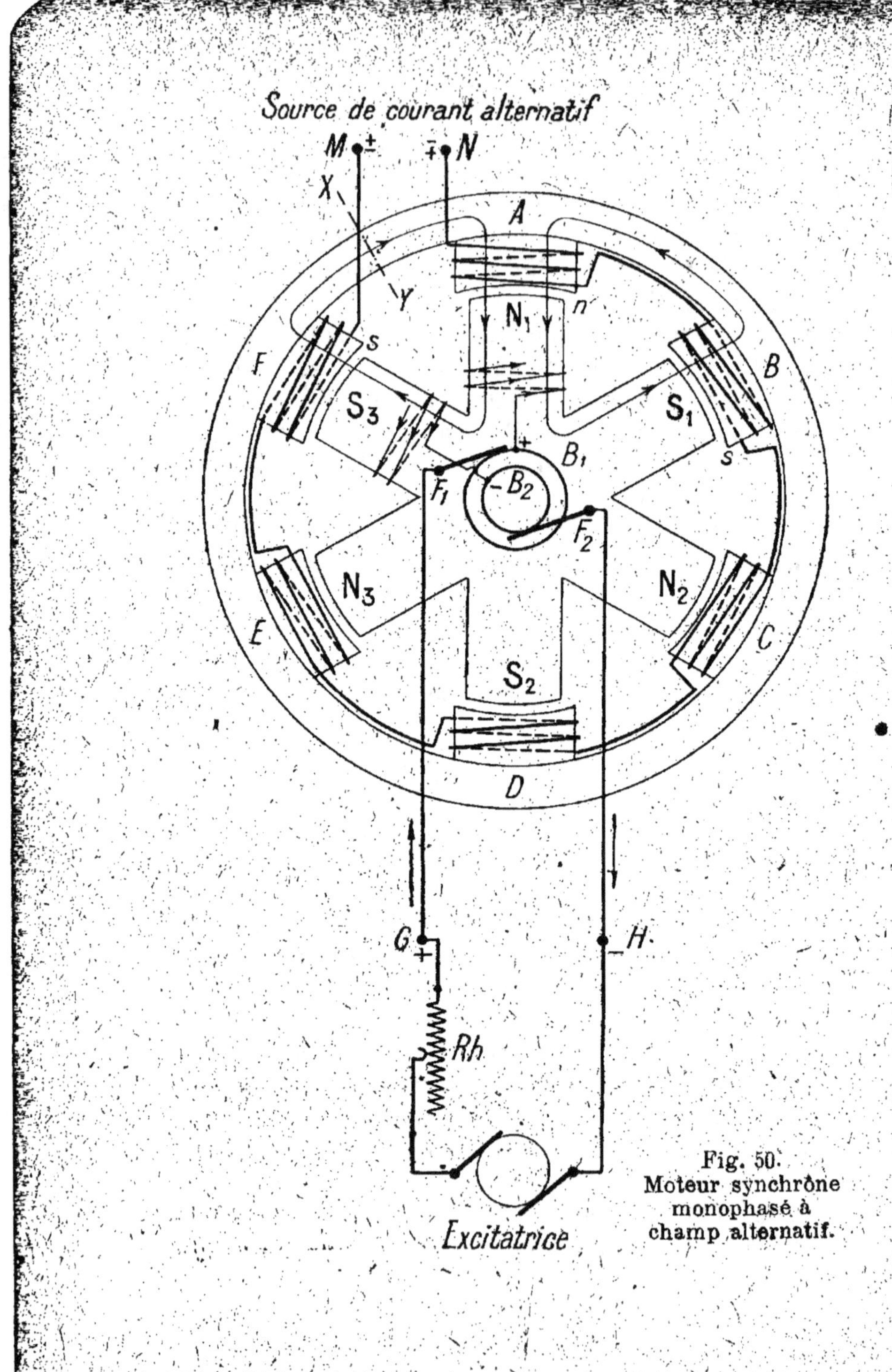

Fig. 50.
Moteur synchrone
monophasé à
champ alternatif.

communique avec l'excitatrice par l'intermédiaire de deux bagues B_1, B_2, et de deux frotteurs F_1, F_2. Relions les extrémités de l'induit aux bornes M et N d'une source à courant alternatif. Ce courant crée trois champs alternatifs fixes dans l'espace, et les extrémités des bobines induites changent périodiquement de polarité. A un moment donné, l'un des flux détermine une face nord n à l'extrémité libre du noyau de la bobine A par exemple, et les lignes de force qui s'en échappent se ferment par l'inducteur, les noyaux des bobines voisines B, F, dont les extrémités sont des pôles sud, et la carcasse magnétique de l'induit.

Ce moteur, comme le précédent, ne peut démarrer seul, car l'inducteur est sollicité par des forces périodiques dont le sens varie trop vite. Mais s'il est lancé à la vitesse du synchronisme, il continue à tourner sous l'influence de ces mêmes forces ; chaque pôle inducteur, placé entre deux pôles induits de noms contraires, est repoussé par celui qu'il a dépassé, et attiré par celui qu'il va atteindre, jusqu'à ce qu'il arrive en face de ce dernier ; sa vitesse initiale lui permettant de franchir le point mort, l'inversion des pôles induits lui communique alors une nouvelle impulsion qui l'amène en regard du pôle suivant, et ainsi de suite.

Sur la fig. 51 nous avons représenté l'induit développé, le pôle inducteur N_1 primitivement lancé à la vitesse du synchronisme, et la courbe donnant la valeur du courant induit correspondant à chaque position de l'inducteur. En s'aidant de ce schéma, le lecteur pourra étudier seul toutes les phases du fonctionnement de la machine, comme nous l'avons fait en détail pour le moteur précédent.

34. Propriétés. — Sans qu'il soit nécessaire d'insis-

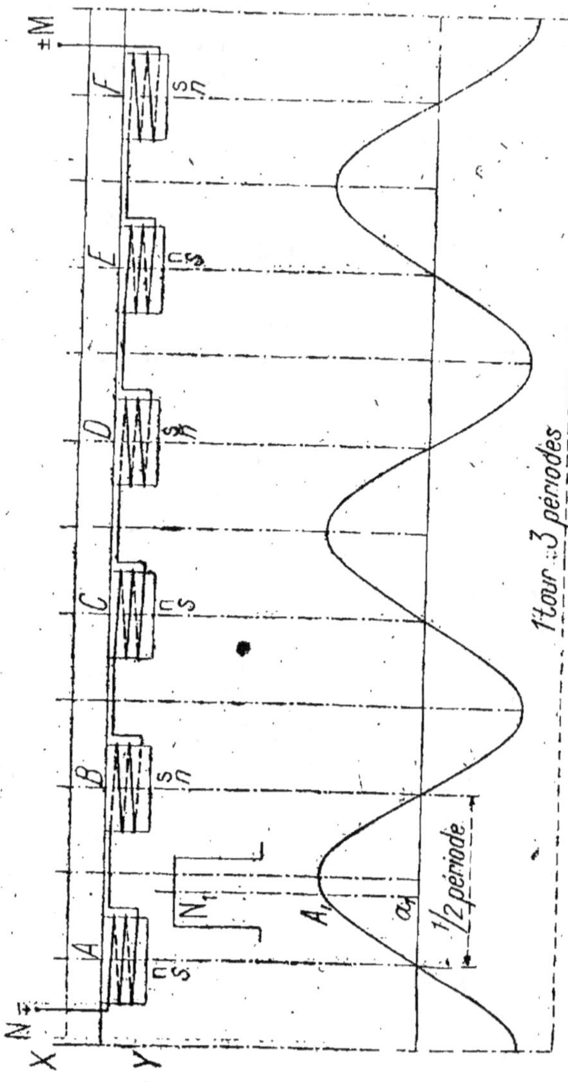

Fig. 51.

Sens positif du courant alternatif : de M vers N
— négatif — : de N vers M.

ter, on reconnaîtra sans peine que les propriétés de ce moteur sont exactement les mêmes que celles du moteur synchrone à champ constant. Ces deux catégories d'alternomoteurs ne diffèrent d'ailleurs que par l'inversion des parties fixe et mobile.

Remarquons toutefois que, dans les moteurs à champ alternatif, l'immobilité de l'induit se prête mieux à l'utilisation directe des hautes tensions.

QUESTIONNAIRE

28. Sur quel principe repose le fonctionnement d'un moteur synchrone monophasé à champ constant ? — Etant donné un alternateur à inducteur fixe et induit mobile, que se passe-t-il quand on envoie un courant alternatif dans l'induit, primitivement au repos ? — L'induit ayant été lancé par un procédé quelconque, que faut-il pour que le mouvement continue ? — Quel nom donne-t-on à l'organe fixe d'un moteur synchrone ? — Comment appelle-t-on l'organe mobile ? — 29. Quel est le sens de rotation d'un moteur synchrone monophasé à champ constant ? — 30. Quelle est la vitesse de ce moteur ? — Quel nom lui donne-t-on ? — De quoi dépend-elle ? — 31. Comment met-on en marche un moteur synchrone ? — Une fois le moteur accroché et chargé, que se passe-il quand le couple résistant augmente ? — Quel est l'effet d'une surcharge sur le fonctionnement du moteur ? — Expliquez le phénomène du décrochage. — Quel accident peut-on craindre lorsque le moteur se décroche ? — Comment prévient-on cet accident ? — 32. La charge du moteur restant constante, comment varie l'intensité du courant d'alimentation quand on fait croître progressivement l'intensité du courant d'excitation ? — Comment varie, dans les mêmes conditions, le décalage entre la tension d'alimentation et le courant dans le rotor ? — Quelle est l'excitation qui conduit au fonctionnement le plus économique ? — Quel est l'effet d'un moteur synchrone surexcité sur le facteur de puissance du réseau qui l'alimente ? — 33. Sur quel principe repose le fonctionnement d'un moteur synchrone monophasé à champ alternatif ? — Etant donné un alternateur monophasé à

induit fixe et inducteur mobile, que se passe-t-il quand on envoie un courant alternatif dans l'induit, l'inducteur étant au repos ? — Montrez que l'inducteur continue à tourner, s'il est d'abord lancé à la vitesse du synchronisme. — 34. Quelles sont les propriétés des moteurs synchrônes monophasés à champ alternatif ?

EXERCICES

74. — Un moteur synchrône monophasé à 8 pôles est alimenté par un courant alternatif dont la fréquence est 15 périodes par seconde ; quelle est sa vitesse de rotation ?

75. — Quel est le nombre de pôles d'un moteur synchrône monophasé qui, alimenté par un courant alternatif de fréquence 60, tourne à la vitesse de 608 tours par minute ?

76. — Un moteur synchrône monophasé à champ alternatif avec excitatrice en bout d'arbre, est branché sur une canalisation à 1000^V. Il développe à pleine charge une puissance utile de 100^{ch-v}, avec un rendement de 90 %. Quel est l'intensité efficace du courant d'alimentation :

a) lorsque le facteur de puissance du moteur est égal à l'unité;
b)   —   —   —   —   —   0,9 ?

77. — L'excitatrice du moteur précédent fournit à l'inducteur 15^A sous 120^V. Son rendement industriel est 80 %. Calculer :

a) la puissance mécanique absorbée par l'excitatrice ;
b) la puissance mécanique totale développée par le moteur synchrône.

78. — Deux alternateurs monophasés identiques de 100^{kVA} sont installés aux extrémités d'une ligne de 10 km. L'un deux fonctionne comme générateur, et l'autre comme moteur synchrône ; leur rendement industriel commun est 91,5 %. La tension efficace aux bornes du générateur est 2000^V et la perte de puissance admise en ligne représente 10 % de la puissance au départ. L'excitation du moteur synchrône est réglée de telle sorte que le courant qui l'alimente est en phase avec la tension appliquée à ses bornes, et dans ces conditions, le facteur de puissance de la ligne est 0,95. Calculer :

a) l'intensité efficace du courant transporté;
b) la puissance au départ;

c) la puissance perdue en ligne ;
d) la puissance électrique transmise au moteur ;
e) la tension efficace aux bornes du moteur ;
f) la puissance mécanique développée par le moteur ;
g) la puissance mécanique absorbée par l'alternateur ;
h) le rendement total du transport d'énergie mécanique ainsi réalisé.

79. — Sachant que les conducteurs de la ligne précédente sont en cuivre, calculer :

a) leur résistance commune ;
b) leur section ;
c) leur diamètre ;
d) le poids du cuivre employé ;
e) son prix ;
f) le prix du métal par cheval-vapeur transporté.

Résistivité du cuivre : 0,018 ohm mm² par mètre.
Densité du cuivre : 8,9.
Prix du cuivre : 650 fr. les 100 kg.

CHAPITRE VIII

MOTEURS SYNCHRONES POLYPHASÉS
OU A CHAMP TOURNANT

SOMMAIRE. — Champs tournants bipolaires. — Champs tournants multipolaires : production ; vitesse de rotation. — Sens de rotation des champs tournants. — Constitution pratique des systèmes producteurs de champs tournants. — Principe des moteurs synchrones polyphasés. — Démarrage. — Propriétés. — Comparaison entre les moteurs synchrones monophasés et les moteurs synchrones polyphasés. — Caractères généraux des moteurs synchrones. — Usages des moteurs synchrones.

35. Champs tournants bipolaires. — Nous savons que l'on peut obtenir un champ d'intensité constante, animé d'un mouvement de rotation uniforme :

a) soit en envoyant deux courants diphasés dans deux groupes de bobines semblables dont les axes sont perpendiculaires ;

b) soit en alimentant par trois courants triphasés, trois bobines semblables dont les axes font entre eux des angles égaux à 120° (1).

Dans l'un et l'autre cas, le champ tourne à raison de 1 tour par période des courants. Il est assimilable à celui que produirait un aimant en fer à cheval, tournant à la même vitesse autour de l'axe O ; comme un aimant ordi-

(1) Voir *Principes généraux de l'Electricité*, chap. XII.

naire ne possède que deux pôles, nous dirons que le champ tournant est *bipolaire*.

Pour éviter de longues répétitions, nous n'étudierons en détail que les champs tournants produits par les courants triphasés ; ce sont les plus employés dans la pra-

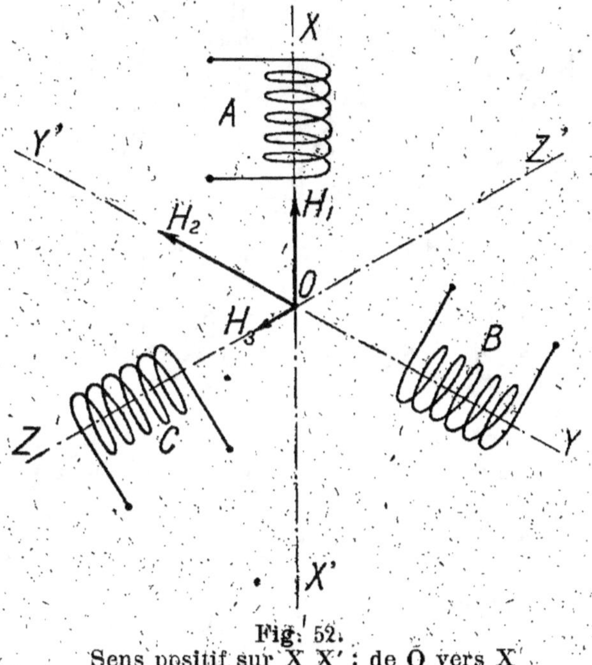

Fig. 52.
Sens positif sur X X' : de O vers X
— — Y Y' : de O vers Y
— — Z Z' : de O vers Z.

tique industrielle, et nous aboutirons d'ailleurs à des conclusions générales que le lecteur appliquera, sans peine aux champs tournants diphasés.

Considérons le système des trois bobines A, B, C, qui nous a déjà servi à montrer la génération d'un champ tournant triphasé (fig. 52). Ces trois bobines engendrent trois champs alternatifs triphasés dont la combinaison, au centre O, donne naissance au champ tournant.

Sur la fig. 53, nous avons représenté par trois sinusoïdes I, II, III, les trois champs produits respectivement par les trois bobines A, B, C; puis, nous avons reporté sur

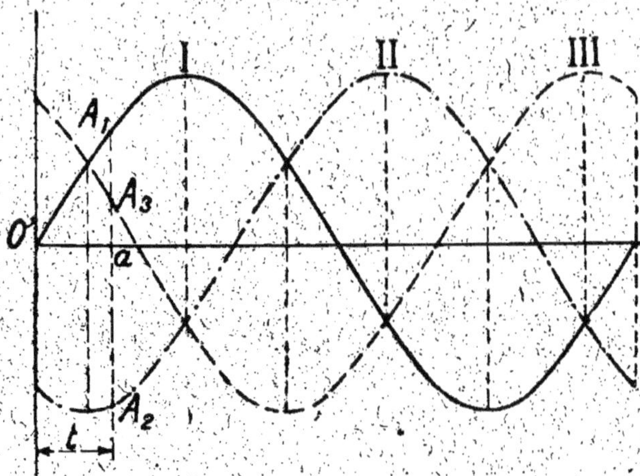

Fig. 53.

I : Champ alternatif produit par la bobine A
II :   —   —   B
III :   —   —   C

A l'instant t représenté par O'a
$$\mathcal{H}_1 = A_1 a = oH_1 \text{ (fig. 52)}$$
$$\mathcal{H}_2 = A_2 a = oH \quad (\quad d° \quad)$$
$$\mathcal{H}_3 = A a = oH_3 \quad (\quad d° \quad)$$

les axes de ces dernières, les valeurs qu'ils possèdent à un instant quelconque t représenté par O'a.

Il est bien évident que nous pouvons diviser la bobine A en deux sections A_1, A_2, disposées de part et d'autre du centre, à la condition de les bobiner en sens inverse. Si nous faisons subir la même opération aux deux autres bobines B, C, et si nous glissons toutes les sections obtenues sur des noyaux régulièrement disposés à l'intérieur d'une carcasse magnétique, nous n'obtiendrons pas autre chose que l'induit d'un alternateur triphasé à deux pôles (fig. 54). Naturellement, les circuits des trois groupes de bobines peuvent être groupés en étoile ou en triangle, et alimentés par une distribution triphasée à trois fils.

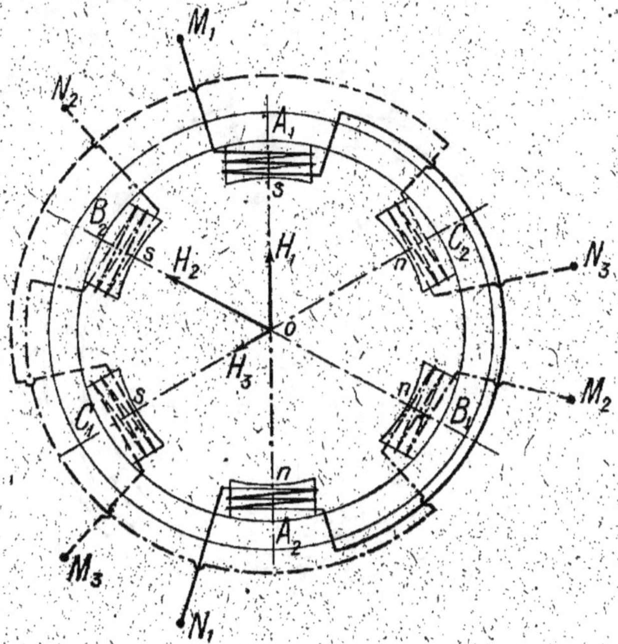

Fig. 54.

Ce résultat est particulièrement intéressant ; il nous montre, en effet, que *l'induit d'un alternateur bipolaire, branché sur une canalisation triphasée, engendre un champ bipolaire, tournant d'un mouvement uniforme à raison de 1 tour par période des courants.*

36. Champs tournants multipolaires. — A) Champ tournant à 4 pôles :

a) PRODUCTION. — Dans le système précédent, chaque groupe de bobines produit un champ alternatif bipolaire. A un instant donné, les lignes de force du premier groupe sont dirigées par exemple de A_2 vers A_1; un barreau

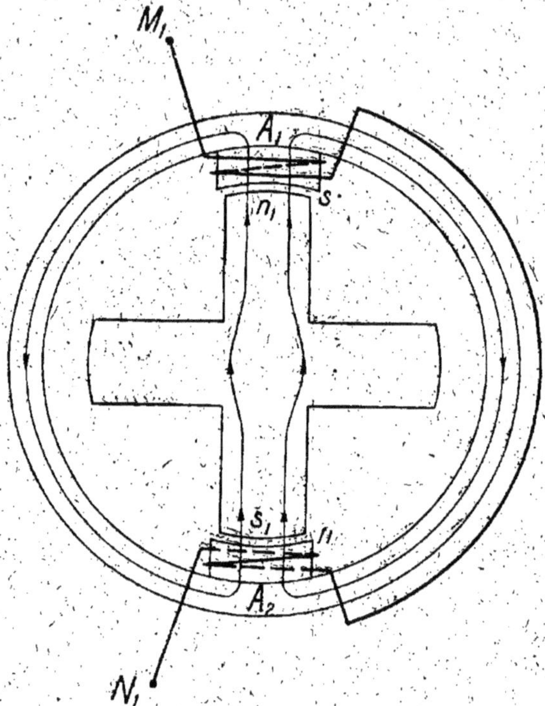

Fig. 55. — Champ alternatif bipolaire.

de fer doux, placé entre ces deux sections, s'aimanterait par influence et ne prendrait que deux pôles, quelle que soit sa forme (fig. 55).

Si nous enroulons dans le même sens les spires des bobines A_1, A_2, nous obtiendrons toujours deux pôles de même nom (fig. 56). A un certain moment, nous aurons, par exemple, deux pôles nord nn ; les lignes de force émises par chacun d'eux se dirigent d'abord vers le centre, puis, comme elles ont des sens contraires, elles prennent des directions perpendiculaires pour se fermer par la carcasse magnétique. Une pièce de fer doux en

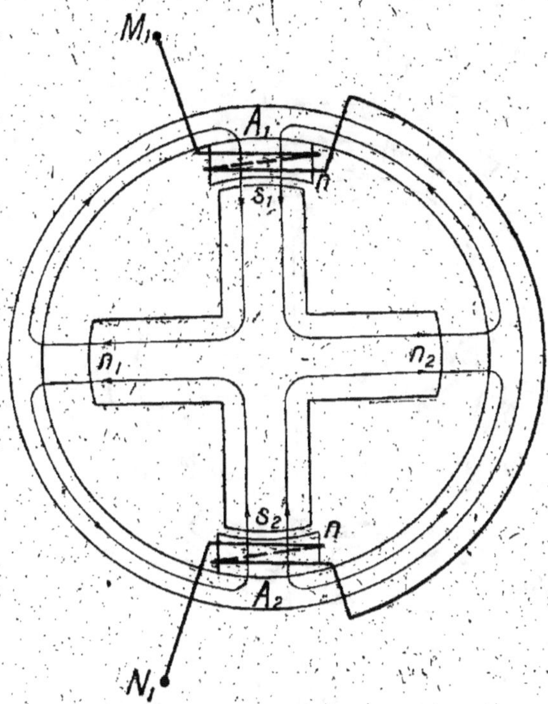

Fig. 56. — Champ alternatif à 4 pôles.

forme de croix, s'aimantant par influence, prendrait quatre pôles ; nous dirons pour cette raison que le champ est *tétrapolaire*. Si les bobines étaient traversées par un courant continu, nous aurions un *champ constant à quatre pôles* ; le courant d'alimentation étant alternatif, nous avons un *champ alternatif à quatre pôles*.

Or, nous avons vu que la composition de trois champs alternatifs triphasés à deux pôles donne un champ tournant bipolaire ; le lecteur comprendra sans peine que la combinaison de trois champs alternatifs triphasés à quatre pôles donne naissance à un champ tournant tétra-

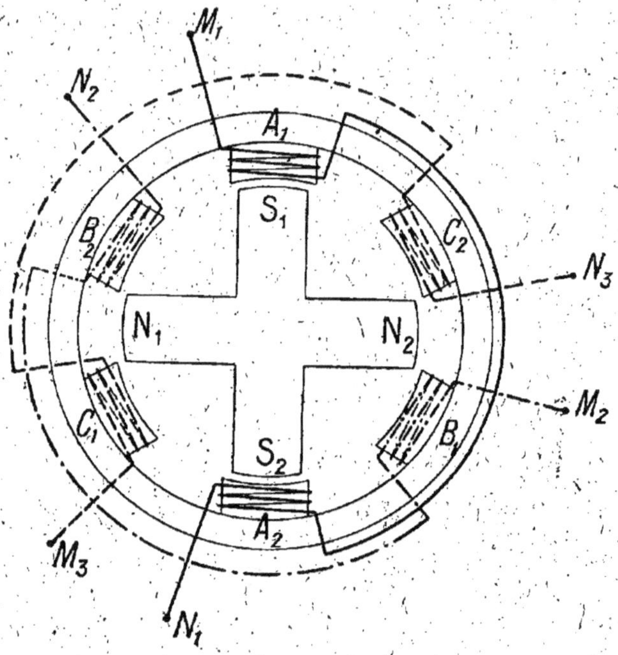

Fig. 57.

polaire, absolument comparable à celui que produirait un électro-aimant à quatre pôles, tournant autour de l'axe. Pratiquement, pour avoir ce résultat, il suffirait de faire subir aux deux autres groupes de bobines la modification apportée au groupe A_1, A_2. Nous obtiendrions alors l'induit d'un alternateur à quatre pôles, comprenant deux fois plus de pôles que de bobines par phase (¹) (fig. 57).

b) VITESSE DE ROTATION. — Quand l'alternateur considéré fonctionne en générateur, l'inducteur entraîne avec lui son champ magnétique, et c'est précisément la rotation de ce champ tétrapolaire, d'intensité constante, qui engendre trois f. é. m. triphasées dans les trois circuits de l'induit.

Réciproquement, quand on alimente les trois phases de l'induit par des courants triphasés, on obtient un champ tournant à quatre pôles, absolument comparable au précédent.

Donc, dans les deux cas, c'est la même relation qui unit la vitesse du champ tournant, le nombre de pôles inducteurs, et la fréquence des courants.

Rappelons cette relation fondamentale, établie lors de l'étude des alternateurs. Si F désigne la fréquence des courants, $2p$ le nombre de pôles inducteurs, et N la vitesse de rotation en tours par seconde :

$$F = pN.$$

EXEMPLE : Si l'alternateur précédent tourne à raison de 1500 tours par minute :

$$N = \frac{1500}{60} = 25 \text{ tours par seconde.}$$

Comme $p = 2$

$$F = 2 \times 25 = 50 \text{ périodes par seconde.}$$

Réciproquement, en envoyant dans l'induit des courants triphasés à la fréquence 50, on obtiendra un champ tétrapolaire tournant à la vitesse de 25 tours par seconde, soit 1500 tours par minute.

(1) Voir « *Générateurs* ». Chap. 4, § 30, Remarque.

B) **Champ tournant à 2 p pôles :** La généralisation facile des résultats acquis nous conduirait à énoncer la règle suivante :

L'induit d'un alternateur à 2 p pôles, branché sur une canalisation triphasée, engendre un champ tournant à 2 p pôles, tournant d'un mouvement uniforme dont la vitesse, en tours par seconde, s'obtient en divisant la fréquence des courants d'alimentation par le nombre de paires de pôles.

La vitesse ainsi définie :

$$N^{\frac{t}{sec}} = \frac{F}{p}$$

est dite **vitesse du synchronisme.** Comme on le voit, elle est égale à la vitesse de rotation des moteurs synchrones monophasés. Pour un induit donné, elle ne dépend que de la fréquence du réseau.

Remarque : La question des champs tournants diphasés se traiterait de la même façon, et nous conduirait à la même règle :

L'induit d'un alternateur diphasé à 2 p pôles, alimenté par des courants de fréquence F, engendre un champ tournant à 2 p pôles, dont la vitesse de rotation est déterminée par la formule :

$$N^{\frac{t}{sec}} = \frac{F}{p}$$

37. Sens de rotation des champs tournants. — *a)* Considérons un alternateur triphasé à 4 pôles comprenant 4 bobines par phase et dont le schéma est représenté par la figure 58.

A_1, B_1, C_1, D_1, sont les bobines de la phase I
A_2, B_2, C_2, D_2,   —   — II
A_3, B_3, C_3, D_3,   —   — III

L'inducteur tournant dans le sens indiqué par la flèche f, suivons-le dans son mouvement depuis l'instant où le pôle N_1 se trouve en face de la bobine A_1. A des intervalles de temps égaux à $\frac{1}{3}$ de période, ce même pôle

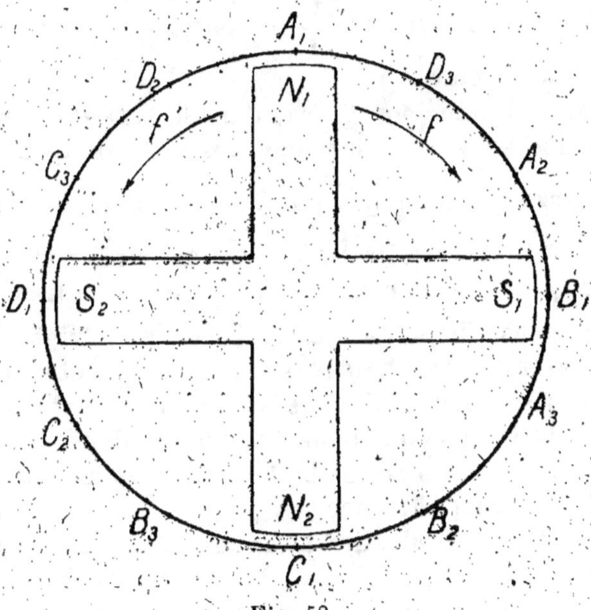

Fig. 58.

passera successivement en face des bobines A_2, A_3, etc...; La f. é. m. induite dans A_1 est donc en avance de $\frac{1}{3}$ de période sur la f. é. m. induite dans A_2, et celle-ci est à son tour en avance de $\frac{1}{3}$ de période sur la f. é. m. induite dans A_3. Si nous désignons par e_1, e_2, e_3 les f. é. m. induites dans les phases I, II, III, et par i_1, i_2, i_3 les courants débités par les phases I, II, III, lorsque l'alternateur est en charge, les f. é. m. engendrées par la rotation de l'inducteur dans le sens f se présentent dans l'ordre e_1, e_2, e_3, et les courants débités, dans l'ordre i_1, i_2, i_3. Dans ces deux groupes de grandeurs, chacune d'elles est en avance de $\dfrac{1}{3}$ de période sur celle qui la suit immédiatement.

Lorsque l'inducteur tourne dans le sens f', le pôle N_1 passe successivement en regard des bobines A_1, C_3, C_2, à des intervalles de temps égaux à $\dfrac{1}{3}$ de période, de sorte que les f. é. m. induites se présentent maintenant dans l'ordre e_1, e_3, e_2, et les courants débités dans l'ordre i_1, i_3, i_2.

b) Si nous alimentons par trois courants triphasés les trois phases de l'alternateur précédent, nous obtiendrons un champ tournant à 4 pôles assimilable au champ que produirait l'inducteur pour engendrer dans ces trois phases trois courants semblables à ceux que nous envoyons dans l'induit. Donc :

si les courants qui alimentent les trois phases se présentent dans l'ordre i_1, i_2, i_3, le champ tourne dans le sens f ;

si les courants qui alimentent les trois phases se présentent dans l'ordre i_1, i_3, i_2, le champ tourne dans le sens f', inverse de f.

Pour conclure, nous pouvons énoncer le principe suivant :

a) Un champ tournant se déplace des bobines d'une phase dans laquelle le courant est en avance vers les bobines de la phase dans laquelle le courant est en retard ;

b) Pour inverser le sens de rotation d'un champ tour-

nant, il suffit de permuter l'ordre de deux des courants d'alimentation.

38. Constitution pratique des systèmes producteurs de champs tournants. — De l'étude qui précède, il résulte qu'un système producteur de champ tournant est en tous points semblable à l'induit d'un alternateur polyphasé.

Or, l'induit d'un alternateur polyphasé à $2p$ pôles comprend par phase :

a) soit $2p$ bobines, alternativement enroulées dans un sens et dans l'autre ;

b) soit p bobines, toutes enroulées dans le même sens.

L'une ou l'autre de ces combinaisons donne naissance à un champ tournant à $2p$ pôles, quand on alimente les bobines par des courants de même nature que celle des courants qu'elles engendrent lors du fonctionnement en générateur.

Pour réduire l'encombrement des appareils, simplifier leur construction, et diminuer leur prix de revient, c'est la deuxième disposition qui est le plus généralement adoptée. Ainsi, pour produire un champ tournant à six pôles, il faudra enrouler dans le même sens trois bobines par phase, ce qui fera au total :

$3 \times 2 = 6$ bobines dans un système diphasé,
$3 \times 3 = 9$ bobines dans un système triphasé.

Avec la fréquence 50, la vitesse du champ tournant sera :

$$\frac{50}{3} \text{ de tours par seconde ou } \frac{50 \times 60}{3} = 1000 \text{ tours par min.}$$

Comme dans les induits d'alternateurs polyphasés, les

côtés de bobines parallèles à l'axe passent dans les encoches d'une couronne feuilletée, et les bobines des différentes phases chevauchent les unes sur les autres.

Pour nous résumer, nous avons réuni dans le tableau

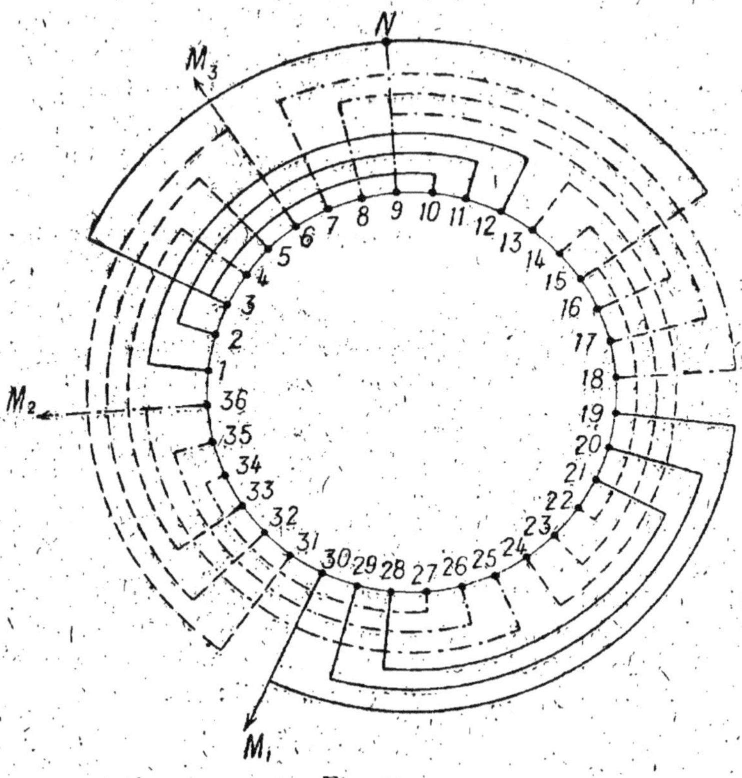

Fig. 59.

suivant les caractéristiques des principaux systèmes producteurs de champs tournants, et les vitesses de rotation de ces champs pour un certain nombre de fréquences usuelles.

A titre d'exemple, nous avons représenté (fig. 59) l'en-

SYSTÈME DIPHASÉ		SYSTÈME TRIPHASÉ		Nombre de pôles du champ tournant	Vitesse de rotation du champ tournant, en $\frac{t}{min.}$, pour différentes fréquences.			
Nombre de bobines par phase	Nombre total de bobines	Nombre de bobines par phase	Nombre total de bobines		25	40	42	50
2 en sens inverse	4	2 en sens inverse	6	2	1.500	2.400	2.520	3.000
2 de même sens	4	2 de même sens	6	4	750	1.200	1.260	1.500
3 —	6	3 —	9	6	500	800	840	1.000
4 —	8	4 —	12	8	375	600	630	750
5 —	10	5 —	15	10	300	480	504	600
6 —	12	6 —	18	12	250	400	420	500
8 —	16	8 —	24	16	187,5	300	315	375
10 —	20	10 —	30	20	150	240	252	300

roulement d'un système triphasé à 4 pôles qui, à la fréquence 50, donne un champ tournant à 1500 tours par minute. Chaque phase comprend deux bobines enroulées dans le même sens ; les bobines occupent 6 encoches chacune, et les 3 phases sont groupées en étoile.

La figure 60 représente le même bobinage, développé.

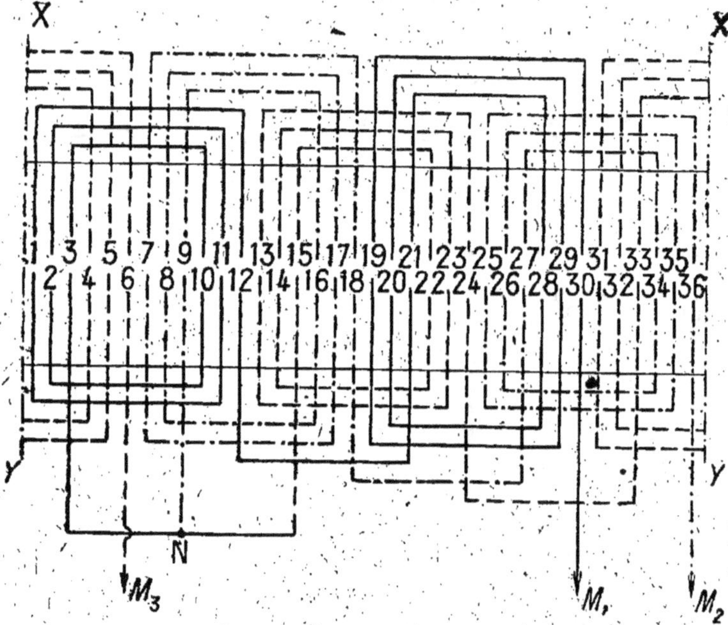

Fig. 60.

39. Principe des moteurs synchrones polyphasés.

— Les alternateurs polyphasés sont *réversibles* comme les alternateurs monophasés. Un alternateur polyphasé fonctionnant en récepteur est un moteur synchrone à champ tournant.

Tout moteur synchrone à champ tournant comprend deux parties :

a) un organe fixe ou *stator*, formé d'une couronne de

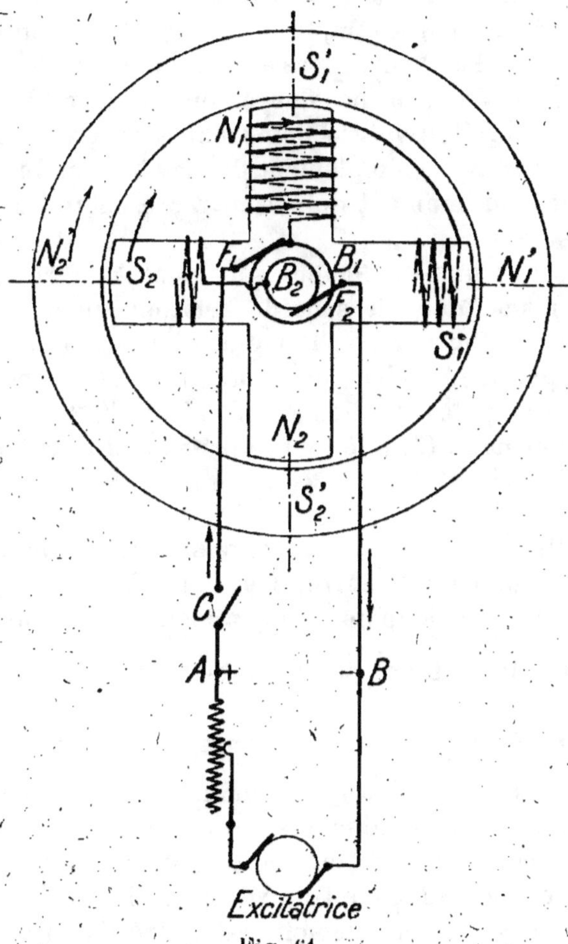

Fig. 61.

tôles portant un enroulement polyphasé semblable au
bobinage induit de l'alternateur du même type;

b) un organe mobile ou *rotor*, qui n'est pas autre chose que l'inducteur de l'alternateur correspondant, alimenté par le courant continu d'une excitatrice.

Considérons par exemple un alternateur triphasé à 4 pôles (fig. 61). Pour ne pas compliquer inutilement le schéma, nous n'avons pas figuré l'enroulement du stator qui n'ajouterait rien à la compréhension de ce qui va suivre. Nous avons simplement fixé la position du champ tournant à un moment donné en représentant ses axes polaires.

Supposons que l'inducteur soit lancé à la vitesse du synchronisme dans le sens de rotation du champ ; il continuera à tourner avec la même vitesse, comme si les pôles $N_1 S_1 N_2 S_2$ étaient *accrochés*, par des liens élastiques, aux pôles de noms contraires $S'_1 N'_1 S'_2 N'_2$ du champ tournant. C'est là tout le principe des moteurs de cette catégorie.

40. Démarrage. — Un moteur synchrone de grande puissance ne peut démarrer seul. En effet, dans l'appareil étudié, le champ tourne à raison de 1500 tours par minute, soit 25 tours par seconde ; il met donc $\frac{1}{25}$ de seconde pour faire un tour, et $\frac{1}{100}$ de seconde pour franchir la distance de deux pôles inducteurs quand le rotor est au repos. Or, l'inducteur dont la masse est grande ne peut pas se mettre en route instantanément, et le champ tourne beaucoup trop vite pour l'entraîner ; l'un de ses pôles, N_1 par exemple, est attiré d'abord par le pôle S'_1 du champ, mais $\frac{1}{100}$ de seconde après, il est repoussé par le pôle de même nom N'_2, pour être attiré à nouveau par le pôle S', au bout de $\frac{1}{100}$ de seconde, et ainsi de suite. Sollicité par des forces dont le sens s'inverse 100 fois par seconde, l'inducteur reste naturellement immobile. Pour l'accrocher au champ, il faut le lancer d'abord à la vitesse du synchronisme.

Si le moteur a une puissance moyenne ou faible, il peut démarrer seul à vide. En effet, si l'on branche l'appareil sur le réseau alternatif sans établir l'excitation de l'inducteur, le champ tournant produit par le stator engendre des courants de Foucault dans les pièces polaires du rotor. D'après la loi de Lenz, ces courants s'opposent toujours à la cause qui leur a donné naissance. Or, cette cause est ici le déplacement du champ par rapport à l'inducteur ; les courants de Foucault entraîneront donc le rotor dans le sens de rotation du champ, de manière à réduire de plus en plus l'excès de vitesse de celui-ci. Lorsque le rotor tournera aussi vite que le champ, les courants de Foucault disparaîtront, puisque les pièces polaires, accompagnant les lignes de force, ne seront plus coupées par elles ; mais alors le rotor sera accroché, on pourra relier l'inducteur à son excitatrice en fermant l'interrupteur C, le moteur continuera à tourner, et il n'y aura plus qu'à le charger progressivement.

REMARQUE. — Lorsqu'on fait démarrer seul à vide un moteur de faible ou moyenne puissance, l'aimantation rémanente des noyaux polaires ajoute son action à celle des courants de Foucault, et contribue ainsi à accrocher le rotor dans le champ tournant.

41. Propriétés. — Les moteurs synchrones à champ tournant ont les mêmes propriétés que les moteurs synchrones monophasés :

a) Ils tournent à une vitesse rigoureusement constante et indépendante de la charge.

Toute augmentation du couple résistant a pour effet de retarder les pôles inducteurs par rapport aux pôles de nom contraire du champ tournant (fig. 62). Ce retard est naturellement d'autant plus grand que la charge est plus élevée. Le couple moteur augmente en même temps

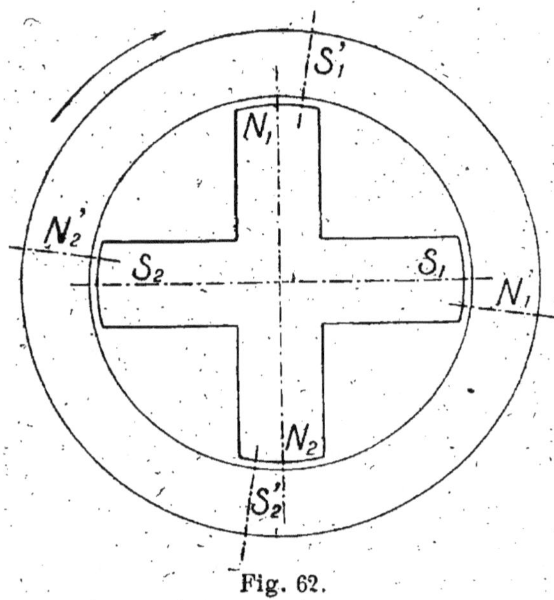

Fig. 62.

que lui et devient maximum quand les pôles du rotor se trouvent à égale distance des pôles du champ ; à partir de ce moment, un nouvel accroissement de charge augmente encore le retard de l'inducteur, le couple moteur diminue, le rotor se *décroche* et s'arrête.

Nous avons dit que dans un moteur synchrone polyphasé accroché dans le champ qui l'entraîne, tout se passe comme si des liens élastiques réunissaient les pôles de l'inducteur aux pôles du champ tournant. Supposons que ces liens existent réellement, ils se tendront au fur et à mesure qu'un accroissement de charge les allongera, en aggravant le retard des pôles inducteurs sur les pôles du champ. Le couple moteur augmentera donc en même temps que le couple résistant jusqu'à ce que la rupture des liens produise le décrochage du rotor.

Cette comparaison matérialise bien le fonctionnement des moteurs synchrones polyphasés.

b) Les moteurs synchrones à champ tournant se comportent comme les moteurs monophasés sous l'influence des variations du courant d'excitation.

42. Comparaison entre les moteurs synchrones monophasés et les moteurs synchrones polyphasés. — *a*) Les moteurs monophasés peuvent tourner indifféremment dans un sens ou dans l'autre ; c'est l'impulsion initiale qui détermine le sens du mouvement.

Les moteurs polyphasés ont le sens de rotation du champ tournant créé par le stator ; il faut en tenir compte pour lancer le rotor des appareils puissants, incapables de démarrer seuls.

b) Dans un moteur synchrone monophasé, le couple moteur s'annule en même temps que le courant dans l'induit ; la rotation de l'organe mobile est produite par des impulsions périodiques, et, comme dans une machine à vapeur monocylindrique, c'est l'inertie des masses en mouvement qui lui permet de dépasser les points morts.

Dans un moteur polyphasé au contraire, il n'y a pas de points morts, le couple moteur est le même à tout instant, de sorte que la marche est tout à fait régulière.

En somme, entre un moteur synchrone monophasé et

un moteur synchrone polyphasé, il y a la même différence qu'entre une machine à vapeur monocylindrique et une turbine à vapeur.

c) Un moteur polyphasé est moins volumineux, moins lourd et moins cher qu'un moteur monophasé de même puissance ; à dimensions égales, la puissance d'un moteur polyphasé représente environ les $\dfrac{5}{4}$ de la puissance d'un moteur monophasé.

d) Les moteurs polyphasés surmontent sans se décrocher des surcharges plus grandes que les moteurs monophasés.

e) Enfin, ils ont un rendement plus élevé.

43. Caractères généraux des moteurs synchrones. — Nous pouvons résumer ainsi les caractères communs à tous les moteurs synchrones :

1° AVANTAGES : *a*) Tout alternateur est réversible, de sorte que la même machine peut fonctionner tantôt comme génératrice, tantôt comme réceptrice.

b) La construction des moteurs synchrones est absolument semblable à celle des alternateurs correspondants. Leur *puissance spécifique* (1) et leur rendement sont aussi les mêmes.

c) Ce sont des appareils robustes, dépourvus de collecteur, et pouvant être branchés directement sur les circuits à haute tension.

d) Leur vitesse de rotation, rigoureusement constante,

____

(1) La *puissance spécifique* d'un appareil est sa puissance rapportée à l'unité de masse. Cette grandeur caractérise l'appareil au point de vue de son prix de revient.

est intimement liée à la fréquence du réseau ; elle est indépendante de la charge et de la tension d'alimentation.

e) Leur facteur de puissance peut toujours être rendu égal à l'unité par un choix convenable du courant d'excitation. La surexcitation des inducteurs permet de diminuer le décalage des courants transportés par la canalisation, sur les tensions qui les produisent.

2° INCONVÉNIENTS : a) Sauf les moteurs polyphasés de faible ou moyenne puissance, les moteurs synchrones ne peuvent démarrer seuls, même à vide. Il faut les amener d'abord à la vitesse du synchronisme par une impulsion mécanique étrangère.

b) La vitesse des moteurs synchrones ne peut être réglée.

c) Une surchage trop grande ou trop brusque provoque le décrochage, et met en court-circuit l'organe alimenté par le courant alternatif.

d) Enfin, l'excitation des inducteurs exige le courant continu d'une excitatrice séparée.

44. Usages des moteurs synchrones. — Jusqu'en 1893, date de l'apparition des moteurs polyphasés, les moteurs synchrones monophasés ont été employés pour transmettre l'énergie à distance. Depuis cette époque, ils sont à peu près abandonnés ; on leur préfère les moteurs synchrones à champ tournant qui, avec les mêmes caractères généraux, présentent sur eux des avantages très marqués.

Les moteurs synchrones sont utilisés surtout pour transformer le courant alternatif en courant continu.

a) Un moteur synchrone accouplé à une dynamo shunt

ou compound, forme un groupe moteur-générateur à vitesse invariable, qui convient particulièrement aux distributions par courant continu à tension constante (éclairage, alimentation des moteurs de traction, des moteurs de commande pour appareils de levage ou de manutention, des machines d'extraction de mines, etc...).

b) La réunion en une seule machine d'un moteur-synchrone et d'une dynamo donne une *commutatrice*. Nous avons étudié cet appareil (1), et nous savons qu'il réalise la transformation directe du courant alternatif en courant continu.

Les moteurs synchrones sont également utilisés pour actionner des machines opératrices qui réclament une vitesse constante : métiers à tisser par exemple.

Ajoutons enfin que l'emploi de moteurs synchrones ou de commutatrices surexcités permet de relever le facteur de puissance d'un réseau, et que cette intéressante propriété peut influencer le choix des appareils de transformation.

Sur certains réseaux, on a même installé uniquement dans ce but des moteurs synchrones ou des commutatrices tournant à vide, et, malgré la dépense supplémentaire, on a obtenu une amélioration sensible du rendement général de l'installation. Le lecteur n'aura qu'à se reporter au chapitre X du manuel « *Principes généraux de l'Electricité* », pour saisir toute l'importance pratique de cette question.

QUESTIONNAIRE

35. Comment obtient-on un champ tournant bipolaire :
a) à l'aide de courants diphasés ?
b) à l'aide de courants triphasés ?

(1) Voir le Vol. 3, *Transformateurs*, chap. V.

Quelle est la vitesse de rotation de ce champ ?

Montrez qu'un système producteur de champ tournant bipolaire n'est pas autre chose que l'induit d'un alternateur di ou triphasé. — 36. Etant donné l'induit d'un alternateur triphasé à deux pôles, quelle est la nature du champ produit par une phase :

a) lorsque les deux bobines de cette phase, enroulées en sens contraire, sont alimentées par un courant continu ?

b) lorsque ces deux bobines sont alimentées par un courant alternatif ?

c) lorsqu'elles sont enroulées dans le même sens, et parcourues par un courant continu ?

d) lorsque, dans ces mêmes conditions, elles sont alimentées par un courant alternatif ?

Quel est le résultat de la combinaison de trois champs alternatifs triphasés à 4 pôles ? — Montrez qu'un système producteur de champ tournant tétrapolaire n'est pas autre chose que l'induit d'un alternateur triphasé à 4 pôles comprenant deux fois plus de pôles que de bobines par phase. — Quelle est la vitesse de rotation d'un champ tournant tétrapolaire ? — Enoncez le principe général des champs tournants triphasés à $2p$ pôles. — 37. Quel est le sens de rotation d'un champ tournant ? — Que faut-il faire pour inverser ce sens de rotation ? — 38. Quelle est la constitution pratique d'un système producteur de champ tournant ? — L'induit d'un alternateur triphasé comprend, par phase, 4 bobines enroulées dans le même sens ; quel est le nombre de pôles du champ tournant ? — Quelle est la vitesse de rotation de ce champ lorsque la fréquence des courants d'alimentation est 60 périodes par seconde ? — 39. Exposez le principe des moteurs synchrones à champ tournant. — 40. Un moteur synchrone polyphasé de grande puissance peut-il démarrer seul ? — Pourquoi ? — Que faut-il faire pour le mettre en marche ? — Un moteur de faible ou moyenne puissance peut-il démarrer seul à vide ? — Quels sont les phénomènes qui entrent en jeu pour provoquer ce démarrage ? — 41. Quelle est la vitesse de rotation des moteurs synchrones à champ tournant ? — Cette vitesse est elle modifiée par les variations de la charge ? — Pourquoi ? —

Que se passe-t-il en cas de surcharge brusque ou prolongée ?
— Quelle est l'influence de l'excitation :

  a) sur l'intensité du courant d'alimentation ?
  b) sur le décalage entre la tension aux bornes de chaque phase du stator, et l'intensité du courant qui y circule ?

42. Comparez les moteurs synchrones monophasés et les moteurs synchrones polyphasés, — 43. Quels sont les avantages communs à tous les moteurs synchrones ? — Quels sont les principaux inconvénients de ces moteurs ? — 44. Citez leurs principaux usages.

EXERCICES

80. — Le stator d'un moteur synchrone diphasé comprend par phase 3 bobines enroulées dans le même sens. Quel est le nombre de pôles du champ tournant ? A quelle vitesse tourne le rotor, si la fréquence des courants d'alimentation est 15 périodes par seconde ?

81. — Représentez le schéma d'enroulement du stator précédent, les bobines occupant chacune 6 encoches.

82. — Le stator d'un moteur synchrone triphasé comprend par phase 5 bobines enroulées dans le même sens ? Quel est nombre de pôles du champ tournant ? A quelle vitesse tourne le rotor, si la fréquence des courants d'alimentation est 60 périodes par seconde ?

83. — Représentez le schéma d'enroulement du stator précédent, les bobines occupant chacune 4 encoches.

84. — Le rotor d'un moteur synchrone triphasé doit tourner à la vitesse de $240 \frac{t}{min}$, lorsque la fréquence des courants d'alimentation est 20 périodes par seconde. Combien le stator possède-t-il de bobines :

  a) par phase ?
  b) au total ?

85. — Un moteur synchrone triphasé, avec excitatrice en bout d'arbre, est branché sur une canalisation à 2000 V. Il développe à pleine charge une puissance utile de 250 ch-v, avec un rendement industriel de 92 %.

Quelle est l'intensité efficace du courant conduit par chaque fil de ligne:

a) lorsque le courant dans chacun des circuits du stator et en phase avec la tension appliquée à ses bornes ?

b) lorsque le facteur de puissance du moteur est 0,93 ?

86. — Un moteur synchrone diphasé est alimenté par une canalisation à 3 fils. La tension efficace entre le conducteur commun et chacun des conducteurs extrêmes est 500^V. A pleine charge, le moteur développe une puissance utile de $75^{ch.v}$, avec un rendement de 91,5 %. Son facteur de puissance étant égal à l'unité, calculer :

a) l'intensité efficace du courant dans chacun des fils extrêmes aboutissant au moteur ;

b) l'intensité efficace du courant dans le conducteur commun.

87. — Deux alternateurs triphasés identiques de 300^{kVA} sont installés aux deux extrémités d'une ligne de 10^{km}. L'un d'eux fonctionne comme générateur, l'autre comme moteur synchrone. L'inducteur de chaque machine comprend 10 pôles. La génératrice, en étoile, fournit au réseau des courants à la fréquence 40 ; sa tension simple en charge est 1.905^V. Le moteur est également en étoile ; son excitation est réglée de telle sorte que le facteur de puissance soit égal à l'unité. Sachant que la perte de puissance en ligne représente 10 % de la puissance au départ, et que le facteur de puissance de la ligne est 0.9, calculer :

a) la tension composée au départ ;

b) l'intensité du courant dans chaque fil de ligne ;

c) la puissance au départ ;

d) la puissance perdue en ligne ;

e) la puissance électrique transmise au moteur ;

f) la tension appliquée aux extrémités de chaque phase du stator ;

g) la vitesse de rotation du rotor ;

h) la puissance mécanique développée par le moteur ;

i) la puissance mécanique absorbée par l'alternateur ;

j) le rendement total du transport d'énergie mécanique ainsi réalisé.

88. — Les trois conducteurs de la ligne précédente sont en aluminium. Calculer :

a) la résistance de chacun d'eux ;

b) leur section ;

c) leur diamètre ;

d) le poids de l'aluminium employé ;
e) son prix ;
f) le prix du métal par cheval-vapeur transmis.

Résistivité de l'aluminium : 0,029 ohm-mm² par mètre.
Densité de l'aluminium : 2,67.
Prix de l'aluminium : 920 fr. les 100 kg.

89. — Un alternateur triphasé de 120 kVA alimente des moteurs asynchrones. La tension composée au départ est 2.000 V, et le facteur de puissance du réseau, 0,60. Calculer :

a) la puissance réelle de l'alternateur ;
b) l'intensité du courant dans chaque fil de ligne.

A l'extrémité de la ligne, on installe un moteur synchrone triphasé de 24 kW. Ce moteur, surexcité, tourne à vide en absorbant 2 kW,400 ; le facteur de puissance du réseau se trouve alors élevé à 0,77. Calculer :

c) l'intensité du courant débité par l'alternateur pour produire la même puissance que précédemment ;
d) la puissance réelle de l'alternateur débitant son courant normal ;
e) le gain de puissance réalisé par l'emploi du moteur synchrone. Ce gain sera exprimé en °/₀ de la puissance réelle primitive.

CHAPITRE IX

MOTEURS D'INDUCTION POLYPHASÉS
OU MOTEURS ASYNCHRONES A CHAMP TOURNANT

SOMMAIRE. — Principe : F. é. m. induite dans une spire immobile soumise à l'action d'un champ tournant bipolaire ; rotation de la spire sous l'influence du champ tournant ; f. é. m. induite dans la spire entraînée par le champ tournant ; fréquence de la f. é. m. induite ; intensité efficace du courant induit ; couple moteur ; système de spires équidistantes portées par un noyau magnétique. — Influence du nombre des pôles du champ tournant : vitesse d'un moteur asynchrone ; glissement. — Variations du couple moteur avec le glissement. — Fontionnement des moteurs asynchrones : démarrage ; marche normale ; décrochage.

45. Principe. — A)F. é. m. induite dans une spire immobile soumise à l'action d'un champ tournant bipolaire.

Considérons une spire rectangulaire ab pouvant tourner autour de l'axe o d'un système capable de produire un champ tournant bipolaire, et supposons qu'elle soit immobilisée dans la position horizontale (fig. 63).

Lorsque le champ est lui-même horizontal, le flux embrassé par la spire est nul, car les lignes de force, parallèles à son plan, ne la traversent pas.

Lorsque le champ a tourné de $\dfrac{1}{4}$ de tour, le pôle nord, qui était à gauche, est maintenant en haut ; le pôle sud, primitivement à droite, est arrivé en bas ; les lignes de force sont perpendiculaires au plan du cadre ab, de sorte que celui-ci est traversé par le flux maximum Φ, dirigé de haut en bas (fig. 64).

Après un deuxième quart de tour, le flux embrassé par la spire s'annule, car les lignes de force, dirigées de droite

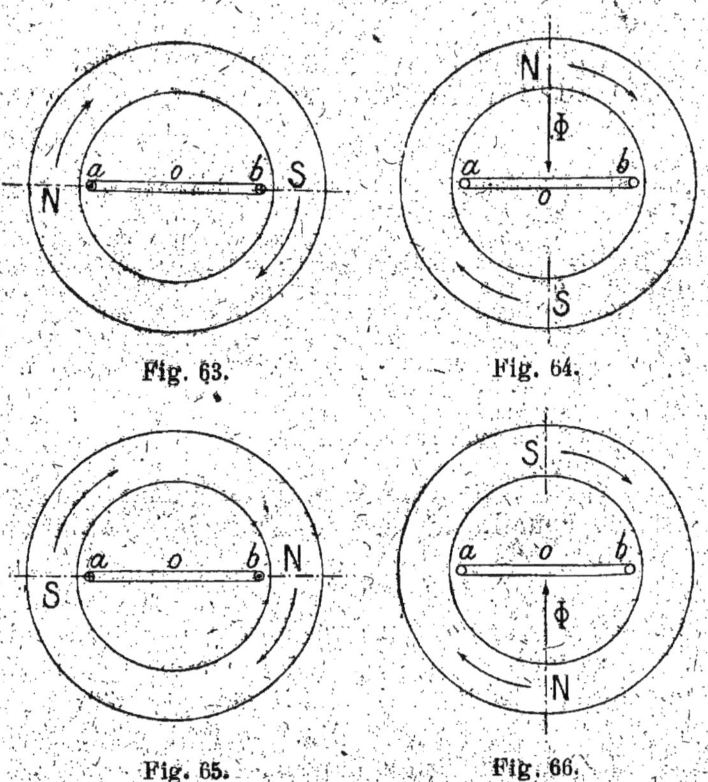

Fig. 63.   Fig. 64.

Fig. 65.   Fig. 66.

à gauche, sont de nouveau parallèles à son plan (fig. 65).

À la fin du troisième quart de tour, le cadre est traversé par le flux maximum Φ, dirigé de bas en haut (fig. 66).

Enfin, après un tour complet, le champ repasse par sa position initiale, et le flux embrassé par la spire s'annule à nouveau.

Ainsi, la spire est soumise à des variations alternatives de flux. Elle est donc le siège d'une f. é. m. alternative, dont le sens peut être aisément déterminé par la règle du tire-bouchon. Nous avons figuré ce sens sur les schémas 63 et 65 ; en 64 et en 66, le flux est maximum et la f. é. m. est nulle.

La valeur moyenne de la f. é. m. induite est facile à calculer. En effet, le flux limité par le contour du cadre croit de 0 à Φ pendant que le champ fait $\dfrac{1}{4}$ de tour. Or, à la fréquence 50, un champ tournant bipolaire fait 50 tours par seconde ; pour exécuter un tour complet, il met donc $\dfrac{1}{50}$ de seconde, et pour tourner de $\dfrac{1}{4}$ de tour, il lui faut :

$$\frac{1}{50 \times 4} = \frac{1}{200} \text{ de seconde.}$$

La f. é. m. moyenne induite est par suite :

$$E_{moy.} = \frac{\text{Variation du flux}}{\text{Durée de la variation} \times 10^8} = \frac{\Phi}{\dfrac{1}{50 \times 4} \times 10^8}$$

$$= \frac{\Phi \times 50 \times 4}{10^8} = \frac{4\,\Phi \times 50}{10^8} = \frac{4\,\Phi}{10^8} \cdot 50 \text{ volts.}$$

Cette f. é. m. engendre un courant très intense, car la résistance de la spire est extrêmement faible.

B) Rotation de la spire sous l'influence du champ tournant. — Libérons maintenant le cadre, immobilisé jusque là. Il va se mettre à tourner dans le sens du champ, avec une vitesse croissante. La raison de ce mouvement est des plus simples. En effet, d'après la loi de Lenz, le courant induit s'oppose à la cause qui lui a donné naissance. Or, cette cause est la rotation du champ ; ne pouvant arrêter le champ tournant, la spire est entraînée par lui, et ses efforts tendent à réduire au minimum la différence de leurs vitesses. Si le cadre pouvait rattraper le champ tournant, tout se passerait comme s'ils étaient immobiles tous les deux ; le flux embrassé par la spire serait toujours le même ; et la cause génératrice de courant induit se trouverait supprimée. Naturellement, cela ne peut pas être, car le couple moteur disparaîtrait en même temps que le courant induit. *Le champ tourne donc toujours plus vite que la spire entraînée.*

Supposons qu'à un moment donné, le cadre exécute 40 tours par seconde. Le champ fait 50 tours pendant le même temps. Son excès de vitesse est alors égal à 10 tours par seconde ; nous donnerons à cette différence le nom de *vitesse relative du champ par rapport au cadre.*

Prenons une comparaison pour nous faire mieux comprendre. Sur le bord d'une route, un observateur immobile voit passer deux cyclistes simultanément et dans le même sens : l'un fait 16 km à l'heure, et l'autre en fait 12. Les nombres 16 et 12 représentent bien en km par heure, les vitesses vraies des deux cyclistes par rapport au piéton arrêté ; mais, pour le deuxième cycliste qui se déplace déjà avec une vitesse de 12 km à l'heure, son concurrent ne s'éloigne qu'à raison de 4 km à l'heure. La *vitesse relative* des deux cyclistes est de 4 km à l'heure.

S'ils marchaient côte à côte, à 13 km à l'heure par exemple, leur vitesse relative serait nulle, et ils pourraient se parler, comme s'ils étaient arrêtés.

***C)* F. é. m. induite dans la spire entraînée par le champ tournant.** — Relativement à la spire en rotation, le champ tourne à la vitesse de 10 tours par seconde. Au point de vue des phénomènes d'induction, tout se passe comme si le cadre, immobile, était soumis à l'action d'un champ tournant à raison de 10 tours par seconde. Pour calculer la f. é. m. moyenne induite, il suffit de reprendre l'expression précédente, et de remplacer 50 par 10 ; on aurait alors :

$$E'_{moy} = \frac{4\,\Phi}{10^8} \times 10 \text{ volts}$$

D'une façon générale, soient :

N la vitesse du champ tournant,

N′ — de rotation de la spire entraînée,

N_1 — relative du champ par rapport à la spire :

$$N_1 = N - N'$$

et $$E'_{moy} = \frac{4\,\Phi\,N_1}{10^8} = \frac{4\,\Phi\,(N - N')}{10^8} \text{ volts}$$

Cette relation montre que *la f. é. m. moyenne induite dans la spire est proportionnelle* :

a) *au flux maximum qui la traverse, quand elle est perpendiculaire à la direction des lignes de force ;*

b) *à la vitesse relative au champ par rapport à elle.*

***D)* Fréquence de la f. é. m. induite.** — Chaque période de la f. é. m. induite correspond à un tour complet du champ tournant par rapport à la spire. La fréquence est donc exprimée par le même nombre que la vitesse relative du champ ; en la désignant par F_1, nous aurons toujours :

$$F_1 = N_1 = N - N'$$

Si la spire est au repos :

$$N' = 0 \quad \text{et} \quad F_{\scriptscriptstyle 4} = N = 50$$

Si elle fait 40 tours par seconde :

$$N_{\scriptscriptstyle 4} = 50 - 40 = 10$$
$$\text{et} \quad F_{\scriptscriptstyle 4} = 10$$

Si elle pouvait atteindre la vitesse du champ, la fréquence serait nulle, comme la f. é. m. elle-même.

La fréquence de la f. é. m. induite diminue donc au fur et à mesure que la vitesse du cadre s'accélère.

E) Intensité efficace du courant induit. — L'intensité efficace du courant induit est égale au quotient de la f. é. m. efficace par la résistance apparente ou *impédance* de la spire. Désignons par R' cette résistance apparente :

$$I_{\mathit{eff}} = \frac{E'_{\mathit{eff}}}{R'}$$

Or, la f. é. m. efficace est proportionnelle à la f. é. m. moyenne, et nous pouvons écrire :

$$E'_{\mathit{eff}} = K_{\scriptscriptstyle 4} E'_{\mathit{moy}} \quad (1)$$

Donc :

$$I_{\mathit{eff}} = \frac{K_{\scriptscriptstyle 4} E'_{\mathit{moy}}}{R'} = \frac{K_{\scriptscriptstyle 4} \times 4\Phi \cdot (N - N')}{R'}$$
$$= 4K_{\scriptscriptstyle 4} \frac{\Phi (N - N')}{R'} = 4K_{\scriptscriptstyle 4} \frac{\Phi N_{\scriptscriptstyle 4}}{R'}$$

Comme on le voit, l'intensité efficace du courant induit dans la spire est proportionnelle à la valeur

(1) On démontre que

$$E'_{\mathit{eff}} = E'_{\mathit{moy}} \times \frac{\pi}{2\sqrt{2}} \; ; \quad \text{alors} \quad K_{\scriptscriptstyle 4} = \frac{\pi}{2\sqrt{2}} = 1{,}11.$$

maxima du flux, à la vitesse relative du champ tournant, et inversement proportionnelle à la résistance apparente de la spire.

D'autre part, ce courant est en retard sur la f. é. m. qui l'engendre, et ce retard est d'autant plus grand que la self-induction du circuit est elle-même plus grande, que la fréquence est plus élevée, et que la résistance est plus faible.

F) **Couple moteur.** — Si le champ restait immobile, on pourrait engendrer la même f. é. m. dans la spire en la faisant tourner à la même vitesse relative, soit N tours par seconde. La puissance mécanique qu'il faudrait alors dépenser est évidemment égale à celle que fournit la spire quand elle est entraînée par l'action du courant induit sur le champ tournant.

Lorsqu'on fait tourner la spire dans un champ fixe, l'appareil fonctionne en générateur ; le courant induit dans le cadre s'oppose à son mouvement, il développe un *couple résistant.* Quand, au contraire, la spire tourne sous l'influence d'un champ tournant, c'est le courant induit qui, provoquant son mouvement, développe le *couple moteur.* Dans les mêmes conditions de flux et de vitesse relative, ces deux couples ont exactement la même valeur, ils ne diffèrent que par le sens.

Or, si l'on néglige les frottements, la puissance mécanique P_m fournie à la spire, fonctionnant comme un induit d'alternateur, se retrouve tout entière sous forme de chaleur. Soient :

r la résistance réelle de cette spire ;

R' sa résistance apparente ou impédance,
et I_{eff} l'intensité efficace du courant induit :

$$P_m = r\, I'^2_{eff} \qquad \text{(Loi de Joule)}.$$

D'autre part, si l'on désigne par C le couple résistant dû au courant induit dans la spire, tournant à la vitesse vitesse $N_i \overline{}^{t}_{\text{sec}}$ dans le champ fixe :

$$P_m = 2\,\pi\,N_i\,C \qquad (11)$$

Donc :

$$2\,\pi\,N_i\,C = r\,I'^2_{\textit{eff}} = r \times \left[4\,K_i\,\frac{\Phi\,N_i}{R'} \right]^2 = r \left(4\,K_i\,\frac{\Phi\,N_i}{R'} \right)^2$$

$$= r \times 16\,K_i^2 \times \frac{\Phi^2\,N_i^2}{R'^2}$$

En divisant par $2\,\pi\,N_i$ les deux membres de cette égalité, on obtient :

$$C = \frac{16\,K_i^2}{2\,\pi} \cdot \frac{r\,\Phi^2\,N_i^2}{R'^2\,N_i}$$

Cette formule peut s'écrire plus simplement. On peut en effet désigner par K le terme constant $\dfrac{16\,K_i^2}{2\,\pi}$, et diviser par N_i les deux termes de la dernière fraction ; on a alors :

$$C = K.\frac{r\,\Phi^2\,N_i}{R'^2}$$

Le raisonnement qui précède ce calcul montre que la valeur trouvée est également celle du couple moteur cherché.

G) **Système de spires équidistantes portées par un noyau magnétique.** — Jusqu'ici, nous n'avons considéré qu'un seul cadre. Ce cadre entraîné par un champ tournant, réalise le plus simple des moteurs asynchrones ; mais naturellement, un pareil système ne présente aucun intérêt pratique, d'abord, parce que l'induit ne comporte qu'une seule spire, ensuite, parce que l'air dans lequel elle tourne présente une résistance magnétique considérable. Pour obtenir un couple moteur utilisable, il faut :

a) multiplier le nombre des spires ;

b) plonger ces spires dans un milieu magnétique permettant d'obtenir un grand flux de force avec une faible dépense d'excitation.

Considérons alors un nombre quelconque de cadres rectangulaires également inclinés les uns sur les autres,

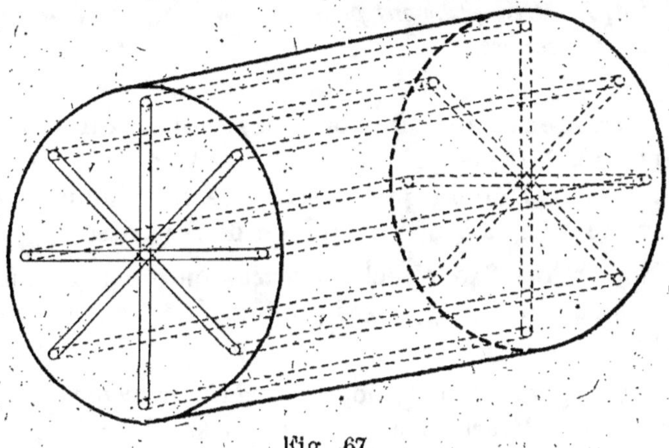

Fig. 67.

et dont les côtés parallèles à l'axe de rotation sont noyés dans les encoches périphériques d'un noyau de fer feuilleté (fig. 67). Bien que les phénomènes se compliquent des actions mutuelles de toutes ces spires, les conclusions précédentes restent vraies dans leur ensemble. En particulier, le couple moteur total s'obtiendra en multipliant le couple qui s'exerce sur un cadre par le nombre n de ces cadres :

$$C = K \cdot n \frac{r \Phi^2 N_1}{R'^2}$$

Ce couple est donc proportionnel :

a) *au nombre de spires induites,*

b) *à la résistance de ces spires,*

c) *au carré du flux maximum* qui les traverse, et, par suite, *au carré de la tension des courants polyphasés* qui engendrent le champ tournant,

d) *à la vitesse relative du champ par rapport au système de spires.*

Enfin, *il est inversement proportionnel au carré de l'impédance des cadres.*

46. Influence du nombre des pôles du champ tournant. Vitesse d'un moteur asynchrone. Glissement. — L'étude qui vient d'être faite montre que tout moteur asynchrone comprend deux parties :

a) un organe fixe, appelé *inducteur* ou *stator*, alimenté par des courants polyphasés produisant un champ tournant ;

b) un organe mobile, nommé *induit* ou *rotor*, dont la rotation est déterminée par l'action sur le champ des f. é. m. induites dans un système de spires.

Le stator, semblable à celui d'un moteur synchrone polyphasé, peut produire un champ tournant bipolaire ou multipolaire dont la vitesse de rotation est donnée par la formule fondamentale :

$$N^{\frac{t}{sec}} = \frac{F}{p}$$

Ainsi, un stator triphasé portant 4 bobines par phase, et alimenté par des courants à la fréquence 50, produira un champ tournant à 8 pôles, dont la vitesse sera :

$$\frac{50}{4} \text{ de tours par seconde,}$$

soit : $\dfrac{50}{4} \times 60 = 750$ tours par minute.

Le rotor suivra ce champ, comme nous l'avons vu, mais à une vitesse nécessairement inférieure, soit $720^{\frac{t}{min}}$ par exemple. La vitesse relative du champ par rapport à l'induit sera :

$$750^{\frac{t}{min}} - 720^{\frac{t}{min}} = 30^{\frac{t}{min}}$$

Ce moteur est assimilable en somme à un embrayage à friction dont le plateau menant tournerait à raison de $750^{\frac{t}{min}}$ et dont le plateau mené, à cause du défaut d'adhérence, *glisserait* sur lui de 30 tours à chaque minute, sa vitesse se trouvant ainsi réduite à $270^{\frac{t}{min}}$.

On donne le nom de **glissement** à la différence entre la vitesse du champ tournant et celle du rotor, c'est-à-dire à la vitesse relative du champ par rapport à l'induit :

$$\text{Glissement} : \quad N_t = N - N'$$

Ce terme, très expressif, indique le nombre de tours dont le rotor glisse dans le champ à chaque minute. On l'exprime souvent en % de la vitesse du synchronisme. Ainsi, dans notre exemple, le glissement est 30 pour une vitesse du champ égale à 750 ;

pour la vitesse 1, ce glissement serait $\dfrac{30}{750}$,

et pour la vitesse 100 :

$$\frac{30 \times 100}{750} = 4$$

Nous dirons, par suite, que le glissement du moteur est $30^{\overline{\text{min}}}_{t}$, soit 4 %.

Le glissement des moteurs asynchrones dépend de leur puissance et de leur charge. A pleine charge, il varie entre 3 et 5 % dans les petits moteurs, entre 2 et 3 % dans les moteurs puissants.

Il augmente avec la charge, car le rotor prend sur le champ un retard d'autant plus important que le couple résistant qu'il doit vaincre est plus grand ; dans les petits moteurs surchargés, il peut atteindre 10 et même 15 %.

47. Variations du couple moteur avec le glissement. — Les variations du couple moteur avec le glissement peuvent être représentées par la courbe ci-contre (fig. 68) dont la forme s'explique aisément.

Au moment où l'on branche le stator sur un réseau à tension constante, la vitesse du rotor est nulle :

$$N' = 0$$

donc :
$$N_1 = N - 0 = N$$

en d'autres termes, le glissement est égal à la vitesse de rotation du champ.

En conservant l'exemple précédent, le glissement au démarrage sera de $750^{\frac{t}{\text{min}}}$, soit $\dfrac{750}{60} = 12,5^{\frac{t}{\text{sec}}}$. Ce dernier nombre exprime aussi la fréquence des f. é. m. induites dans les cadres ; comme elle est maxima, il en est de même de la self-induction des bobines, et, par suite, de leur impédance R'. Le couple moteur :

$$C = K \, n \, r \, \Phi^2 \, \frac{N_1}{R'^2}$$

est alors faible, car le dénominateur R' est très grand ; sur le graphique ce couple est représenté par O A.

A vide, où à faible charge, le rotor se met à tourner sous l'influence de ce couple. Au fur et à mesure que sa vitesse s'accélère, le glissement N_1 diminue, mais l'impé-

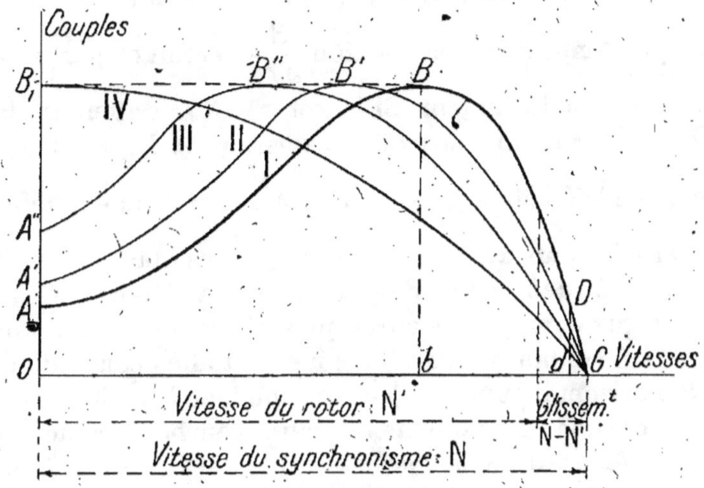

Fig. 68.
A O : Couple au démarrage.
D d : Couple à vide.
B b : Couple maximum.

dance R' décroît vite, et son carré R'^2 plus vite encore, de sorte que la fraction $\dfrac{N_1}{R'^2}$ de la formule précédente augmente, et avec elle le couple moteur.

La vitesse continuant à croître, le glissement diminue toujours ; il en est de même de la self-induction des spires induites. Il arrive un moment où la résistance apparente due à la self-induction est simplement égale à la résistance réelle d'un cadre ; on démontre que, dans ces conditions, le glissement varie aussi vite que le carré de l'impédance R'^2; la fraction $\dfrac{N_1}{R'^2}$ cesse alors de croître et le couple moteur est maximum. Ce couple est représenté par Bb sur la courbe.

A partir de ce moment, le glissement diminue plus vite que l'impédance, la fraction $\dfrac{N_1}{R'^2}$ décroît et, par suite aussi, le couple moteur. Si le rotor pouvait atteindre la vitesse du champ tournant, le glissement N_1 serait nul ainsi que la fraction $\dfrac{N_1}{R'^2}$, et le couple moteur s'annulerait aussi. Nous avions déjà prévu ce résultat (45-B); il est bien évident que si le rotor pouvait tourner à la vitesse du champ, il n'y aurait plus ni f. é. m., ni courant induit, ni couple moteur. La courbe étudiée coupe donc l'axe horizontal au point G correspondant à la vitesse du synchronisme. Pratiquement, cette courbe s'arrête au point D figuratif de la marche à vide ; Dd représente le couple moteur à vide, celui que le moteur développe pour vaincre simplement le couple résistant dû aux frottements.

Nous avons dit que le couple moteur est proportionnel à la résistance des spires induites. Si nous recommencions le graphique pour une résistance r_1 plus grande que r, nous obtiendrions une deuxième courbe qui, dans la partie ascendante, se placerait au-dessus de la précédente. D'autre part, le maximum du couple serait atteint plus tôt. En effet, quand la vitesse du rotor augmente, la self-induction d'un cadre diminue et oppose aux courants induits une résistance apparente de plus en plus faible. Comme le couple est maximum quand cette dernière est égale à la résistance vraie du cadre, on obtiendra ce résultat d'autant plus vite, et, par suite, pour une vitesse d'autant plus faible que la résistance du cadre est plus élevée.

Ainsi, pour une résistance des spires induites r_1 supérieure à r, la courbe du couple moteur se déforme et passe de I à II. Une résistance r_2 supérieure à r_1 conduirait à la courbe III, et ainsi de suite ; *plus la résistance est élevée, plus est puissant le couple moteur au démarrage, et plus il se rapproche de la valeur maxima OB_1 ; pour une valeur convenable de cette résistance, le couple moteur pourrait être maximum au démarrage* (IV).

Nous verrons dans un instant les conséquences pratiques de ces conclusions.

48. Fonctionnement des moteurs asynchrones.

— A) Démarrage. — Au moment où l'on admet le courant dans l'inducteur, l'induit est au repos. Le moteur se comporte alors comme un transformateur dont le stator est le primaire, et dont le rotor est le secondaire. Or, un transformateur est un appareil auto-régulateur ; le courant demandé par le primaire au réseau se règle automatiquement sur le courant débité par le secondaire. Comme les spires du rotor sont en court-circuit et que la f. é. m. induite dans chacune d'elles est maxima au démarrage, les courants induits sont très intenses et l'appel de courant dans le stator atteint 3 et même 4 fois le courant normal. La durée de ce phénomène est très courte, et l'à-coup de courant inducteur est admissible dans les moteurs de 2 à 3 chevaux, même quand ils démarrent en charge. Au fur et à mesure que le rotor prend de la vitesse, le glissement diminue, il en est de même de la f. é. m. et du courant induit ; cette réduction progressive a sa répercussion sur le courant inducteur qui prend très vite sa valeur de régime.

Même à vide, le démarrage d'un moteur puissant, semblable à celui que nous avons étudié jusqu'ici, se traduirait par l'existence de courants anormaux dans l'induit et dans l'inducteur. Ces courants auraient pour effet :

a) de compromettre les enroulements du rotor et du stator, ainsi que la ligne qui aboutit à ce dernier ;

b) de provoquer dans le réseau d'alimentation une chute de tension préjudiciable au bon fonctionnement des autres récepteurs ; si le circuit comprenait des lampes à incandescence, par exemple, le démarrage du moteur se ferait sentir par une diminution de lumière très sensible et fort désagréable.

Ajoutons enfin qu'en dépit de la grande intensité des courants induits, la résistance des spires étant très petite, le couple moteur au démarrage reste faible.

Le raisonnement qui précède montre que notre moteur ne peut convenir aux moyennes et grandes puissances. Les modifications qu'il convient d'y apporter pour le rendre pratique doivent tendre à *augmenter la résistance de l'induit pendant la période de démarrage,* afin de réduire l'intensité des courants dans le rotor et dans le stator, et d'augmenter en même temps le couple moteur. Ces considérations nous conduiront à la forme pratique et rationnelle des rotors de moteurs asynchrones (chapitre X).

B) Marche normale. — Reprenons notre moteur et supposons que, par un artifice quelconque, nous ayons réussi à le faire démarrer, tout en évitant les inconvénients signalés plus haut. Le moteur tourne à vide. Sur le graphique du couple moteur (fig. 62), sa vitesse, voi-

sine du synchronisme, est représentée par O d, le glissement est figuré par G d et le couple par D d. Chargeons
le moteur ; l'induit se ralentit, et glisse davantage dans
le champ. Sa vitesse devient par exemple N' $=$ O e, et le

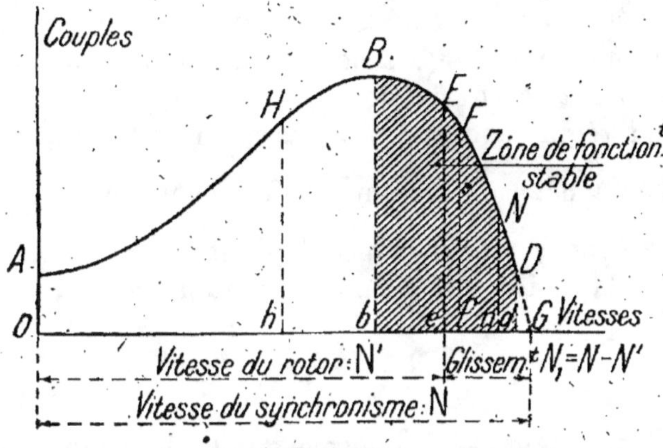

Fig. 69.

A O : Couple au démarrage.
D d :   —   à vide.
B b :   —   maximum.
N n :   —   normal.

glissement est alors représenté par G e. Cette augmentation du glissement se traduit :

   a) par un accroissement de la f. é. m. et du courant
induit dans chacune des spires ;

   b) par un accroissement correspondant du courant
inducteur et du couple moteur.

   La courbe montre d'ailleurs que si le glissement croît
de G d à G e, le couple moteur augmente de D d à E e.

   Il en sera de même naturellement tant que le couple
n'aura pas atteint sa valeur maxima B b. La région D B
de la courbe figure la *zone de fonctionnement stable* du

moteur : pour toute valeur du glissement comprise entre
G d et G b, un accroissement du couple résistant entraîne
une dépense supplémentaire de courant inducteur, et une
augmentation du couple moteur ; un nouveau régime
s'établit, pour une vitesse moindre, quand le couple
moteur équilibre le couple résistant. Le moteur asynchrône se comporte alors comme un moteur à courant
continu excité en dérivation.

Si, en régime normal, le glissement est 3 %, il sera
représenté par une longueur G n égale aux $\dfrac{3}{100}$ de
G O ; le couple moteur normal, dont la valeur est par
exemple la moitié du couple maximum, sera figuré par

$$N\,n = \frac{\mathrm{B}\,b}{2}.$$

***C*) Décrochage.** — Supposons que la charge du moteur
augmente toujours ; il arrivera un moment où le glissement dépassera la valeur B b correspondant au couple
moteur maximum. A partir de ce moment, tout accroissement de la résistance à vaincre, aggravant le glissement, diminuera le couple moteur, et le rotor, au lieu
de reprendre sa vitesse, ralentira de plus en plus et s'ar-
rêtera. Le moteur fonctionnera alors comme un transformateur dont les spires secondaires sont en court-
circuit, et l'intensité du courant dans le stator prendra
une valeur dangereuse, si ce dernier n'est pas protégé
par des coupe-circuits appropriés.

Un moteur asynchrône décroché se comporte comme
un moteur à courant continu calé par une surcharge trop
grande ou trop brusque.

QUESTIONNAIRE

45. Comment varie le flux embrassé par un cadre, immobilisé dans un champ tournant bipolaire ? — Quelle est la période de ce flux ? — Déterminez le sens de la f. é. m. induite dans le cadre aux différentes époques de la période. — Calculez la valeur moyenne de cette f. é. m. induite. — Que se passe-t-il quand on libère le cadre ? — Quelle est la cause de la rotation observée ? — Le cadre peut-il tourner aussi vite que le champ ? — Pourquoi ? — Qu'appelle-t-on vitesse relative du champ par rapport au cadre ? — Quelle est la valeur moyenne de la f. é. m. induite dans le cadre entraîné par le champ tournant ? — De quoi dépend-elle ? — Quelle est sa fréquence ? — Quelle est l'intensité efficace du courant induit ? — De quoi dépend-elle ? Comment varie le retard du courant sur la f. é. m. induite ? — Cherchez l'expression du couple moteur développé par le cadre. — Quel est le couple développé par un système de spires équidistantes portées par un noyau magnétique ? — De quoi dépend-il ? — 46. Quelle est la constitution générale d'un moteur asynchrône ? — Quelle est l'influence du nombre des pôles du champ tournant sur la vitesse du rotor ? — Qu'appelle-t-on glissement ? — De quoi dépend-il ? — Donnez quelques chiffres. — 47. Indiquez l'allure générale de la courbe représentant les variations du couple moteur avec le glissement du rotor. — Expliquez la forme de cette courbe. — Comment serait-elle modifiée, si l'on attribuait au rotor une résistance supérieure à celle qui a été considérée jusqu'ici ? — Que deviendrait en particulier le couple moteur au démarrage ? — 48. Comment se comporte un moteur asynchrône au démarrage ? — Qu'en résulte-t-il ? — Le démarrage direct d'un moteur de faible puissance est-il possible ? — Pourquoi ? — Quels seraient les effets du démarrage d'un moteur puissant construit comme il a été indiqué jusqu'à présent ? — Quelles modifications convient-il d'apporter à ce moteur pour le rendre pratique ? — Un moteur asynchrône tournant à vide, qu'arrive-t-il si on le charge ? — Quelle est, sur la courbe figurant les variations du couple, la zone de fonctionnement stable ? — Que se passe-t il si la charge augmente au-delà de la valeur pour laquelle le couple moteur

est maximum ? — Comment se comporte un moteur asynchrône décroché par une surcharge ? — Que faut-il faire pour le protéger ?

EXERCICES

90. — Un cadre rectangulaire est constitué par un fil de cuivre de 4 mm. de diamètre, fermé sur lui-même en court-circuit. Ses dimensions sont les suivantes :

Longueur : 20 cm   Largeur : 15 cm.

Ce cadre est immobile dans un champ magnétique uniforme d'intensité égale à 300 gauss, et tournant à raison de 1500 tours par minute. Calculer :

a) la résistance du cadre ;

b) le flux qui le traverse quand le champ est perpendiculaire à son plan ;

c) la f. é. m. moyenne induite ;

d) l'intensité efficace du courant induit ;

Résistivité du cuivre : 0,016 ohm-mm^2 par mètre.

On supposera que l'impédance du cadre est égale à sa résistance propre.

91. — En supposant que le cadre précédent soit entraîné par le champ tournant à une vitesse de 1470 tours par minute, calculer :

a) la fréquence de la f. é. m. induite ;

b) les valeurs moyenne et efficace de cette f. é. m. ;

c) la nouvelle valeur du courant induit ;

d) le couple moteur, en m-kg., les frottements étant supposés négligeables.

Quel couple obtiendrait on, dans les mêmes conditions, avec 30 cadres semblables, mécaniquement solidaires ?

92. — Le stator d'un moteur triphasé porte 5 bobines par phase ; il est alimenté par des courants dont la fréquence est 42 périodes par seconde. Le rotor tourne à la vitesse

de 491,4 $\frac{t}{min}$; quel est son glissement ?

93. — Le stator d'un moteur diphasé, alimenté par des courants de fréquence 50, crée un champ tournant à 6 pôles. Sachant que le glissement à pleine charge est 3,5 °/₀, quelle est, en tours par minute, la vitesse de rotation du rotor ?

94. — Figurer la courbe des variations du couple d'un moteur asynchrône d'après les données suivantes :

Vitesses, en tours par minute :
    0   400   800   1175   1250   1300   1350   1400   1450   1500

Couples, en m-kg. :
    18   21   28,5   37   34,5   31,5   27   22   15   0
                 maximum

Déduire de cette courbe :

a) la valeur du couple normal, sachant que le glissement à pleine charge est de 3°/₀ ;

b) la puissance mécanique, en chevaux-vapeur, développée par le moteur, à pleine charge ;

c) le glissement correspondant au décrochage.

Exprimer également :

d) le couple moteur normal en °/₀ du couple maximum ;

e) le couple de démarrage en °/₀ du couple normal et du couple maximum.

CHAPITRE X

MOTEURS D'INDUCTION POLYPHASÉS OU MOTEURS ASYNCHRONES A CHAMP TOURNANT
(Suite).

SOMMAIRE. — Forme pratique des rotors de moteurs asynchrones à champ tournant. — Moteurs de faible puissance : rotors en court-circuit ; moteurs de moyenne et grande puissance : rotors bobinés à bagues. — Réglage de la vitesse des moteurs asynchrones polyphasés : variation de la fréquence des courants d'alimentation ; variation du nombre de pôles ; montage en cascade de deux ou plusieurs moteurs ; insertion de résistances dans le rotor. — Génératrice asynchrone. — Inversion du sens de marche. — Facteur de puissance. — Rendement. — Intensité du courant d'alimentation. — Propriétés générales des moteurs asynchrones à champ tournant. — Usages.

49. Forme pratique des rotors de moteurs asynchrones à champ tournant. — A) Moteurs de faible puissance : Rotors en court-circuit.

a) Rotors à cage d'écureuil. — Considérons à nouveau le système de spires équidistantes qui, jusqu'ici, constitue le rotor de notre moteur (fig. 70). La résistance d'une spire étant négligeable, il n'existe pas de d. d. p. appréciable entre deux quelconques de ses points. Nous pourrons alors réunir ensemble par une soudure, à leur point de croisement, tous les côtés posés sur les faces du tambour. Nous pourrons aussi réunir entre elles, par deux couronnes en cuivre, les extrémités des côtés logés dans les encoches (fig. 71) ; au point de vue électrique, cela reviendra au même ; au point de vue mécanique, nous aurons un système plus robuste et plus facile à construire. L'ensemble ainsi obtenu s'appelle *cage d'écureuil* et le rotor est dit *en cage d'écureuil*. Les liaisons des conducteurs avec les couronnes doivent être faites avec beaucoup de soin. Au démarrage, ou lorsque le rotor est calé par une surcharge, les courants induits acquièrent une inten-

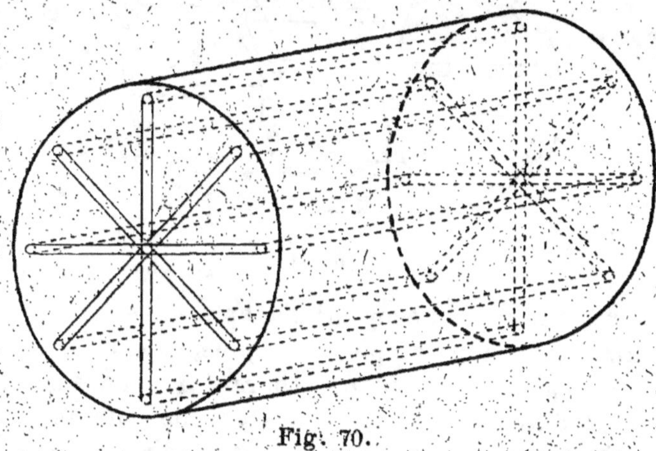

Fig. 70.

sité considérable, et l'échauffement est énorme aux points de contact. Des soudures mal faites peuvent fondre ; aussi est-il préférable de visser ou de river les conducteurs que de les souder.

Si l'induit et l'inducteur possédaient le même nombre d'encoches, les dents se placeraient en regard et s'accrocheraient en quelque sorte les unes aux autres ; le rotor serait au point mort et vibrerait sans démarrer. Pour éviter cet inconvénient, on donne à l'inducteur et à l'induit des nombres d'encoches différents ; la meilleure solution consiste même à choisir ces nombres premiers entre eux. Ainsi, un stator triphasé à 4 pôles possède 2 bobines par phase, soit au total 6 bobines ; si chaque bobine occupe 6 encoches, nous aurons en tout 36 rainures au stator, et nous pourrons prendre une cage d'écureuil de 25 conducteurs.

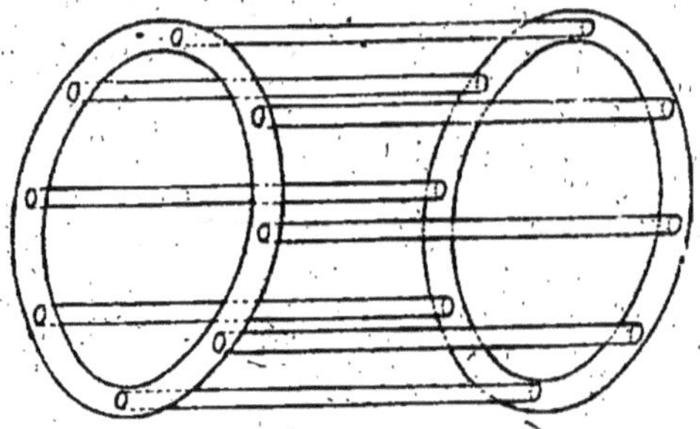

Fig. 71.

Le rotor à cage d'écureuil s'adapte à des stators d'un nombre quelconque de pôles. De plus, c'est un organe si simple et si robuste qu'on a cherché à étendre son emploi aux moteurs de moyenne et grande puissance, par des artifices très ingénieux permettant d'accroître sa résistance pendant la période de démarrage. Nous indiquerons quelques-uns de ces artifices dans le 5e ouvrage de cette collection.

b) Rotors bobinés en court-circuit. — Dans un rotor à cage d'écureuil, la multiplicité des soudures est un inconvénient. Pour l'atténuer, on peut revenir au système primitif, et employer un certain nombre de bobines fermées en court-circuit, dont l'arc d'embrassement est réglé sur le nombre de pôles du stator. Chaque bobine comprend un certain nombre de spires d'un fil nu dont on soude ensemble les deux extrémités. Il est inutile d'isoler le conducteur ; les bobines se touchant aux points de croisement forment une cage d'écureuil qui ne diffère de la précédente que par la construction.

Au stator à 4 pôles considéré plus haut, on peut adap-

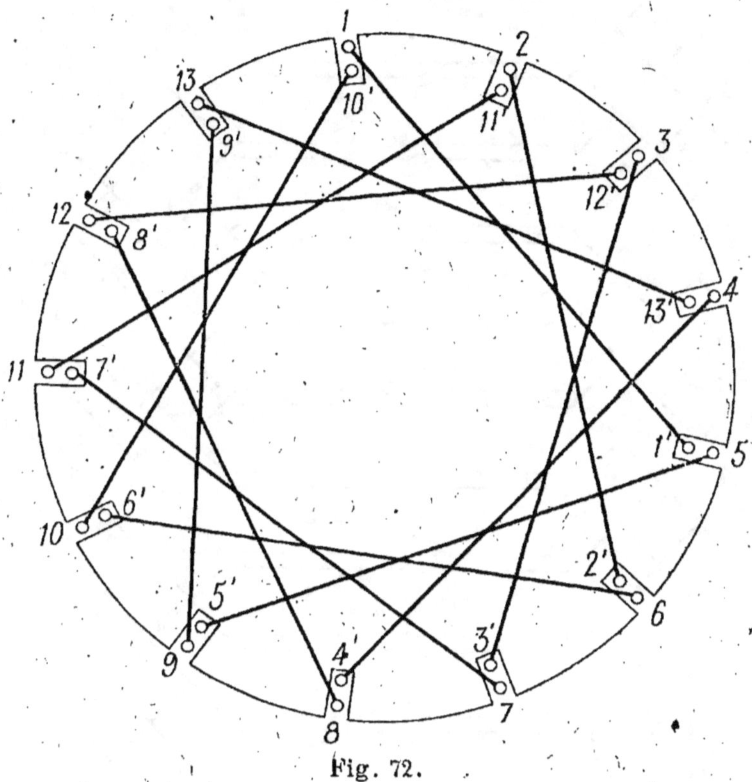

Fig. 72.

ter par exemple le rotor dont l'enroulement est représenté par les fig. 72 et 73. Cet enroulement comprend 13 bobines que l'on peut préparer à l'avance et glisser ensuite dans 13 encoches ouvertes. Chaque bobine occupe naturellement 2 encoches ; l'un des côtés se place

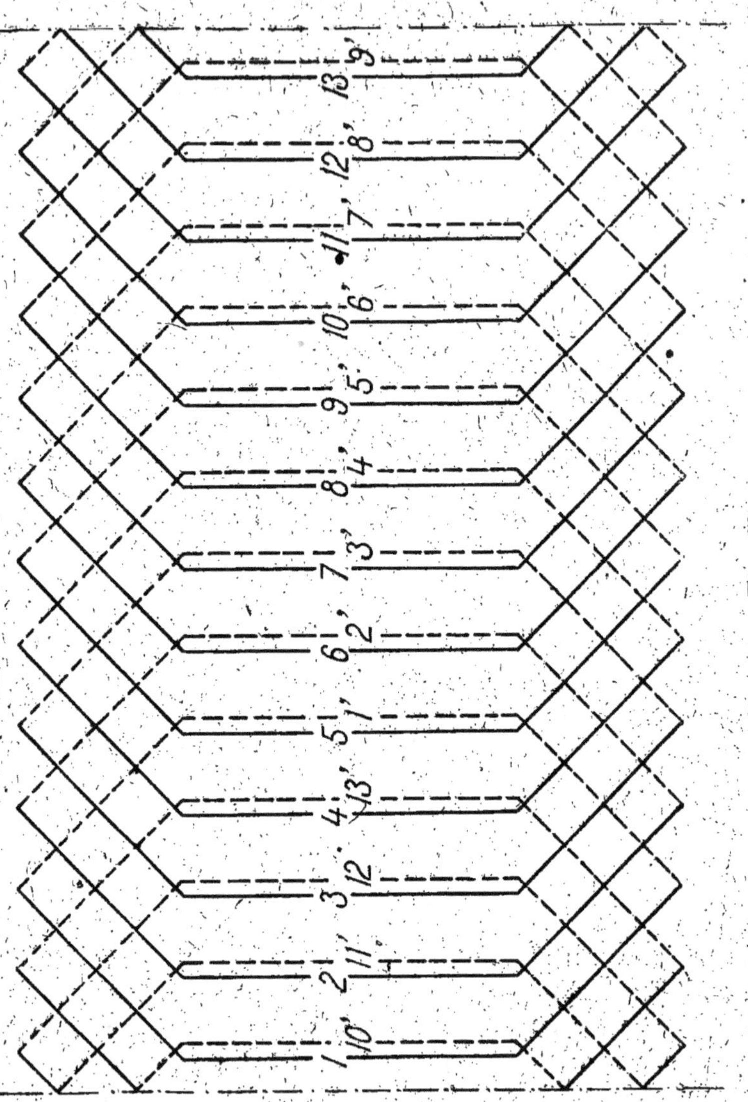

Fig. 73

à la partie supérieure de la première et l'autre au fond de la seconde (fig. 72).

Si le bobinage se faisait à la main, cette disposition serait évidemment impossible, et il faudrait 26 encoches ; mais alors ce nombre ne serait plus premier avec le nombre des rainures du stator qui est 36.

On peut encore diminuer le nombre des soudures en constituant le bobinage du rotor à l'aide d'ondulations en court-circuit. La fig. 74 représente l'enroulement rotorique d'un moteur à 6 pôles comprenant 5 ondulations fermées sur elles-mêmes, et logées dans 15 rainures.

B) Moteurs de moyenne et grande puissance. Rotors bobinés à bagues. — Les rotors des moteurs de moyenne et grande puissance doivent être construits de telle sorte que l'on puisse y introduire des résistances extérieures pendant la période de démarrage. Ce résultat est obtenu de deux manières différentes :

a) on réalise un bobinage semblable à l'enroulement série d'une dynamo multipolaire et, par trois prises faites à 120° l'une de l'autre, on obtient un groupement en triangle ;

b) on effectue un bobinage semblable à celui d'un stator triphasé et comportant le même nombre de pôles que l'inducteur. Les trois phases de cet enroulement sont groupées en triangle ou plus généralement en étoile. La fig. 75 représente le schéma de bobinage d'un rotor à 4 pôles ; l'enroulement comprend, pour chaque phase, deux bobines enroulées dans le même sens ; chaque bobine occupe 4 encoches, et les 6 bobines nécessitent 24 encoches.

On peut construire un moteur avec ce rotor et le stator pris plus haut comme exemple, et possédant 36 rainures.

Quelle que soit la solution adoptée, on réunit les trois

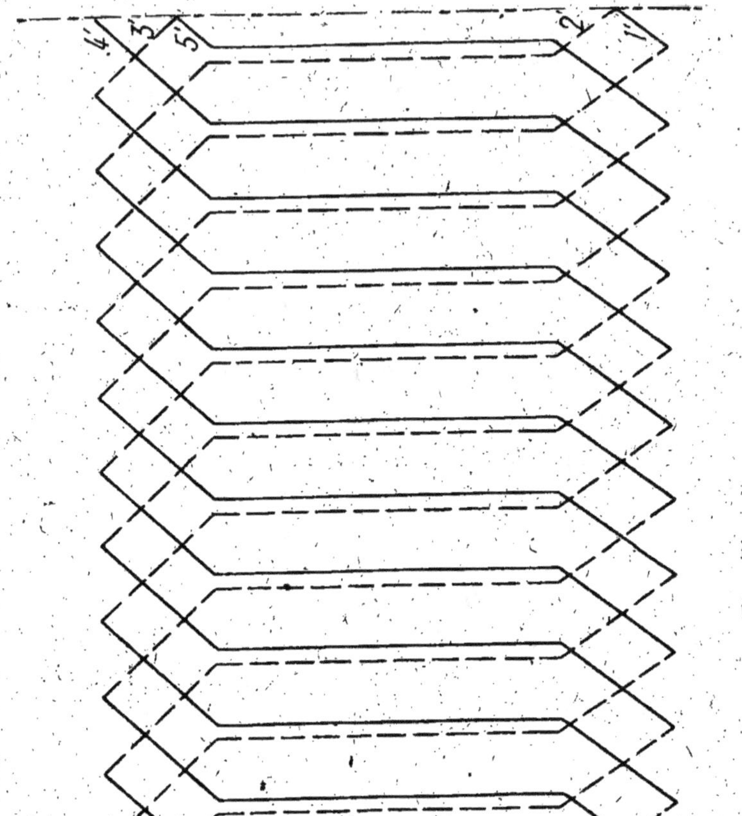

Fig. 74.

sommets du triangle ou les trois extrémités de l'étoile à trois bagues conductrices isolées l'une de l'autre, et portées par l'arbre. Sur ces trois bagues frottent trois

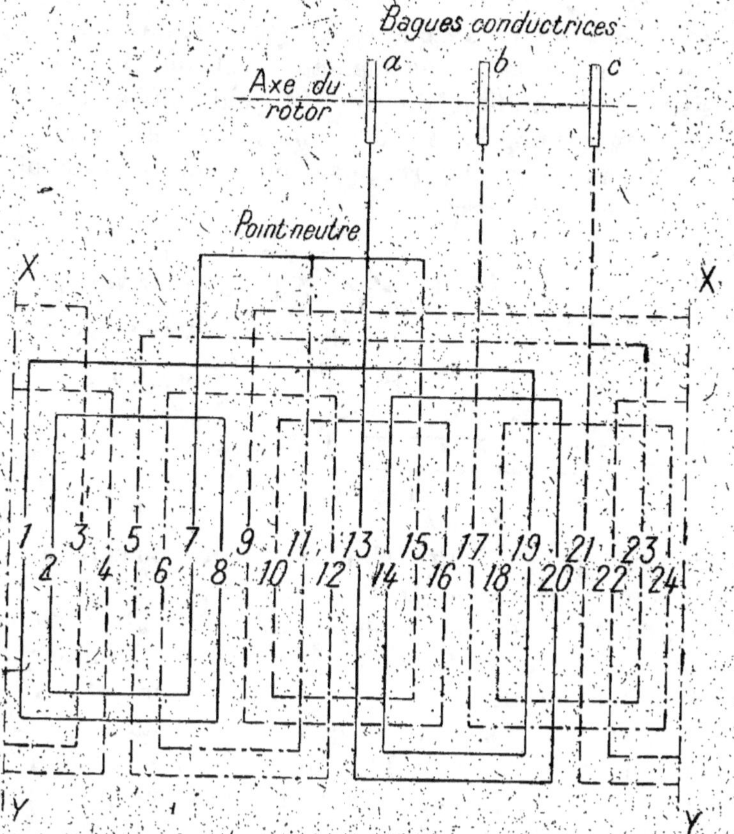

Fig. 75.
Rotor bobiné à bagues ; 4 pôles ; 2 bobines par phase.

balais reliés à trois résistances variables, groupées en étoile, et dont l'ensemble constitue un *rhéostat triphasé*.

Le schéma d'un semblage montage est représenté par

la fig. 76. Les trois extrémités A, B, C, du rotor bobiné
en étoile sont réunies à trois bagues *a*, *b*, *c*, sur lesquelles frottent trois balais F₁, F₂, F₃, reliés aux curseurs
A', B', C', d'un rhéostat triphasé.

Les trois curseurs sont solidaires l'un de l'autre et
manœuvrés par la même manette ; à chaque instant la
résistance d'une phase du rotor se trouve augmentée de
la résistance comprise entre le curseur correspondant et
le point neutre O' du rhéostat ; ainsi, dans l'exemple

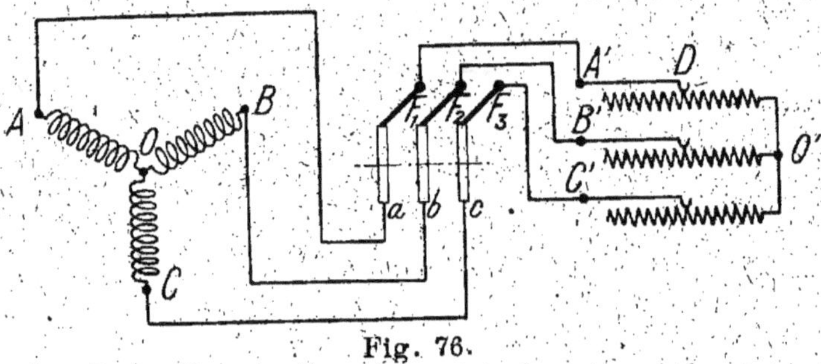

Fig. 76.

représenté par la figure, la phase O A est en série avec
la portion de résistance D O'.

Dès lors, le démarrage du moteur est facile à comprendre. Au moment où l'on branche le stator sur le
réseau, tout le rhéostat est en circuit, et le rotor a sa
résistance maxima, de sorte que les courants dans l'induit et dans l'inducteur sont limités à des valeurs admis-
sibles ; de plus, un couple moteur énergique provoque
une mise en vitesse rapide. Au fur et à mesure que l'allure du rotor s'accélère, la diminution des courants
induits entraîne une réduction des courants d'alimentation ; on peut alors supprimer progressivement les résistances du rhéostat, et les mettre hors circuit quand la
vitesse atteint sa valeur normale. A partir de ce moment,

les curseurs A', B', C', sont réunis par une résistance nulle ; il en est de même des frotteurs F_1, F_2, F_3, et par suite des bagues a, b, c. Tout se passe alors comme si les extrémités A, B, C, des trois phases étaient reliées directement entre elles ; en d'autres termes, l'induit est en court-circuit et se comporte comme une cage d'écureuil.

Les balais sont désormais inutiles ; pour éviter leur usure, la plupart des moteurs sont pourvus d'un dispositif spécial permettant de les relever et de court-circuiter les bagues.

Les moteurs avec rotors à bagues peuvent démarrer sous charge.

L'introduction de résistances extérieures dans le circuit du rotor donne un couple de démarrage égal au couple normal avec un courant d'alimentation égal au courant de régime ; ce courant est proportionnel au couple de démarrage jusqu'à deux fois le couple normal. Un démarrage rapide exige un couple de mise en marche variant entre 1,5 et 2 fois le couple normal ; le moteur absorbe alors un courant compris entre 1,5 et 2 fois le courant de régime.

REMARQUES : 1° Lorsqu'on ferme l'interrupteur du stator alors que les balais du rotor sont relevés, le moteur est un véritable transformateur à circuit secondaire ouvert. Nous connaissons les caractéristiques de ce fonctionnement à vide :

a) Les phases du rotor sont le siège de f. é. m. induites ; mais, comme ces circuits sont ouverts, aucun courant ne peut prendre naissance et l'induit reste au repos. Les f. é. m. induites produisent des d. d. p. entre les trois extrémités A, B, C, et par suite entre les trois bagues a, b, c. La grandeur des f. é. m. induites dépend du nombre de spires par phase, lequel peut toujours être choisi de telle sorte que la tension entre bagues ne puisse être dangereuse pour le personnel. Les constructeurs limitent cette d. d. p. à 100 ou 150^V; malgré tout, il est prudent de ne pas toucher aux bagues pendant le démarrage, si l'on veut éviter des secousses fort désagréables.

Après avoir abaissé les balais sur les bagues, les courants induits dans le rotor produisent sa mise en marche, et l'on peut diminuer progressivement les résistances du rhéostat. En même temps, la f. é. m. induite dans chaque phase baisse graduellement; il en est de même de la tension entre bagues, dont on peut suivre les variations à l'aide d'un voltmètre ou d'une lampe à incandescence. A la fin du démarrage, cette tension est presque nulle, et l'on peut mettre les bagues en court-circuit; il n'y a plus alors aucun inconvénient à les toucher.

b) Tant que les balais restent relevés, le stator ne demande au réseau que le courant magnétisant nécessaire à production du champ tournant; ce courant est environ le $\frac{1}{3}$ ou le $\frac{1}{4}$ du courant de régime. D'autre part, en raison de la grande self des bobinés inductrices, le courant circulant dans une phase est très en retard sur la tension qui le produit, le facteur de puissance du stator est très faible : 0,3 ou 0,2, de sorte que l'inducteur n'absorbe que le $\frac{1}{10}$ ou le $\frac{1}{15}$ de la puissance de régime.

Il convient de remarquer que dans un moteur asynchrone, le courant magnétisant à vide est beaucoup plus grand que dans un transformateur statique de même puissance, car la présence de l'entrefer augmente considérablement la résistance du circuit magnétique. Pour diminuer la dépense d'excitation, on réduit l'épaisseur de l'entrefer à 1 ou $\dfrac{2}{10}$ de mm dans les petits moteurs et à 1 ou 2 mm dans les moteurs puissants.

2° Même si le stator est diphasé, le rotor porte un bobinage triphasé. En effet, si l'on ne tient pas compte de son intensité, un champ tournant diphasé ne diffère pas d'un champ tournant triphasé ; dès lors, il vaut mieux employer un rotor triphasé dont la construction est beaucoup plus simple, et qui n'exige que trois bagues au lieu de quatre.

50. Réglage de la vitesse. — En étudiant l'effet des variations de charge sur le couple moteur et la vitesse du rotor, nous avons été amené à comparer le moteur asynchrone polyphasé au moteur à courant continu excité en dérivation. Pour ces deux catégories de moteurs en effet, à quelques centièmes près, la vitesse est pratiquement constante et indépendante de la charge. Mais le moteur shunt a, sur le moteur à champ tournant, l'avantage d'une grande souplesse ; on peut, par des moyens simples, faire varier sa vitesse dans de grandes limites, tandis que la régulation du moteur asynchrone ne présente qu'un petit nombre de solutions compliquées et imparfaites que nous indiquerons brièvement.

a) Réglage par variation de la fréquence des courants d'alimentation. — Nous savons que la vitesse du champ tournant est donnée par la formule :

$$N^{\frac{t}{sec}} = \frac{F}{p}$$

$$\text{ou} \qquad N^{\frac{t}{min}} = 60\,\frac{F}{p}$$

Toute modification de la fréquence entraînera donc une variation de la vitesse du champ tournant et, par suite, du rotor qu'il entraîne.

Ainsi, un moteur à 12 pôles, alimenté par des courants triphasés à la fréquence 50, tourne à raison de

$$\frac{60 \times 50}{6} = 500 \frac{t}{min}$$

A la fréquence 42, sa vitesse serait :

$$\frac{60 \times 42}{6} = 420 \frac{t}{min}$$

et à la fréquence 25 :

$$\frac{60 \times 25}{6} = 250 \frac{t}{min}$$

Ce procédé n'est employé que dans des cas tout-à-fait spéciaux, par exemple pour le réglage de la vitesse des gros moteurs avec rotors en court-circuit.

b) Réglage par variation du nombre de pôles. — La formule précédente montre que la vitesse du champ est inversement proportionnelle au nombre de pôles du stator, et nous donne, par suite, un nouveau moyen de réglage.

Ainsi, le tableau de la page 159 montre que, dans un stator triphasé, deux bobines par phase, enroulées en sens inverse, donnent un champ à 2 pôles qui, à la fré-quence 50, tourne à $3000 \frac{t}{min}$.

Si, à l'aide d'un commutateur spécial, nous modifions les connexions de ces bobines de telle sorte qu'à un instant donné le courant les parcourt dans le même sens, nous aurons un champ à 4 pôles qui, à la même fréquence 50, tournera à $1500^{\frac{t}{min}}$.

Considérons maintenant un stator triphasé comprenant 6 bobines par phase. Suivant les connexions de ces bobines entre elles, on peut avoir, comme dans un induit d'alternateur, soit deux pôles par bobine, soit un pôle par bobine ; dans le premier cas, le champ possède 12 pôles et, à la fréquence 50, tourne à raison de

$$\frac{60 \times 50}{6} = 500^{\frac{t}{min}} \; ;$$

dans le deuxième cas, le champ possède 6 pôles et sa vitesse est

$$\frac{60 \times 50}{3} = 1000^{\frac{t}{min}}.$$

Avec un stator à 8 bobines par phase, on peut obtenir : soit un champ à 16 pôles tournant à :

$$\frac{60 \times 50}{8} = 375^{\frac{t}{min}} \; ;$$

soit un champ à 8 pôles tournant à

$$\frac{60 \times 50}{4} = 750^{\frac{t}{min}}.$$

On peut disposer ces deux enroulements sur le même stator, et les faire agir alternativement sur un rotor unique ; on dispose alors de 4 vitesses : 375, 500, 750, et $1000^{\frac{t}{min}}$.

Les moteurs des locomotives du Simplon sont construits d'après ce principe.

C) **Réglage par montage en cascade de deux ou plusieurs moteurs.** — Considérons deux moteurs à 12 pôles M_1 et M_2 dont les arbres sont manchonnés ensemble ; sur le schéma de la fig. 77, cet accouplement mécanique est figuré par une ligne OO' joignant les centres.

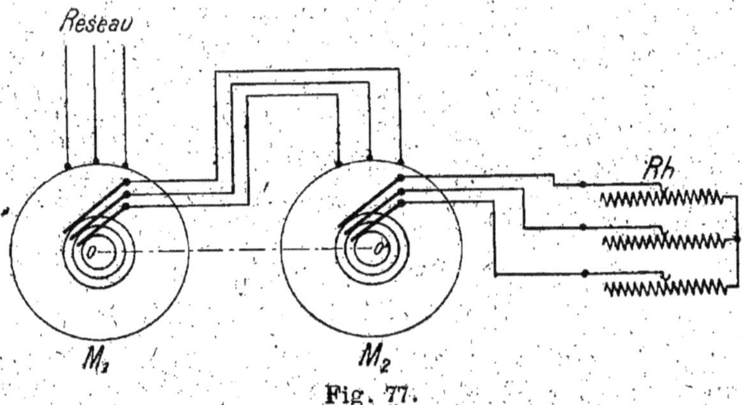

Fig. 77.

Le stator du moteur M_1 est branché sur le réseau ; le rotor du moteur M_2 est en court-circuit ou fermé sur un rhéostat.

Que va-t-il se passer si nous alimentons le stator de M_2 à l'aide des courants induits dans le rotor de M_1 ? Négligeons les glissements ; le rotor de M_1 va tourner à la vitesse du champ produit par son stator, soit par exemple $250^{\frac{t}{min}}$. La fréquence des courants qui l'alimentent est alors :

$$F_2 = p N_1^{\frac{t}{sec}} = 6 \times \frac{250}{60} = 25$$

Mais ces courants sont induits dans le rotor du moteur M_1. Tout se passe comme si ce rotor, immobile, était soumis à l'influence d'un champ tournant de vitesse inconnue. L'appareil se comporte, en somme, comme un alternateur, et nous savons que la fréquence du courant obtenu est égale au produit du nombre de paires de pôles par la vitesse du champ inducteur en tours par seconde. La fréquence est 25, et le stator présente 12 pôles ; la vitesse du champ par rapport au rotor supposé fixe est donc :

$$N = \frac{25}{6} \text{ de tours par seconde,}$$

soit :
$$\frac{25}{6} \times 60 = 250^{\frac{t}{min}}$$

Mais le rotor de M_1 est lié mécaniquement au rotor de M_2, et tourne par suite à la même vitesse $250^{\frac{t}{min}}$; le champ produit par le stator de M_1 tourne donc à raison de

$$N_1 = 250 + 250 = 500^{\frac{t}{min}}$$

La fréquence des courants d'alimentation est 50, puisque le moteur a 12 pôles :

$$F_1 = p N_1 = 6 \times \frac{500}{60} = 50$$

Ainsi, seul, le moteur M_1 tournerait à $500^{\frac{t}{min}}$; associé à un second moteur d'après le montage indiqué, la vitesse du groupe tombe à $250^{\frac{t}{min}}$.

Les deux moteurs ainsi groupés sont dits *en cascade*.

En tenant compte des glissements, le résultat obtenu ne serait pas tout à fait aussi simple, mais il s'en approcherait suffisamment pour que l'on puisse conclure que *deux moteurs montés en cascade tournent à une vitesse voisine de la demi-vitesse prise par chacun d'eux fonctionnant seul sur le réseau.*

Naturellement, avec trois moteurs possédant le même

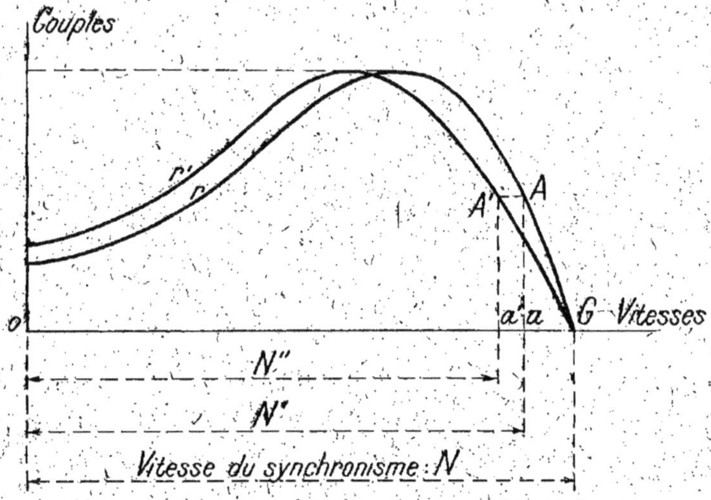

Fig. 78.

nombre de pôles, le montage en cascade donnerait une vitesse sensiblement égale au $\frac{1}{3}$ de celle acquise par chacun d'eux ; avec n moteurs, on obtiendrait à peu près la n^e partie de cette dernière.

Le groupement en cascade est utilisé en traction (locomotives de la Valteline, par exemple) ; souvent on associe ce moyen de réglage avec celui qui est basé sur la variation du nombre des pôles du champ tournant.

***D)* Réglage par insertion de résistances dans le rotor.** — La fig. 78 représente les variations du couple moteur d'un rotor à bagues pour deux valeurs r et r' de la résistance commune de ses trois phases.

Lorsque la résistance est r, le point de fonctionnement du moteur est, par exemple, en A ; le couple moteur est An et la vitesse $Oa = N'$. En augmentant la résistance de r à r', on peut faire passer le point de fonctionnement de A en A', c'est-à-dire réduire la vitesse de N' à la valeur N'' plus petite, et cela, sans changer le couple moteur, puisque $A'a' = Aa$.

Ce raisonnement nous montre qu'il est possible de régler la vitesse d'un moteur à champ tournant pourvu d'un rotor à bagues, en faisant varier la résistance des trois phases de l'induit au moyen d'un rhéostat triphasé semblable au rhéostat de démarrage. Ce procédé conduit à une dissipation inutile d'énergie dans les résistances du rhéostat, et par suite à une diminution de rendement ; on ne l'emploie que pour modifier dans des limites peu étendues (15 à 20 °/₀) la vitesse des moteurs de faible puissance.

51. Génératrice asynchrone. — Il peut se faire qu'un moteur à champ tournant soit lancé momentanément à une vitesse supérieure à celle du synchronisme. Ce cas se présente, par exemple, en traction quand une automotrice, commandée par des moteurs polyphasés asynchrones, descend une pente rapide. Alors, chacun des moteurs se transforme en *génératrice asynchrone* et fournit de l'énergie, en freinant la voiture. Les moteurs à champ tournant permettent donc la récupération comme les moteurs shunt.

52. Inversion du sens de marche. — On change le sens de marche d'un moteur asynchrone polyphasé en inversant le sens de rotation du champ tournant qui entraine le rotor ; il suffit pour cela de permuter l'ordre de deux des courants d'alimentation (37). Dans le manuel consacré à l'installation et à la conduite des machines, nous indiquerons le moyen d'obtenir pratiquement ce résultat.

53. Facteur de puissance. — Le facteur de puissance d'un moteur polyphasé asynchrone dépend de sa puissance et de la charge qu'il supporte. A pleine charge, ce facteur varie de 0,7 à 0,8 dans les moteurs de faible puissance et de 0,8 à 0,9 dans les moteurs puissants (10 ch.-v et au-dessus). A faible charge, le facteur de puissance d'un moteur est très petit ; il augmente avec la charge et devient maximum pour la pleine charge ; il diminue ensuite quand le moteur est surchargé. Les chiffres suivants montrent ces variations pour un moteur de 5 ch.-v.

Fractions de la pleine charge :

$$0 \qquad \frac{1}{4} \qquad \frac{1}{2} \qquad \frac{3}{4} \qquad 1 \qquad \frac{5}{4}$$

Facteur de puissance :

$$0,25 \quad 0,5 \quad 0,72 \quad 0,76 \quad 0,78 \quad 0,75$$

Le tableau ci-après montre l'influence de la puissance, de la charge, et de la fréquence des courants d'alimentation sur le facteur de puissance de quelques moteurs asynchrones triphasés.

Fréquence en périodes par seconde	25				50			
Puissance mécanique en ch-v.	5	25	50	100	5	25	50	100
Facteur de puissance								
$\frac{1}{4}$ de charge	0,58	0,66	0,75	0,76	0,55	0,60	0,70	0,75
$\frac{1}{2}$ charge	0,80	0,84	0,86	0,87	0,81	0,86	0,87	0,87
Pleine charge	0,86	0,88	0,89	0 90	0,85	0,90	0,90	0,90

54. Rendement. — Le rendement suit les mêmes lois de variation que le facteur de puissance. Celui des petits moteurs est faible et s'abaisse quelquefois jusqu'à 70 % ; celui des moteurs puissants atteint 85 et même 90 %. Le tableau suivant montre l'influence de la puissance, de la charge et de la fréquence des courants d'alimentation sur le rendement de quelques moteurs asynchrones triphasés.

Fréquence en périodes par seconde	25				50			
Puissance mécanique en ch-v.	5	25	50	100	5	25	50	100
Rendement en %								
$\frac{1}{4}$ de charge	72	77	79	80	71	77	80	81
$\frac{1}{2}$ charge	80	85	85	87	80	85	87	88
Pleine charge	84	88	88	90	83	88	90	91

55. Intensité du courant d'alimentation. — Proposons-nous le problème suivant :

Un moteur asynchrone triphasé à champ tournant a une puissance de 15 $^{ch-v}$. La tension du réseau est 110 ^{V}. A pleine charge, son rendement est 85 °/₀ et son facteur de puissance 0,85. Quelle est l'intensité du courant d'alimentation ?

A pleine charge, le moteur fournit 15 $^{ch-v}$; soit :

$$736^W \times 15 = 11040^W$$

Comme son rendement est 85 °/₀, il demande au réseau les $\dfrac{100}{85}$ de cette puissance, c'est-à-dire :

$$11040^W \times \frac{100}{85} = 13000^W \text{ environ.}$$

Or, la puissance absorbée par un récepteur triphasé s'obtient en multipliant la tension composée du réseau qui l'alimente par l'intensité efficace du courant dans chaque fil de ligne, par le facteur de puissance, et par $\sqrt{3} = 1,732$ (1). Si donc I représente l'intensité du courant de régime :

$$110^V \times I^A \times 0,85 \times 1,732 = 13000^W.$$

En effectuant, on trouve :

$$162^V \times I^A = 13000^W$$

$$\text{et} \quad I^A = \frac{13000^W}{162^V} = 80^A \text{ environ.}$$

Ainsi, le moteur absorbera 80 ^{A} à pleine charge, soit un peu moins de 5 ^{A},5 par cheval. Ce dernier chiffre est à retenir ; il permet de trouver rapidement, et avec une

---

(1) Voir le manuel *Générateurs*, chap. V, page 118.

approximation suffisante pour les besoins de la pratique industrielle, le courant nécessaire au fonctionnement d'un moteur branché sur 110^V. En répétant le calcul précédent pour un moteur triphasé de grande puissance ayant à pleine charge un rendement de 90 % et un facteur de puissance égal à 0,9, nous avons obtenu les chiffres suivants représentant l'intensité du courant absorbé par le stator, en ampères par ch-v utile, pour les valeurs les plus courantes de la tension d'alimentation :

Tension composée en volts :

110   125   190   200   220   240   440   500   1000   2000

Courant absorbé, en ampères par ch-v utile :

4,78   4,20   2,76   2,625   2,39   2,19   1,195   1,05   0,525   0,262

REMARQUE. — Considérons un moteur asynchrone triphasé développant à pleine charge une puissance mécanique P_m ch-v, avec un rendement de 93 % et un facteur de puissance égal à 0,915.

La puissance électrique absorbée par ce moteur est :

$$\frac{736^W \times P_m}{0,93}.$$

Or, cette puissance est égale à :

$$\sqrt{3} \times U \times I \times 0,915$$

Donc : $\sqrt{3} \times U \times I \times 0,915 = \dfrac{736^W \times P_m}{0,93},$

et par suite : $I = \dfrac{736^W \times P_m}{1,732 \times 0,93 \times 0,915 \times U}$

$$= \frac{736}{1,732 \times 0,93 \times 0,915} \times \frac{P_m}{U}.$$

Il est facile de remarquer que

$$0,93 \times 0,915 = 0,85.$$

et que

$$\frac{736}{1,732 \times 0,85} = 500.$$

Dans ces conditions, la formule précédente se simplifie beaucoup et devient :

$$I = 500 \times \frac{P\,m}{U}$$

Nous pouvons alors énoncer la règle suivante, facile à retenir et à appliquer : *Lorsque le produit du rendement par le facteur de puissance est 0,85, on obtient l'intensité efficace du courant d'alimentation en multipliant par 500 le rapport de la puissance du moteur, exprimée en ch-v, à la tension composée du réseau.*

Exemple : Si $P_m = 300$ ch-v et $U = 500$ V

$$I = 500 \times \frac{300}{500} = 300 \text{ A}$$

Cette règle ne peut être appliquée qu'aux moteurs ayant un rendement et un facteur de puissance élevés, c'est-à-dire aux moteurs puissants (300 ch-v au moins).

56. Propriétés générales des moteurs asynchrones à champ tournant.

A) Avantages. — *a)* Les moteurs asynchrones sont simples, robustes, et leur prix de revient est peu élevé. Le système inducteur, *fixe*, permet l'utilisation directe des hautes tensions.

b) Ils démarrent seuls et sous charge.

Jusqu'à 2 ou 3 ch-v dans les circuits mixtes d'éclairage

et de force motrice, et jusqu'à 15 ou 20^{ch-v} dans les circuits de force motrice, on peut utiliser des moteurs en court-circuit dont le démarrage s'obtient par la simple manœuvre d'un interrupteur.

Un appel de courant égal à trois fois environ le courant normal donne un couple de démarrage égal au couple de régime.

Au-delà des puissances indiquées, on emploie des moteurs avec induits à bagues, à moins que des artifices spéciaux ne permettent de conserver la simplicité idéale de la cage d'écureuil. Le démarrage se fait alors par l'insertion de résistances dans les circuits du rotor, et l'on obtient un couple au démarrage égal à 1,5 ou 2 fois le couple normal avec un courant égal à 1,5 ou 2 fois le courant de régime.

c) Leur vitesse de rotation varie peu ; le glissement à pleine charge ne dépasse généralement pas 5%.

d) Leur capacité de surcharge est considérable.

e) Entraînés par leur charge à une vitesse supérieure au synchronisme, ils fonctionnent en génératrices asynchrones, d'où freinage et récupération.

B) Inconvénients. — *a)* Le réglage de la vitesse est difficile.

b) Une surcharge trop grande provoque le décrochage du moteur et met le rotor en court-circuit.

c) Le facteur de puissance des petits moteurs est faible ; celui des moteurs puissants ne dépasse guère 0,9.

57. Usages des moteurs asynchrones polyphasés. — *a)* Nous avons vu que les moteurs asynchrones à champ tournant ont à peu près les mêmes propriétés que les moteurs à courant continu excités en dérivation ;

en particulier, leur vitesse est sensiblement constante et indépendante de la charge, leur rendement est bon, même lorsqu'ils fonctionnent à charge partielle. Ces qualités les rendent aptes à la commande des machines opératrices qui exigent une puissance mécanique essentiellement variable, inférieure en moyenne à la puissance maxima qu'ils peuvent fournir. En courant alternatif, le moteur asynchrone à champ tournant est le *moteur d'atelier* par excellence ; il convient particulièrement à la commande des métiers à tisser et des machines-outils travaillant le fer ou le bois.

b) Le moteur asynchrone polyphasé est encore utilisé pour la commande des appareils de levage et de manutention : palans électriques, ascenseurs, monte-charges, machines d'extraction, etc...

c) Grâce à certains artifices, des moteurs même très puissants peuvent démarrer et fonctionner sans contacts frottants, et par conséquent sans étincelles ; cette propriété précieuse convient parfaitement aux nécessités de l'industrie minière et explique la préférence qui leur est généralement accordée dans les galeries grisouteuses.

d) Lorsque l'on veut transformer indirectement le courant alternatif en courant continu, on emploie un groupe moteur-dynamo. Le moteur peut être synchrone ou asynchrone. Mais le moteur synchrone ne démarre pas seul, il se décroche aisément et ne peut supporter de surcharge ; aussi lui préfère-t-on souvent le moteur asynchrone. Le groupe moteur asynchrone-dynamo est même supérieur à la commutatrice au point de vue robustesse, endurance et sécurité de fonctionnement ; dans bien des cas, on n'hésite pas à acquérir ces qualités essentielles au prix d'une diminution de rendement.

e) Les moteurs asynchrones triphasés sont également utilisés en traction sur les grandes lignes ; moyennant quelques précautions, ils permettent alors le freinage électrique par récupération.

f) Ajoutons enfin que le moteur asynchrone est souvent employé pour effectuer le démarrage des moteurs synchrones et des commutatrices.

QUESTIONNAIRE

49. Quelle est la constitution des rotors dits en cage d'écureuil ? — Montrez que la cage d'écureuil n'est pas autre chose que la réalisation, sous une forme mécanique, du système considéré au chapitre précédent. — Donnez quelques indications pratiques sur la façon dont doivent être faites les liaisons des conducteurs avec les couronnes extrêmes. — Qu'arriverait-il si l'induit et l'inducteur possédaient le même nombre d'encoches ? — Que faut-il faire pour éviter cet inconvénient ? — Quels sont les avantages et les inconvénients du rotor en cage d'écureuil ? — Comment peut on éviter la multiplicité des soudures des rotors à cage d'écureuil ? — Donnez quelques indications sur la constitution pratique des rotors bobinés en court-circuit. — A quelle condition doivent satisfaire les rotors des moteurs de moyenne et de grande puissances ? — Comment obtient-on ce résultat ? — Figurez le schéma d'un rotor bobiné à bagues avec le rhéostat triphasé servant au démarrage. — Expliquez avec précision le rôle du rhéostat au démarrage. — Les moteurs avec rotors à bagues peuvent-ils démarrer en charge ? — Pourquoi ? — Comment se comporte un moteur asynchrone quand on ferme l'interrupteur du stator, alors que les balais du rotor sont relevés ? — Les balais reposant sur les bagues, comment varie la d. d. p. entre celles-ci pendant la période de démarrage ? — Quelle est sa valeur à la fin du démarrage ? — Déduisez les conséquences pratiques de ce phénomène. — Les balais étant relevés, quel est approximativement le courant absorbé par le stator ? — Quel est alors le facteur de puissance du moteur ? — Quelle puissance consomme-t-il ? — Le courant magnétisant à vide pris par un moteur asynchrone

est-il égal à celui qu'exige un transformateur statique de même puissance ? — D'où vient cette différence ? — Donnez quelques indications numériques sur l'épaisseur radiale des entrefers de moteurs asynchrones. — Comment sont bobinés les rotors à bagues des moteurs diphasés ? — Pourquoi ? — 50. Enumérez les principales solutions du réglage de la vitesse des moteurs asynchrones polyphasés. — Exposez le principe du réglage par variation de la fréquence des courants d'alimentation. — Exposez le principe du réglage par variation du nombre de pôles. — En quoi consiste le montage en cascade de deux ou plusieurs moteurs ? — Quelles vitesses peut-on obtenir avec ce procédé ? — Dans quel cas l'emploie-t-on ? — Exposez le principe du réglage par insertion de résistances dans le rotor. — Quel est l'inconvénient de ce procédé ? — Dans quels cas l'emploie-t-on ? — 51. Qu'arrive-t-il si un moteur asynchrone à champ tournant est lancé à une vitesse supérieure à celle du synchronisme ? — Quel parti peut-on tirer de ce phénomène en traction ? — 52. Que faut-il faire pour inverser le sens de rotation d'un moteur asynchrone polyphasé ? — 53. Comment varie le facteur de puissance d'un moteur asynchrone à champ tournant avec sa puissance, et avec la charge qui lui est imposée ? — Citez quelques chiffres. — 54. Comment varie le rendement de ces moteurs avec leur puissance, et avec leur charge ? — Citez quelques chiffres. — 55. Montrez, par un exemple numérique, comment on calcule l'intensité efficace du courant transporté par chacun des fils qui aboutissent au stator d'un moteur asynchrone triphasé. — Quel est, dans les moteurs triphasés de moyenne puissance, branchés sur une canalisation à 110^V, le courant absorbé par le stator, en ampères par ch-v. utile ? — Enoncez une règle simple permettant d'obtenir l'intensité du courant absorbé par un moteur triphasé, dans le cas où le produit du rendement par le facteur de puissance est 0,85. — 56. Quels sont les avantages des moteurs asynchrones à champ tournant ? — Quels sont leurs inconvénients ? — 57. Citez les principaux usages de ces moteurs.

EXERCICES

95. — Un alternateur triphasé à 16 pôles alimente directement à distance un moteur asynchrone triphasé dont le

stator porte 6 bobines par phase. Le glissement du moteur étant égal à 2,5 %, quelle est sa vitesse quand l'alternateur tourne à raison de 375 par minute ?

96. — La valeur précédemment calculée étant considérée comme la vitesse normale du moteur, chercher la vitesse qu'il faudrait communiquer à la roue polaire de l'alternateur pour que le moteur tourne aux $\frac{2}{3}$ de sa vitesse normale, le glissement à ce nouveau régime étant égal à 3 %.

97. — Un moteur triphasé est alimenté par des courants de fréquence 42. Son stator porte 8 bobines par phase. Peut-on obtenir plusieurs vitesses de rotation du champ tournant ? Si oui, comment, et lesquelles ?

98. — Le stator d'un moteur triphasé porte deux enroulements distincts : le premier comprend 8 bobines par phase, et le second 12 bobines par phase. La fréquence des courants d'alimentation étant égale à 25 périodes par seconde, indiquer toutes les combinaisons possibles permettant de faire varier la vitesse du champ tournant, et les différentes valeurs de cette vitesse.

99. — La puissance absorbée par un moteur triphasé en charge, mesurée à l'aide de wattmètres, a été trouvée égale à 9 kW. Un voltmètre branché entre deux bornes indique 120 V, et un ampèremètre, monté sur l'un des trois fils de la canalisation, marque 52 A. Quel est le facteur de puissance du moteur ?

100. — L'essai d'un moteur triphasé a donné les résultats suivants.

Tension efficace par phase du stator en étoile . . .	288 V.5
Courant absorbé en régime normal	24 A.2
Résistance à chaud de chacune des phases du stator	0 ohm,25
Pertes par effet Joule dans le rotor	581 W
Pertes par frottements, hystérésis et courants de Foucault	1065 W
Facteur de puissance	0,883

Déduire de ces données :

a) la puissance mécanique utile du moteur, en chevaux-vapeur ;
b) son rendement à pleine charge.

101. — Un moteur asynchrône triphasé, branché sur une canalisation à 220 volts, absorbe à pleine charge un courant de 61^A. Son facteur de puissance est 0,90 et son rendement 88 %. Calculer :

a) la puissance mécanique utile du moteur, en ch-v ;
b) son couple moteur utile, en m-kg.

102. — Un moteur asynchrone triphasé, branché sur une canalisation à 500^V, développe, à pleine charge, une puissance mécanique de 100 ch-v. Son rendement est 91 % et son facteur de puissance 0,90. Calculer l'intensité du courant d'alimentation.

Les trois phases du stator étant montées en triangle, quelle est l'intensité prise par chacune des phases ?

103. — A demi-charge, le rendement du moteur précédent est 88 % et le facteur de puissance, 0,87.

A quart de charge, ces deux grandeurs tombent respectivement à 81 % et 0,75.

Calculer le courant absorbé par le moteur à ces deux régimes.

104. — Au démarrage, le même moteur demande au réseau un courant de 150^A ; son facteur de puissance étant alors égal à 0,25, calculer la puissance absorbée par le moteur, et l'exprimer en pour cent de la puissance électrique consommée à pleine charge.

105. — L'essai d'un moteur triphasé de 2 ch-v, effectué sous une tension de 205^V, a donné les résultats suivants :

Puissance mécanique utile, en ch-v :

$$0 \qquad \frac{1}{2} \qquad 1 \qquad 1,5 \qquad 2 \qquad 2,5 \qquad 2,8$$

Intensité absorbée, en ampères :

$$4,2 \qquad 4,4 \qquad 4,8 \qquad 5,7 \qquad 6,8 \qquad 8,3 \qquad 9,3$$

Glissement, en % :

$$0,05 \qquad 0,8 \qquad 2 \qquad 3,2 \qquad 4,5 \qquad 6 \qquad 7,2$$

Rendement :

$$0 \qquad 0,63 \qquad 0,75 \qquad 0,76 \qquad 0,77 \qquad 0,75 \qquad 0,74$$

Facteur de puissance :

$$0.13 \qquad 0,43 \qquad 0,55 \qquad 0,66 \qquad 0,75 \qquad 0,78 \qquad 0,8$$

Tracer d'abord une première courbe montrant comment varie l'intensité absorbée avec la puissance mécanique utile ; à cet effet, porter sur l'axe horizontal les différentes valeurs

de la puissance; et sur les verticales issues des points obtenus, les valeurs correspondantes de l'intensité du courant.

Sur la même feuille, tracer de la même façon trois autres
courbes figurant les variations du glissement, du rendement,
et du facteur de puissance. Il faudra choisir des échelles distinctes pour représenter l'intensité et le glissement ; mais
une échelle commune pourra convenir au rendement et au
facteur de puissance ; toutes ces échelles devront être indiquées en marge.

Des données du tableau précédent, déduire les valeurs du
couple utile et de la puissance électrique absorbée correspondant aux différentes puissances mécaniques qui y sont
inscrites, et tracer les courbes figurant les variations de ces
deux grandeurs. On aura ainsi la représentation graphique
complète des conditions de fonctionnement du moteur à
toutes les charges.

CHAPITRE XI.

MOTEURS D'INDUCTION MONOPHASES
OU MOTEURS ASYNCHRONES A CHAMP ALTERNATIF

Sommaire. — Principe préliminaire. — Principe des moteurs asynchrones monophasés à champ alternatif : le rotor ne comprend qu'une seule spire ; le rotor comprend un certain nombre de spires en court-circuit portées par un noyau magnétique. — Influence du nombre des pôles du champ alternatif : vitesse d'un moteur asynchrone monophasé ; glissement. — Variations du couple moteur avec le glissement. — Fonctionnement des moteurs asynchrones monophasés : démarrage ; marche normale ; décrochage ; récupération. — Constitution générale d'un moteur asynchrone monophasé. — Inversion du sens de rotation. — Intensité du courant d'alimentation. — Comparaison entre les moteurs asynchrones monophasés et les moteurs asynchrones polyphasés. — Usages des moteurs asynchrones monophasés.

58. Principe préliminaire. — La grande simplicité, la robustesse et les précieuses qualités des moteurs d'induction polyphasés ont invité les ingénieurs à réaliser des moteurs basés sur le même principe et fonctionnant avec du courant monophasé. Les appareils de cette catégorie s'appellent moteurs d'induction monophasés ou moteurs asynchrones à champ alternatif. Leur emploi permet évidemment de réduire de trois à deux le nombre des conducteurs du réseau d'alimentation ; cette considération intéressante a guidé les inventeurs dans leurs recherches.

Bien qu'un courant alternatif simple ne puisse engendrer qu'un champ alternatif, nous rattacherons cependant cette étude à celle des moteurs à champ tournant grâce à la comparaison suivante :

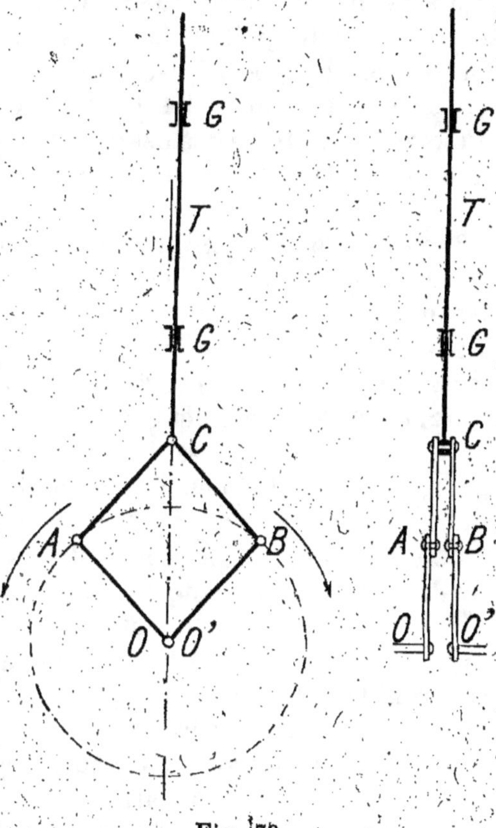

Fig. 79.

Considérons deux manivelles de même longueur OA et O'B, calées sur deux arbres O et O' placés dans le prolongement l'un de l'autre. Par l'intermédiaire de deux bielles de même longueur, A B et B C, réunissons ces deux manivelles à la base d'une tige T, assujettie par des guides G à rester toujours verticale (fig. 79).

Si nous faisons tourner les deux manivelles à la même vitesse et en sens inverse, la tige T prendra un mouvement rectiligne alternatif qu'il est facile de suivre.

Supposons d'abord que les manivelles soient verticales (fig. 80 a) ; il en est de même des bielles A C, B C, et le point C est éloigné de la ligne des centres OO' d'une distance égale à deux fois la longueur commune des manivelles.

O A et O'B tournant en sens inverse (fig. 80 b), le point C descend. Lorsque les manivelles sont horizontales, C est au niveau des axes O et O' (fig. 80 c). Les manivelles O A et O'B poursuivant leur mouvement, le point C continue à descendre (fig. 80 d), jusqu'à ce qu'elles soient verticales (fig. 80 e) ; à ce moment le point C occupe sa position extrême inférieure et sa distance à la ligne des axes est égale à deux fois la longueur commune des deux manivelles.

A partir de cet instant, O A passera à droite de la verticale définie par la direction de la tige, O'B passera à gauche (fig. 80 f), et le point C remontera jusqu'à sa position primitive, qu'elle occupera à nouveau quand les deux manivelles auront fait chacune un tour.

Les manivelles et les bielles ayant la même longueur, la figure O A C B est un losange ; par suite, le déplacement O C de la tige, compté à partir de la ligne des centres, est toujours égal à deux fois la projection commune O H des deux manivelles sur sa propre direction (fig. 80 b).

Or, nous avons déjà étudié une semblable transformation de mouvement, mais avec une seule manivelle et une coulisse (1). La comparaison de ces deux systèmes permet de conclure :

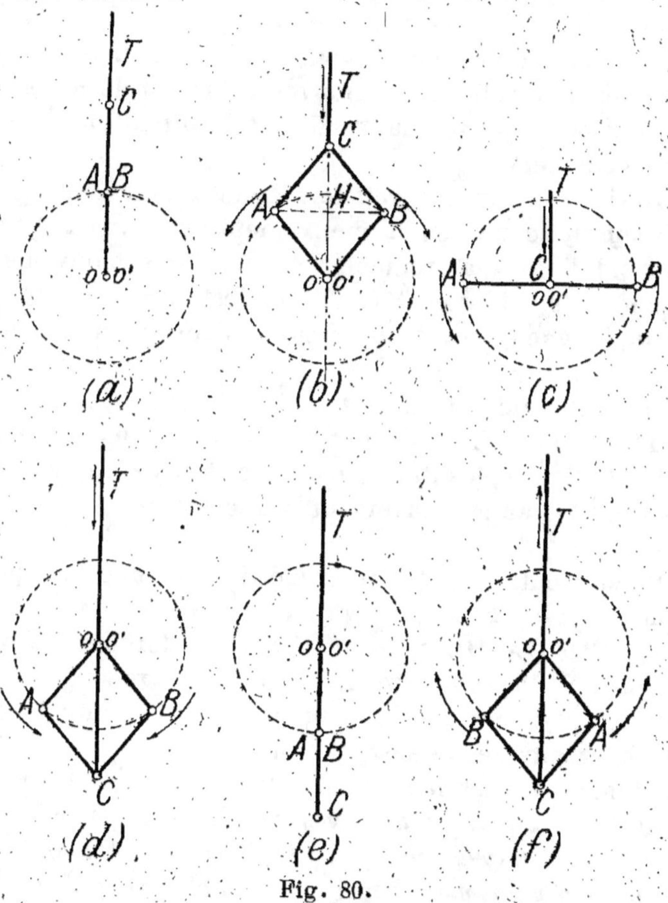

Fig. 80.

a) que les deux manivelles tournant d'un mouvement *uniforme*, le déplacement de la tige est *sinusoïdal* ;

b) que le nouveau système permet de doubler l'ampli-

(1) Voir *Principes Généraux de l'Électricité*, chap. VIII.

tude du mouvement rectiligne obtenu, c'est-à-dire le déplacement maximum de la tige, toujours compté à partir de la ligne des centres.

La période de ce mouvement est égale à la durée d'un tour des manivelles ; les mouvements de rotation composants et le mouvement rectiligne résultant ont donc la même fréquence.

Ainsi, nous avons transformé deux mouvements de rotation uniformes en un mouvement rectiligne alternatif sinusoïdal, dont la fréquence est celle des mouvements composants, et dont l'amplitude est égale au double de la longueur commune des manivelles qui les produisent.

Le problème inverse est naturellement possible. Si l'on imprime un mouvement rectiligne alternatif sinusoïdal à la tige T, les deux manivelles tourneront en sens contraires, d'un mouvement uniforme, et à la même vitesse.

Il convient de bien remarquer ici que dans les positions a ou e (fig. 80), la tige T est à un point mort et les manivelles OA, OB, peuvent partir indifféremment dans un sens ou dans l'autre. Le lecteur s'en rendra compte facilement en construisant le petit appareil étudié à l'aide de morceaux de bois légers et d'épingles.

Passons maintenant de la Mécanique à l'Electricité. *Tout ce qui précède nous permet de décomposer par la pensée un champ alternatif sinusoïdal en deux champs d'amplitude deux fois moindre, et tournant d'un mouvement uniforme à raison de un tour par période du champ considéré.*

Par exemple, un champ sinusoïdal dont la fréquence est 50 et l'intensité maxima 10000 gauss, peut être remplacé par deux champs d'intensité constante égale à 5000 gauss et tournant à raison de 50 tours par seconde.

59. Principe des moteurs monophasés à champ alternatif.

A) Le rotor ne comprend qu'une seule spire. — Considérons une spire A B perpendiculaire à la direction X Y d'un champ alternatif de fréquence 50, et remplaçons ce champ par deux champs égaux $\mathcal{H}_1$, $\mathcal{H}_2$ tournant en sens inverse à la même vitesse : $50 \, \overline{\tfrac{t}{\text{sec}}}$ (fig. 81). La spire, également sollicitée par chacun d'eux, reste immobile. Mais, que se passera-t-

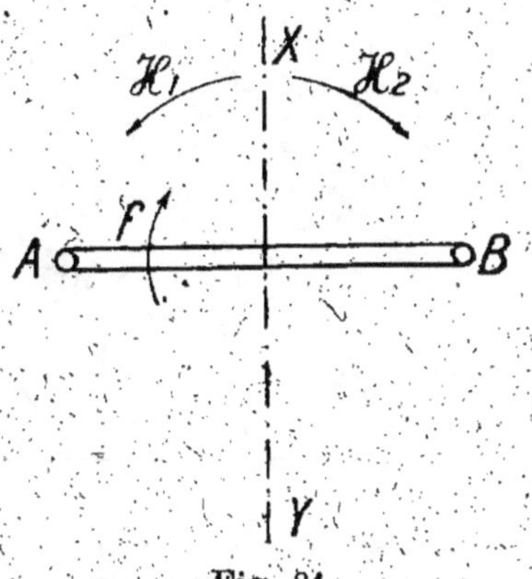

Fig. 81.

il si nous la lançons dans le sens indiqué par la flèche f, à une vitesse de $45 \, \overline{\tfrac{t}{\text{sec}}}$? Le champ $\mathcal{H}_1$ tourne en sens inverse du cadre ; ils s'éloignent donc l'un de l'autre à raison de $50 + 45 = 95 \, \overline{\tfrac{t}{\text{sec}}}$. Le champ $\mathcal{H}_2$ tourne dans le même sens que le cadre ; sa vitesse relative par rapport à la spire est donc de $50 - 45 = 5 \, \overline{\tfrac{t}{\text{sec}}}$. En d'autres termes, le glissement de la spire est $95 \, \overline{\tfrac{t}{\text{sec}}}$ par rapport à $\mathcal{H}_1$ et $5 \, \overline{\tfrac{t}{\text{sec}}}$ par rapport à $\mathcal{H}_2$.

Considérons alors la courbe figurant les variations du couple exercé sur la spire par un champ tournant à la vitesse de $50 \, \overline{\tfrac{t}{\text{sec}}}$ (fig 82). Cette courbe a la forme étudiée au chapitre IX ; que le rotor comporte une spire ou plusieurs, l'allure du phénomène est toujours la même.

Prolongeons la courbe jusqu'en D, la distance OG′ étant égale à OG. Naturellement, la portion AD ne peut

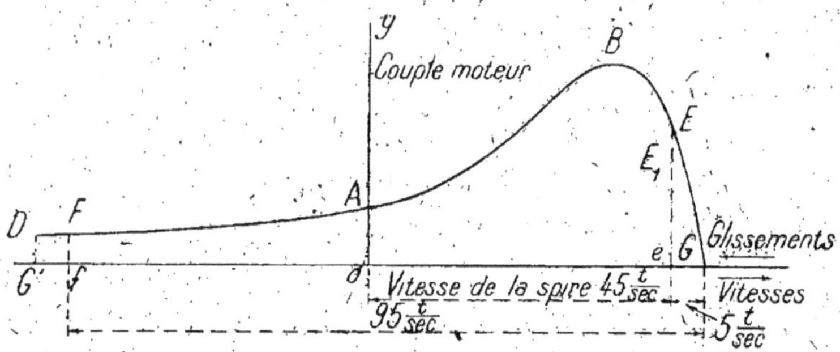

Fig. 82.
Les vitesses sont comptées à partir du point O vers la droite.
Les glissements sont comptés à partir du point G vers la gauche.

être obtenue par l'expérience, puisque le point A correspond à une vitesse nulle. Sa détermination par le calcul ne saurait être exposée ici ; mais les méthodes graphiques sont si commodes que nous n'hésitons pas à en faire un usage constant.

Si, à l'échelle choisie pour la représentation des glissements, nous portons en Ge le glissement de la spire sur le champ $\mathcal{H}_1$, soit $5^{\frac{t}{sec}}$, nous aurons en Ee le couple dû à ce champ.

De même, en portant en Gf le glissement de la spire par rapport au champ $\mathcal{H}_1$, soit $95^{\frac{t}{sec}}$, nous aurons en Ff le couple exercé par ce champ.

La figure montre que Ee est supérieur à Ff. En d'autres termes, le couple dû au champ qui tourne dans le même sens que la spire est supérieur au couple dû au champ qui tend à l'entraîner en sens inverse.

Donc, la spire continuera son mouvement sous l'influence d'un couple égal à la différence des deux couples précédents.; ce couple résultant pourra être représenté par le segment $E_1 e$ obtenu en retranchant de $E e$ une longueur $E E_1 = F f$. Ainsi s'explique la rotation d'une spire, préalablement lancée, sous l'influence d'un champ alternatif. La cause de cette rotation est absolument la même que celle des moteurs à champ tournant : les courants induits dans la spire, réagissant sur les deux champs composants qui les engendrent, s'opposent au mouvement relatif qui leur a donné naissance.

B) **Le rotor comprend un certain nombre de spires en court-circuit portées par un noyau magnétique.** — Pour que le moteur précédent soit utilisable pratiquement, il faut accroître le couple moteur dans de grandes proportions. On y arrive :

a) en multipliant le nombre des spires induites ;

b) en noyant dans une armature en tôles d'acier doux les côtés de ces spires parallèles à l'axe de rotation.

La forme des rotors de moteurs monophasés à champ alternatif nous apparaît donc comme devant être la même que celle des moteurs polyphasés à champ tournant.

60. **Influence du nombre des pôles du champ alternatif. Vitesse d'un moteur asynchrone monophasé. Glissement.** — Pour obtenir un champ alternatif multipolaire, il suffit de prendre un stator de moteur synchrone monophasé.

Le principe fondamental indiqué plus haut peut alors être généralisé de la façon suivante :

Un champ alternatif multipolaire peut être décomposé en deux champs tournant en sens inverse à la même vitesse ; cette vitesse, exprimée en tours par seconde, est égale au quotient de la fréquence du courant d'alimentation par le nombre de paires de pôles du champ alternatif :

$$N^{\frac{t}{sec}} = \frac{F}{p}$$

Nous continuerons à appeler **vitesse du synchronisme** la vitesse commune des deux champs tournants, définie par la relation précédente.

Ainsi, un champ alternatif à 6 pôles engendré par un courant monophasé de fréquence 50, produit le même effet que deux champs tournant à raison de $\dfrac{50}{3}$ de tours par seconde,

soit $\qquad \dfrac{50}{3} \times 60 = 1000^{\frac{t}{min}}$

Un système de spires en court-circuit, mobile autour de l'axe du stator, et auquel on donne une impulsion initiale dans un sens ou dans l'autre, continue à tourner dans le même sens. Comme dans un moteur asynchrone polyphasé et pour la même raison, sa vitesse se rapproche de celle du synchronisme, mais sans jamais pouvoir l'atteindre ; un certain *glissement* est nécessaire. Si le rotor tourne à $980^{\frac{t}{min}}$, ce glissement est :

$$1000^{\frac{t}{min}} - 980^{\frac{t}{min}} = 20^{\frac{t}{min}}$$

soit $\qquad \dfrac{20 \times 100}{1000} = 2\,^o/_o.$

Ajoutons qu'en marche normale, le couple antagoniste dû au champ tournant en sens inverse du rotor est négligeable devant le couple d'entraînement, de sorte qu'*une fois lancé, un moteur monophasé se comporte comme un moteur polyphasé.*

61. Variations du couple moteur avec le glissement. — Reprenons la courbe figurant les variations du couple exercé par un champ tournant sur une spire

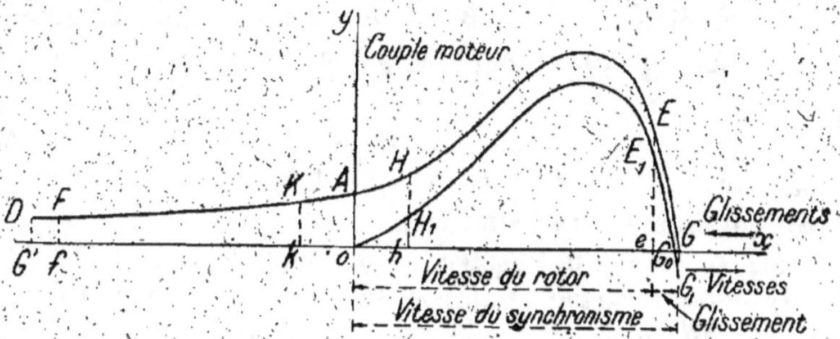

Fig. 83.

(fig. 83). Nous pouvons tracer par points celle qui représente les variations du couple résultant. Il suffit en effet de répéter un grand nombre de fois l'opération indiquée, et qui consiste à prendre deux points *e* et *f* symétriques l'un de l'autre par rapport à O, à tracer les verticales passant par ces points jusqu'à leur rencontre en E et F avec la courbe, et à retrancher enfin le deuxième segment du premier.

Cette construction ne présente aucune difficulté, et nous nous contenterons d'indiquer deux particularités :

a) Lorsque les points choisis h et k sont peu éloignés de O, la différence $Hh - Kk = H_1h$ est petite. Au fur et à mesure qu'ils se rapprochent, cette différence diminue ; elle s'annule quand ils se confondent, de sorte que la courbe passe par O.

b) Au point G, le couple est nul ; au point G' il est égal à D G' ; pour retrancher le second du premier, il faut porter G G, = D G' sur la verticale passant par G et au-dessous de l'axe horizontal.

L'examen de la courbe obtenue conduit aux conclusions suivantes :

a) au démarrage, le couple moteur est nul ;

b) la spire une fois lancée, le couple augmente quand le glissement diminue, passe par un maximum et décroît ensuite ;

c) le couple s'annule pour un glissement G G$_0$ qui n'est pas nul, c'est-à-dire avant que la spire ait atteint la vitesse du synchronisme.

Si, au lieu d'une spire, nous considérions un rotor formé d'un certain nombre de spires en court circuit, nous obtiendrions les mêmes résultats. A un instant donné, le couple résultant se trouverait multiplié par le nombre de spires, et la courbe conserverait la même forme.

62. Fonctionnement des moteurs asynchrones monophasés. — A) Démarrage. — Nous avons suffisamment montré qu'un moteur asynchrone monophasé ne peut démarrer seul. Il faut donc le lancer comme un moteur synchrone. Nous étudierons dans l'ouvrage suivant les procédés de démarrage les plus courants. Quel que soit le mode de lancement adopté, le couple au départ est toujours faible, et le moteur ne peut démarrer en charge.

B) Marche normale. — Lorsque le moteur a atteint

la vitesse maxima Od correspondant à la marche à vide (fig. 84), le couple moteur Dd équilibre le couple résistant dû aux frottements, et, comme dans les moteurs polyphasés, les courants induit et inducteur sont faibles. Si l'on applique progressivement la charge, le glissement augmente et avec lui : l'intensité des courants induits, celle du courant inducteur et le couple moteur. Lorsque

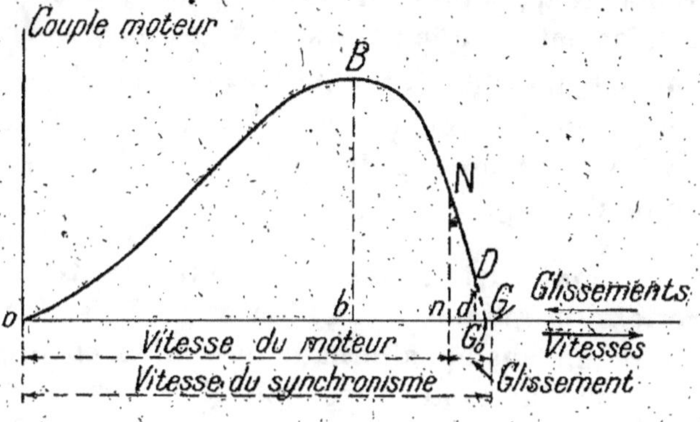

Fig. 84.

le moteur fonctionne à pleine charge, le glissement est par exemple 4 % ; il est représenté par $Gn = \dfrac{4}{100}$ de GO et le couple de régime est figuré par Nn.

L'examen détaillé du graphique nous conduirait aux conclusions énoncées lors de l'étude des moteurs polyphasés à champ tournant. En particulier, pour toute valeur du couple compris entre le couple à vide Dd et le couple maximum Bb, le moteur, grâce à de légères variations de glissement, règle automatiquement son couple et l'intensité du courant d'alimentation sur la charge qui lui est imposée. La région DB de la courbe figure la *zone de fonctionnement stable*.

C) **Décrochage.** — Si un accroissement anormal de la résistance à vaincre produit un glissement supérieur à Gb, le couple moteur diminue de sorte que le glissement s'aggrave encore ; le rotor ralentit de plus en plus et finalement s'arrête. Sous l'influence d'une surcharge trop grande, un moteur asynchrone monophasé *se décroche* donc comme un moteur synchrone. Le décrochage entraîne un appel de courant inducteur dangereux pour l'enroulement, d'où la nécessité d'une protection efficace.

D) **Récupération.** — Entraînés à une vitesse supérieure à celle du synchronisme, les moteurs monophasés permettent eux aussi un freinage économique avec récupération d'énergie.

63. Constitution générale d'un moteur asynchrone monophasé. — A) Stator. — Le stator devant produire un champ alternatif ressemble en principe à l'inducteur d'un moteur monophasé synchrone à champ alternatif ; ce n'est pas autre chose que l'induit fixe d'un alternateur monophasé à inducteur mobile, dans lequel on envoie un courant alternatif simple.

Nous verrons plus tard les modifications qu'il convient d'y apporter pour le transformer, pendant la période de mise en marche en un véritable moteur à champ tournant, capable de démarrer seul.

B) **Rotor.** — Le rotor ne diffère pas de celui des moteurs polyphasés. On emploie :

a) soit un rotor à cage d'écureuil ;
b) — bobiné en court-circuit ;
c) — bobiné à bagues.

Ce dernier porte un enroulement triphasé possédant le même nombre de pôles que le stator ; il permet l'insertion de résistances au moment du démarrage en champ tournant.

64. Inversion du sens de rotation. — Si le moteur a une puissance assez faible pour être lancé à la main, on peut le faire partir indifféremment dans un sens ou dans l'autre.

S'il est muni d'un dispositif de démarrage en champ tournant, l'inversion du sens de marche s'obtient comme celle d'un moteur asynchrone polyphasé.

65. Intensité du courant d'alimentation. — Proposons-nous de calculer l'intensité du courant absorbé par un moteur asynchrone monophasé de $15^{\text{ch-v}}$ branché sur une canalisation à 110^{V}. A pleine charge, le rendement du moteur est $85°/_0$ et son facteur de puissance $0,85$. A dessein, nous prenons les mêmes valeurs numériques que dans le problème traité au chapitre précédent..

A pleine charge le moteur produit :

$$736^{\text{W}} \times 15 = 11.040^{\text{W}}.$$

Il absorbe donc :

$$11.040^{\text{W}} \times \frac{100}{85} = 13.000^{\text{W}} \text{ environ.}$$

Or, la puissance demandée par un récepteur monophasé s'obtient en multipliant la tension efficace entre ses bornes par l'intensité efficace du courant d'alimentation, et par son facteur de puissance. Si donc I représente l'intensité du courant cherché :

$$110^{\text{V}} \times \text{I}^{\text{A}} \times 0,85 = 13.000^{\text{W}}.$$

Par suite : $\qquad 93^{\text{V}},5 \times \text{I}^{\text{A}} = 13.000^{\text{W}}$

et : $\qquad \text{I}^{\text{A}} = \dfrac{13.000}{93,5} = 139^{\text{A}}$

En régime normal, le moteur absorbe donc 139ᴬ,

soit $\dfrac{139^A}{15} = 9^A,3$ environ par ch-v.

On remarquera que, dans les mêmes conditions de tension, de rendement et de facteur de puissance, un moteur triphasé de même puissance ne demande que 80ᴬ. Comme

$$139^A = 80^A \times \sqrt{3},$$

la section des deux fils de la ligne monophasée qui aboutit au moteur, doit être $\sqrt{3}$ fois plus grande que celle des trois fils de la canalisation capable d'alimenter le moteur triphasé.

66. Comparaison entre les moteurs asynchrones monophasés et les moteurs asynchrones polyphasés. — Bien que ces deux catégories de moteurs aient les mêmes propriétés générales, elles présentent pourtant un certain nombre de caractères bien distincts :

a) Le couple des moteurs monophasés est nul au repos, de sorte qu'ils ne peuvent démarrer seuls, même à vide ; il faut les lancer, soit à la main, soit à l'aide d'un artifice de démarrage, et n'appliquer la charge qu'après la mise en vitesse.

b) Les petits moteurs, lancés à la main, n'ont pas de sens de rotation particulier; c'est l'impulsion initiale qui détermine le sens du mouvement. Les moteurs de moyenne et grande puissance, que l'on fait démarrer en champ tournant, ont le sens de rotation de ce champ.

c) Les moteurs monophasés ont, à puissance égale, un rendement et un facteur de puissance inférieurs à ceux des moteurs polyphasés; par contre leur glissement est plus faible. Leur capacité de surcharge est bien moins grande ; alors que les moteurs polyphasés supportent aisément une surcharge de 100 °/₀, les moteurs monophasés se décrochent sous l'effet d'une surcharge de 50 °/₀.

d) Enfin, les moteurs monophasés sont plus volumineux et pèsent 50 °/₀ de plus environ que les moteurs polyphasés.

Nous empruntons au formulaire Hospitalier-Roux les éléments du tableau comparatif suivant, pour bien montrer ces caractères distinctifs (Voir page 240).

67. Usages des moteurs asynchrones à champ alternatif. — L'étude comparative qui précède nous permet de conclure que le moteur asynchrone monophasé est nettement inférieur au moteur à champ tournant ; aussi ne l'emploie-t-on que si l'on est obligé d'emprunter l'énergie électrique à un réseau d'éclairage peu étendu. Dans ce cas particulier, en effet, le courant monophasé est généralement adopté, car il présente sur les courants polyphasés l'avantage d'une plus grande simplicité d'installation, la ligne ne comportant que deux fils au lieu de trois. Par contre, dans les installations importantes, on donne la préférence aux courants triphasés, et cela explique pourquoi on n'utilise pas de moteurs monophasés de grande puissance ; 300^{ch-v} paraît être une limite non dépassée jusqu'ici. D'ailleurs, les perfectionnements apportés aux moteurs monophasés à collecteur ont beaucoup diminué leur importance industrielle.

QUESTIONNAIRE

58. — Décrivez une combinaison mécanique permettant de transformer un mouvement rectiligne alternatif sinusoïdal en deux mouvements de rotation uniformes et de sens contraire. — Énoncez le principe qui permet de rattacher

FRÉQUENCE : 50 PÉRIODES PAR SECONDE

	Moteurs asynchrones monophasés				Moteurs asynchrones triphasés			
Puissance mécanique, en ch-v	5	25	50	100	5	25	50	100
Tension d'alimentation, en volts	200	200	200	200	200	200	200	200
Intensité du courant d'alimentation, en ampères	30,5	142	261	500	15	67,5	131,5	256
Nombre de pôles	4	4	6	8	4	4	6	8
Vitesse du synchronisme, en tours par min.	1500	1500	1000	750	1500	1500	1000	750
Rendement, en pour cent :								
$\frac{1}{4}$ de charge	64	70	73	74	71	77	80	81
$\frac{1}{2}$ charge	72	78	80	81	80	85	87	88
Pleine charge	78	83	85	86	83	88	90	91
Facteur de puissance :								
$\frac{1}{4}$ de charge	0,53	0,58	0,68	0,73	0,55	0,60	0,70	0,75
$\frac{1}{2}$ charge	0,70	0,72	0,75	0,75	0,81	0,86	0,87	0,87
Pleine charge	0,77	0,82	0,33	0,85	0,85	0,90	0,90	0,90
Glissement à pleine charge, en %	3,5	2	2	1,5	4,5	3,2	3	2,7
Poids total, en kg.	180	560	1650	2300	140	370	750	1900

l'étude des moteurs asynchrones monophasés à celle des moteurs asynchrones polyphasés. — 59. Quelle est l'action d'un champ alternatif sur une spire immobile perpendiculaire à sa direction ? — Que se passe-t-il si on lance la spire dans un sens quelconque ? — Quelle est la cause de cette rotation ? — Que faut-il faire pour transformer ce système en un moteur pratiquement utilisable ? — 60. Quelle est la vitesse des deux champs tournants en lesquels peut être décomposé un champ alternatif multipolaire ? — Quel nom donne-t-on à cette vitesse ? — La vitesse du rotor peut-elle atteindre celle du synchronisme ? — Pourquoi un certain glissement est-il nécessaire ? — Quelle est l'importance relative des couples dus aux deux champs tournants ? — Une fois lancé, comment se comporte un moteur asynchrone monophasé ? — 61. Montrez, par une courbe, comment varie le couple moteur avec le glissement. — Quelle est la valeur de ce couple au démarrage ? — 62. Un moteur asynchrone monophasé peut-il démarrer seul ? — Pourquoi ? — Le moteur, lancé par une impulsion étrangère, peut-il démarrer en charge ? — Pourquoi ? — Le moteur tournant à vide, que se passe-t-il si on le charge ? — Quelle est, sur la courbe figurant les variations du couple, la zone de fonctionnement stable ? — Que se passe-t-il si la charge augmente au delà de la valeur pour laquelle le couple moteur est maximum ? — Comment se comporte un moteur asynchrone monophasé décroché par une surcharge ? — Que faut-il faire pour le protéger ? — Qu'arrive-t-il si un moteur asynchrone monophasé est lancé à une vitesse supérieure à celle du synchronisme ? — 63. Quelle est la constitution générale d'un moteur asynchrone monophasé ? — 64. Comment change-t-on le sens de rotation d'un moteur asynchrone monophasé ? — 65. Montrez, par un exemple numérique, comment on calcule l'intensité du courant absorbé par un moteur asynchrone monophasé. — Comparez ce courant à celui que prendrait un moteur asynchrone triphasé de même puissance. — Quelle conséquence pratique faut-il en déduire, relativement à la section des fils de ligne aboutissant au moteur ? — 66. Quels sont les caractères distinctifs des moteurs asynchrones monophasés et des moteurs asynchrones polyphasés ? — 67. Dans quel cas emploie-t-on les moteurs asynchrones monophasés ?

EXERCICES

106. — Le stator d'un moteur asynchrone monophasé comprend 8 bobines enroulées en sens contraire. Sachant que la fréquence du courant d'alimentation est 42 périodes par seconde, et le glissement du moteur 2 °/₀, calculer :

a) la vitesse du synchronisme;
b) la vitesse de rotation du rotor.

107. — Un moteur d'induction monophasé à 6 pôles est branché sur une canalisation à 120 volts, et la fréquence du courant qui l'alimente est 50 périodes par seconde. A pleine charge, le couple moteur utile est $14,7^{m-kg}$, le courant absorbé 185^A, le facteur de puissance 0,81 et le glissement 2,3 °/₀. Calculer le rendement du moteur,

108. — On considère deux moteurs asynchrones de même puissance, alimentés par des courants de même fréquence sous la même tension. L'un de ces moteurs est monophasé, l'autre triphasé. Le tableau suivant résume leurs caractéristiques principales :

	Moteur monophasé.	Moteur triphasé.
Puissance mécanique, en ch-v	75	75
Tension d'alimentation, en volts.	200	200
Fréquence, en périodes par seconde.	50	50
Nombre de pôles.	8	8
Rendement à pleine charge, en °/₀	85,6	90,5
Glissement	1,75	2,8
Facteur de puissance	0,84	0,90
Poids total en kg.	2100	1350

Calculer pour chacun de ces moteurs :

a) la vitesse de rotation du rotor ;
b) l'intensité du courant d'alimentation ;
c) le poids puissancique, en kg par cheval utile.

109. — Chacun des deux moteurs précédents est alimenté par un branchement de 50 mètres. Pour établir ces canalisations, où a admis la même densité de courant dans les deux cas, soit $1,75 \frac{A}{mm^2}$. Calculer le diamètre, le poids total et le prix des conducteurs de chaque branchement.

Quel est le branchement le plus économique ? Evaluer la différence des prix en pour cent du prix le plus élevé.

Densité du cuivre : 8,9.

Prix du cuivre : 630 fr. les 100 kg.

110. — En se reportant aux indications du problème n° 105, tracer, d'après les données suivantes, les courbes du rendement, du glissement, et du facteur de puissance, relatives à un moteur asynchrône monophasé de 200 $^{\text{ch-v}}$:

Puissance mécanique utile, en ch-v :

| 0 | 10 | 25 | 50 | 75 | 100 | 150 | 200 |

Glissement, en % :

| 0,04 | 0,075 | 0,15 | 0,3 | 0,4 | 0,6 | 1 | 2 |

Rendement :

| 0 | 0,39 | 0,67 | 0,78 | 0,83 | 0,85 | 0,86 | 0,86 |

Facteur de puissance :

| 0,15 | 0,32 | 0,47 | 0,66 | 0,78 | 0,82 | 0,85 | 0,85 |

La tension d'alimentation étant 500 volts, déterminer également, par le calcul, la puissance électrique consommée, l'intensité du courant absorbé, et le couple moteur utile correspondant à chaque valeur de la puissance mécanique inscrite dans le tableau. En s'aidant des résultats obtenus, compléter enfin la représentation graphique des conditions de fonctionnement du moteur par le tracé des courbes représentant les variations de ces trois dernières grandeurs.

CHAPITRE XII

MOTEURS SÉRIE A COLLECTEUR

SOMMAIRE. — Principe. — Fonctionnement d'un moteur série simple en courant alternatif. — Modifications qu'il convient d'apporter à un moteur série pour le faire fonctionner en courant alternatif. — Forme pratique des moteurs série compensés. — Propriétés des moteurs série compensés. — Comparaison entre le moteur série à courant continu et le moteur série compensé. — Usages des moteurs série à collecteur.

68. Principe. — Nous savons que le sens de rotation d'un moteur à courant continu ne change pas quand on inverse en même temps le courant dans l'induit et dans l'inducteur (4 *d*). Voyons alors ce qui se passera, si nous branchons, sur une ligne monophasée, un moteur série par exemple.

Pendant la première moitié de chaque période, l'action du champ inducteur sur le courant induit crée un couple qui donne à l'armature une impulsion dont le sens est déterminé par les connexions de l'inducteur et de l'induit. Sous l'influence de ce couple, l'induit tend à se mettre en mouvement ; mais son inertie est telle que la première demi-période est terminée avant qu'il n'ait remué d'une façon sensible. Alors, les courants inducteur et induit s'annulent tous les deux en même temps, et le couple moteur aussi. Puis les courants s'inversent et créent un couple moteur ayant le même sens que le premier, de sorte que l'armature reçoit une deuxième impulsion. Comme ces phénomènes se produisent toutes les demi-périodes, c'est-à-dire un grand nombre de fois par minute, les impulsions successives communiquées à l'induit finissent par vaincre son inertie et l'entraînent à une vitesse croissante, jusqu'à ce que le couple moyen, résultant de toutes ces impulsions, équilibre le couple résistant imposé au moteur.

En somme, l'armature se met à tourner comme en courant continu, avec cette différence que la cause motrice est pulsatoire au lieu d'être continue. Pour nous faire mieux comprendre, nous pouvons comparer l'induit d'un moteur alimenté par un courant continu à une roue que l'on mettrait en mouvement par un effort continu exercé sur une manivelle, et l'induit du même moteur fonctionnant en courant alternatif, à la roue précédente mise en rotation par des chocs périodiques exercés sur la jante.

En résumé, un moteur à courant continu peut tourner sous l'influence d'un courant alternatif. Reste à savoir si la machine ainsi transformée présente un intérêt pratique.

Nous écarterons tout d'abord le moteur shunt. En effet, le circuit inducteur, comprenant un grand nombre de spires de fil fin, possède une self-induction très élevée. Cette self provoque un décalage énorme entre l'intensité du courant dans l'inducteur et la d. d. p. à ses bornes ; celle de l'induit étant beaucoup plus faible, le courant inducteur est très en retard sur le courant induit. Représentons ce dernier par la sinusoïde I (fig. 85), et le courant inducteur par la sinusoïde II. Les courants ne s'inversent pas au même instant. Pendant la fraction de période représentée par *ab*, tous deux sont positifs et produisent un couple moteur d'un sens déterminé. Dans l'intervalle bc, le courant induit seul est négatif, car le courant inducteur ne s'est pas encore inversé ; le couple moteur change alors de sens et tend à ralentir le mouvement de l'induit. Dans l'intervalle cd, les deux courants sont négatifs, et le couple reprend son sens primitif pour s'inverser à nouveau de d en c, etc... Bref, la cause motrice change périodiquement de sens, de sorte que la valeur moyenne du couple d'entraînement se trouve considérablement diminuée. Cette valeur moyenne serait

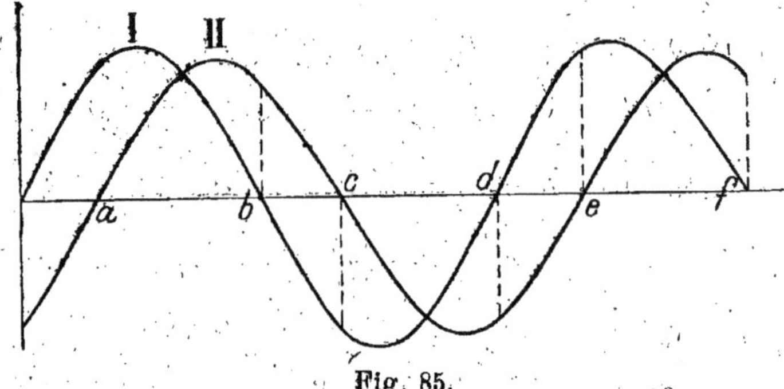

Fig. 85.

même nulle, et l'induit resterait au repos, si l'intervalle bc était égal à l'intervalle ab. Il faudrait pour cela que le courant inducteur soit décalé $\frac{1}{4}$ de période sur le courant induit, c'est-à-dire que la self induction de l'induit soit négligeable devant celle de l'inducteur.

Ce raisonnement montre que le moteur shunt, alimenté par un courant alternatif, est pratiquement inutilisable.

69. Fonctionnement d'un moteur série simple en courant alternatif. — Un moteur série alimenté par un courant alternatif ne fonctionne pas aussi bien qu'en courant continu. Ses principaux défauts sont les suivants :

a) Les variations périodiques du flux alternatif engendré par le courant d'excitation produisent, dans le circuit magnétique inducteur, une grande dissipation d'énergie par hystérésis et courants de Foucault.

b) La grande self-induction de l'inducteur et de l'induit augmente la résistance apparente du moteur, ainsi que le décalage du courant sur la d. d. p. appliquée aux

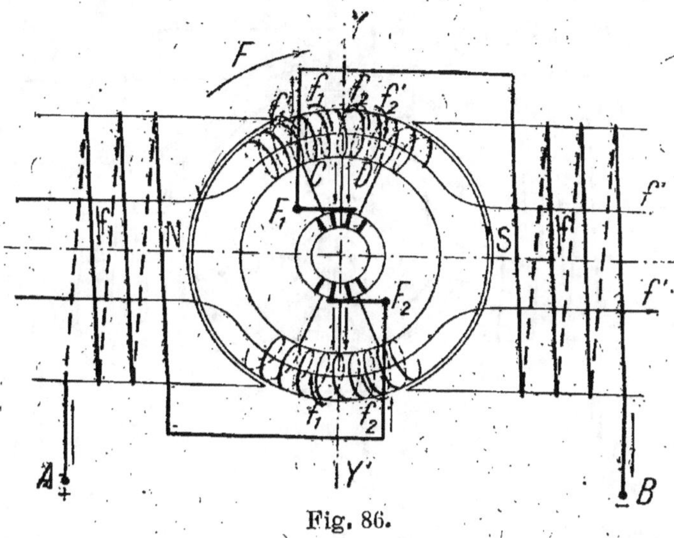

Fig. 86.

bornes. Il en résulte une diminution de l'intensité du courant, un affaiblissement du facteur de puissance, et une réduction de la puissance utile.

La puissance spécifique d'un moteur série diminue donc quand on le branche sur un réseau à courant alternatif.

c) Enfin de vives étincelles sous les balais détruisent rapidement le collecteur.

Pour découvrir la cause de ces étincelles, suivons d'un peu près le fonctionnement de l'induit. Nous supposerons l'inducteur bipolaire et l'induit en anneau, pour plus de simplicité (fig. 86).

Pendant une demi-période du courant d'alimentation, la borne A est positive par exemple, et la borne B négative. Le courant inducteur a le sens f ; nous avons un pôle nord à gauche et un pôle sud à droite, de sorte que les

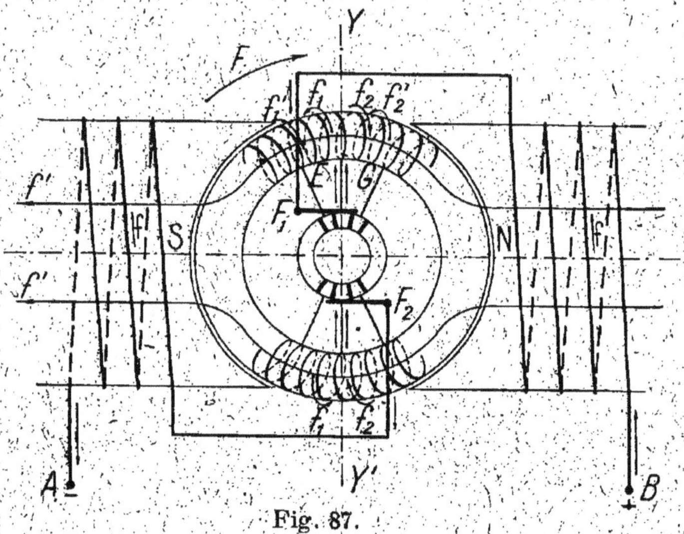

Fig. 87.

lignes de force ont le sens f'. Le sens du courant induit est f, à gauche de la ligne neutre Y Y', et f, à droite. L'armature est alors entraînée dans le sens F.

Considérons une spire, C par exemple. Le flux qu'elle embrasse augmente progressivement jusqu'à la ligne neutre où il est maximum ; elle est donc le siège d'une f. é. m. négative, de sens f', (règle du tire-bouchon). Cette f. é. m. change de sens sur la ligne neutre car, à partir de cet axe, le flux diminue au lieu d'augmenter ; dans une spire telle que D, elle a le sens f'.

Pendant la demi-période suivante, la polarité des bornes est inversée ; le courant inducteur, les lignes de force, et les courants dans les deux moitiés de l'anneau changent de sens. Seul, le sens de rotation ne varie pas (fig. 87). Le raisonnement qui précède nous montre qu'une spire telle que E, située à gauche de la ligne neutre et parcourue par un courant de sens f, est le siège d'une f. é. m. de sens f'_1 ; une spire telle que G située à droite de la ligne neutre, et parcourue par un courant de sens f_2, est le siège d'une f. é. m. de sens f'_2.

En résumé, *la f. é. m. induite dans une spire quelconque de l'anneau a toujours le sens inverse du courant qui l'alimente.* A un instant donné, la somme des f. é. m. induites dans chacune des moitiés de l'anneau constitue la force contre-électromotrice du moteur à cet instant ; elle est *en opposition de phase avec le courant d'alimentation.*

La f. c. é. m. étudiée est semblable à celle d'un moteur à courant continu. Elle est due, comme elle, au déplacement de l'induit, et sa valeur est *proportionnelle à la vitesse de rotation.* La seule différence entre les deux, c'est que, pour une vitesse constante, la f. c. é. m. en courant alternatif varie périodiquement avec le temps suivant la même loi que l'intensité du courant d'alimentation, tandis qu'en courant continu, la f. c. é. m. est invariable.

Mais ce n'est pas tout. Comme le flux inducteur est alternatif, ses variations engendrent une f. é. m. alternative dans chacune des spires de l'induit, même si l'armature est au repos. A ce point de vue, l'anneau fonctionne comme le secondaire d'un transformateur. Cette deuxième f. é. m. est *indépendante de la vitesse de rotation de l'armature.* Elle est nulle sur la ligne des pôles X X' où les lignes de force sont parallèles au plan de la spire. Elle est maxima sur la ligne neutre Y Y', car les lignes de force sont alors perpendiculaires au plan de la spire, et le flux maximum qui la traverse est égal à la moitié du flux maximum pénétrant dans l'induit. Enfin, elle est *proportionnelle à la fréquence du courant.*

C'est cette f. é. m. qui est la cause des étincelles entre balais et collecteur. En effet, supposons les balais calés sur la ligne neutre (fig. 88). Il arrive un moment où ils

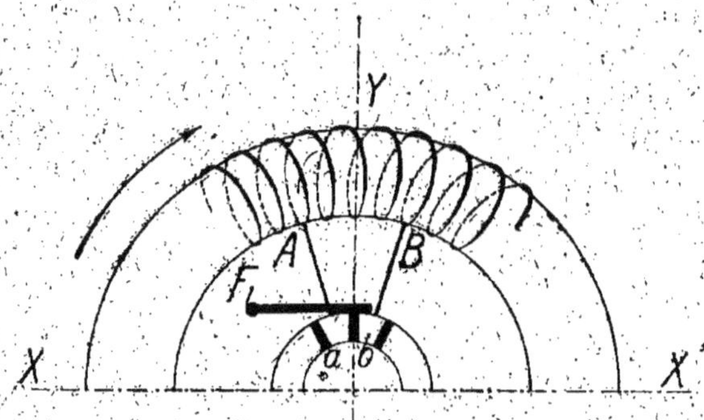

Fig. 88.

portent à la fois sur deux lames consécutives du collecteur. Le balai F, par exemple, appuyant en même temps sur a et b, met la section A B en court-circuit. Comme la f. é. m. précédente est maxima dans la position occupée par cette section, elle engendre un courant intense dans le circuit A B b a, et il se produira une vive étincelle à l'instant où la lame b quittera le balai.

Le courant de court-circuit est d'autant plus intense que la f. é. m. induite dans la section A B est plus grande, et que le circuit A B b a est moins résistant. Or, la f. é. m. induite dans A B est proportionnelle à la fréquence du courant d'alimentation, au flux maximum pénétrant

dans l'induit, et au nombre de spires qu'elle comprend.
Donc *l'étincelle de rupture est d'autant plus dangereuse* :

　a) *que la fréquence du réseau est plus grande,*
　b) *que le flux maximum utile est plus grand,*
　c) *qu'il y a un plus grand nombre de spires par section,*
　d) *que la résistance du court-circuit est plus faible.*

70. Modifications qu'il convient d'apporter à un moteur série pour le faire fonctionner en courant alternatif. — Pour qu'un moteur série fonctionne d'une manière satisfaisante en courant alternatif, il faut atténuer autant qu'il est possible les trois défauts signalés plus haut.

A) Diminution des pertes par hystérésis et courants de Foucault dans l'inducteur. — Ces pertes ne peuvent être réduites qu'en employant des *inducteurs feuilletés,* obtenus par la juxtaposition de tôles d'acier doux très minces et isolées, ce qui complique beaucoup la construction du moteur et augmente notablement son prix de revient.

Signalons aussi que l'emploi d'*inductions peu élevées,* et l'alimentation du moteur par un *courant de faible fréquence,* contribuent à diminuer l'importance des pertes par hystérésis et courants de Foucault.

B) Diminution de la self du moteur. — a) Pour affaiblir la self-induction de l'inducteur, il faut restreindre le nombre de ses spires, et par suite diminuer la résistance du circuit magnétique, afin d'obtenir le flux utile nécessaire ; on y arrive en réduisant au minimum l'épaisseur de l'entrefer, ce qui oblige à loger les conducteurs induits dans des rainures ou dans des trous,

A ce point de vue encore, un courant de faible fréquence est recommandable, car la f. é. m. de self, proportionnelle à la fréquence, diminue avec elle.

b) On combat la self-induction de l'induit en opposant un flux d'origine extérieure au flux dû au passage du courant dans ses spires, et dont les variations engendrent la f. é. m. de self.

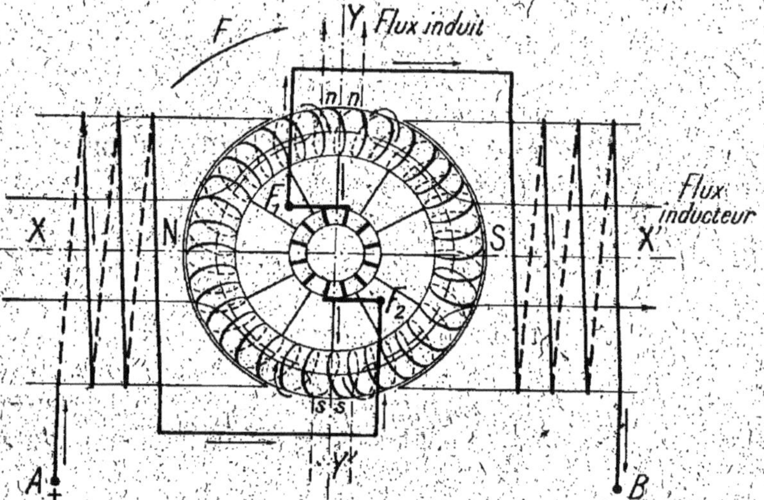

Fig. 89.
Sens du flux inducteur et du flux induit pendant une demi-période.

Reprenons notre moteur bipolaire avec induit en anneau (fig. 89). Pendant une demi-période, le courant qui circule dans la moitié gauche de l'anneau est dirigé de l'extérieur vers l'intérieur ; celui qui passe dans la moitié droite est dirigé de l'intérieur vers l'extérieur. Les deux moitiés de l'anneau forment deux électro-aimants dont les deux pôles nord sont en haut et les deux pôles sud en bas (règle du tire-bouchon). Ces deux électro-aimants engendrent deux flux dirigés de bas en haut, et qui se réunissent en dehors de l'anneau pour n'en former qu'un seul. Sur la figure, chacun des flux est représenté par une ligne de force.

Pendant la demi-période suivante, les courants dans l'induit changent de sens, de sorte que les électros formés par les deux moitiés de l'anneau ont leurs pôles nord en bas et leurs pôles sud en haut. Les deux flux partiels créés par chacun d'eux sont maintenant dirigés

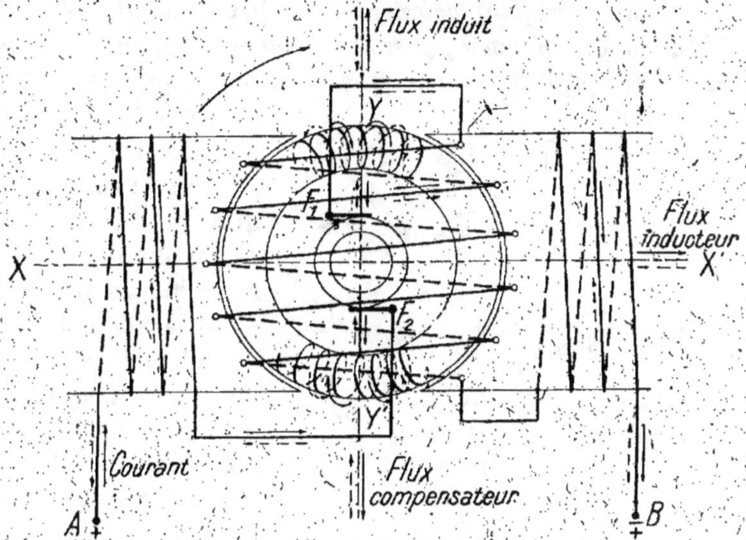

Fig. 90.

de haut en bas ; il en est de même du flux total dû à leur réunion.

Ainsi, dans un moteur série fonctionnant en courant alternatif, il y a deux flux de force :

1° l'inducteur engendre un flux alternatif dont la direction générale est XX' ;

2° l'induit donne aussi naissance à un flux alternatif dont la direction générale est YY'.

Ces deux flux perpendiculaires ont la même fréquence que le courant d'alimentation.

Le premier est utile ; le second est nuisible, et si on arrivait à le supprimer, l'induit ne possèderait plus de self-induction. Cette suppression est naturellement impossible, car l'existence d'un flux est liée à celle du courant qui l'engendre, et le courant induit est nécessaire. Mais on peut *compenser* le flux nuisible créé par l'induit, en lui en opposant un autre de même forme, agissant toujours en sens inverse. Pour produire ce *flux compensateur*, il suffit d'embrasser l'induit par un enroulement dont les spires sont perpendiculaires à la ligne neutre Y Y', les côtés parallèles à l'axe de rotation étant logés dans des trous pratiqués sur le bord des pièces polaires (fig. 90). Si cet enroulement est en série avec l'inducteur et

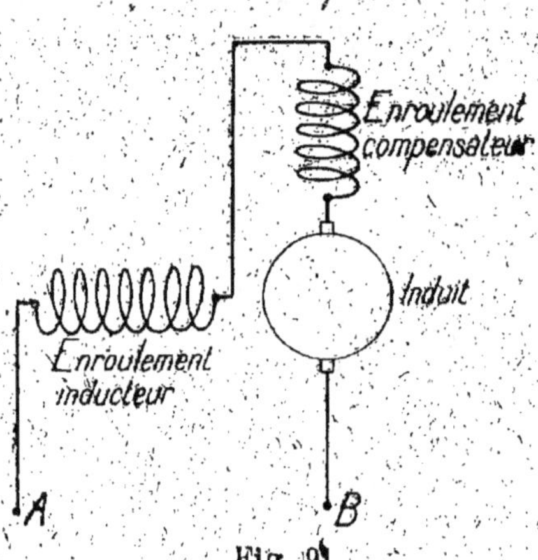

Fig. 91.

l'induit, il produira un flux de même fréquence que le flux induit. Si, d'autre part, le sens du bobinage est convenablement choisi, ce flux aura toujours le sens contraire du flux à combattre. Si, enfin, le nombre des spires est judicieusement déterminé, les deux flux peuvent avoir la même valeur à tout instant. Le flux compensateur se divise alors en deux parties égales qui, dans chacune des moitiés de l'anneau, annulent l'effet des flux partiels créés par les deux courants dérivés dans l'induit.

Sur la fig. 90, nous avons représenté par des flèches en trait plein le sens des courants et des flux pendant une demi-période du courant d'alimentation, et par des flèches en pointillé le sens de ces courants et de ces flux pendant la demi-période suivante.

Le moteur ainsi transformé s'appelle *moteur série*

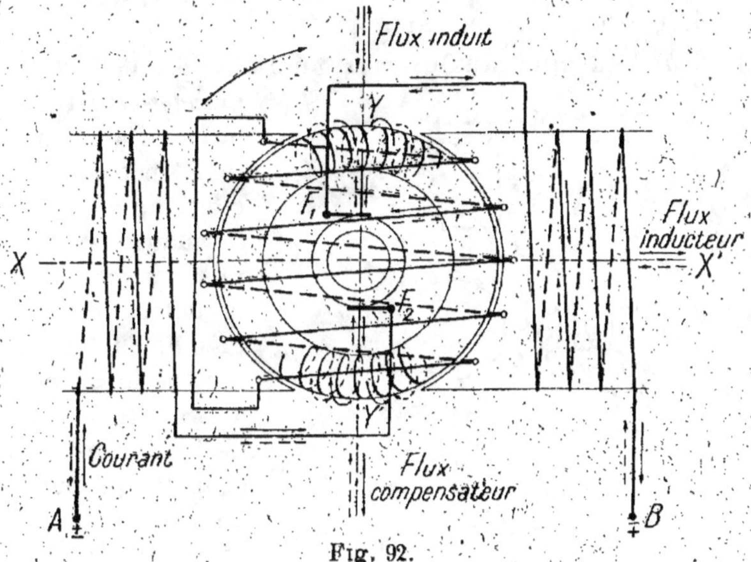

Fig. 92.

compensé. La fig. 91 en donne une représentation schématique.

REMARQUE. — Il n'est pas nécessaire d'alimenter l'enroulement compensateur par le courant de la ligne. On peut le fermer sur lui-même (fig. 92). Il joue alors le rôle de secondaire en court-circuit d'un transformateur dont l'induit est le primaire, et crée ainsi automatiquement un flux égal et opposé au flux développé par l'induit [1].

(1) Voir *Transformateurs*, chap. III.

La fig. 93 donne la nouvelle représentation schématique du moteur construit suivant ce principe.

C) Atténuation des étincelles entre balais et collecteur. — Les principaux moyens propres à combattre les étincelles dangereuses pour le collecteur sont les suivants :

a) Alimentation par courant à *basse fréquence :* 25 ou 15 périodes par seconde.

b) Réduction du flux maximum utile par l'adoption de grandes *vitesses de rotation.* Dans un moteur série à courant continu, la vitesse de l'armature varie en raison inverse du flux inducteur utile ; de même, dans un moteur série à courant alternatif, la vitesse de l'induit est inversement proportionnelle à la valeur maxima du flux alternatif engendré par l'inducteur et pénétrant dans l'induit.

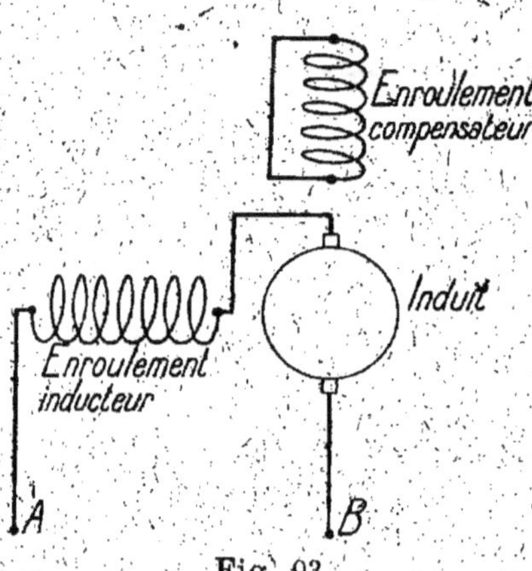

Fig. 93.

Il convient de remarquer ici qu'une diminution du flux maximum utile et, par suite, du flux maximum inducteur, entraîne une réduction des pertes dans le fer du stator et un affaiblissement de la f. é. m. de self induite dans les spires inductrices.

c) Réduction du nombre de spires par section, et, par suite, accroissement du nombre des sections induites, et du nombre de lames au collecteur.

Cette mesure doit naturellement être complétée par

l'emploi de balais minces ; il ne servirait à rien, en effet, de diminuer le nombre de spires par section, si de larges balais, appuyant à la fois sur 4 ou 5 lames du collecteur, court-circuitaient en même temps 4 ou 5 sections. Les balais doivent être assez étroits pour ne toucher qu'un très petit nombre de lames. Lorsque la construction de la machine le permet, la solution idéale consiste à n'avoir qu'une spire par section, et à prendre des balais dont l'épaisseur ne dépasse pas celle d'une lame du collecteur, de manière à n'appuyer au maximum que sur deux lames consécutives, et à ne mettre en court-circuit qu'une seule spire.

d) Augmentation de la résistance des sections en court-circuit par les balais. — Ce résultat s'obtient en réunissant les entre-sections de l'induit aux lames du collecteur par des *connexions résistantes* en maillechort. Il est vrai que le courant principal, passant par ces connexions, se trouve légèrement affaibli ; mais c'est là un inconvénient négligeable devant l'amélioration de fonctionnement réalisée.

Ajoutons toutefois que les connexions résistantes produisent un échauffement anormal du moteur quand celui-ci ne démarre pas dès la fermeture du circuit.

71. Forme pratique des moteurs série compensés. — Nous pensons avoir montré assez clairement comment il faut modifier un moteur série bipolaire à courant continu pour obtenir un fonctionnement acceptable en courant alternatif. Le raisonnement qui précède est général ; on l'étendrait sans peine aux moteurs multipolaires avec induits en anneau ou en tambour. Après l'avoir suivi, le lecteur sera suffisamment renseigné sur la forme pratique des moteurs série compensés. Résumons-nous cependant :

a) l'inducteur feuilleté porte, en plus de son bobinage habituel, un enroulement compensateur en série ou en court-circuit ;

b) l'induit comprend un grand nombre de sections ;

c) le collecteur est très subdivisé ; les liaisons entre induit et collecteur sont réalisées par des connexions résistantes, et les balais sont aussi minces que possible.

72. Propriétés des moteurs série compensés.

A) Sens de rotation. — Le sens de rotation d'un moteur série reste le même, qu'il soit alimenté par un courant continu ou par un courant alternatif.

Pour inverser le sens de marche, il faut permuter les connexions entre l'inducteur et l'induit.

B) Démarrage. — Les moteurs série compensés démarrent seuls, en charge, avec un couple puissant, sensiblement proportionnel au carré du courant d'alimentation. Au démarrage, même lorsqu'on applique toute la tension disponible, l'intensité du courant ne peut prendre une valeur dangereuse, car elle est limitée par la self du stator, laquelle est d'autant plus grande que le flux inducteur engendré par le courant lui-même atteint une valeur plus élevée.

C) Vitesse. — A tension constante, la vitesse d'un moteur compensé se règle automatiquement sur la valeur du couple résistant ; elle diminue lorsque le couple résistant augmente et réciproquement, la puissance mécanique développée restant à peu près constante.

Le réglage de la vitesse s'obtient en agissant sur la tension aux bornes à l'aide d'un transformateur à rapport de transformation variable, ou d'un auto-transformateur.

D) **Facteur de puissance.** — Si l'on néglige les fuites magnétiques, la self du rotor est annulée par le circuit compensateur, de sorte que la self du moteur se réduit à celle du stator. Dès lors, le facteur de puissance ne dépend que de l'importance relative de la f. é. m. de self induite dans le stator et de la f. c. é. m. due à la rotation du rotor. La première est décalée de 90° en arrière sur le flux et, par conséquent, sur le courant ; la seconde est constamment en opposition avec ce dernier. Le courant est dû à la différence entre la tension d'alimentation et l'action combinée des deux f. é. m. précédentes. Si la f. é. m. de self du stator n'existait pas, la tension d'alimentation et la f. c. é. m. engendrée par la rotation de l'induit se trouveraient en opposition de phase, et, comme le courant est toujours opposé à cette f. c. é. m., il serait en concordance de phase avec la tension, de sorte que le facteur de puissance serait égal à l'unité. On conçoit aisément que plus est grande la f. é. m. de self du stator par rapport à la f. c. é. m. du rotor, plus est grand le décalage entre la tension et le courant, et plus le facteur de puissance est faible.

Au démarrage, le rotor n'étant pas encore en marche ne développe pas de f. c. é. m. ; la f. é. m. de self du stator existe seule, de sorte que le décalage entre la tension et le courant atteint et dépasse même 60°; il en résulte que le facteur de puissance est faible, et inférieur à 0,5. Au fur et à mesure que la vitesse du moteur croît, la f. c. é. m. développée par l'induit augmente ; la f. é. m. de self du stator, sensiblement constante si les tôles commencent à être saturées, a une influence de plus en plus réduite sur le déphasage du courant, et le facteur de puissance s'améliore. Donc, plus la vitesse est grande, plus celui-ci est élevé.

Ajoutons que la f. é. m. de self du stator étant proportionnelle à la fréquence du courant d'alimentation, l'emploi d'une basse fréquence contribue à relever le facteur de puissance du moteur.

En général, le facteur de puissance des moteurs série compensés ne dépasse guère 0,8, même avec des fréquences de 15 à 25 périodes par seconde. Pour obtenir un facteur de puissance plus élevé, il faut les construire de telle sorte que la vitesse correspondant à la charge normale soit elle-même très élevée ; avec des vitesses égales au double de la vitesse du synchronisme définie par la fréquence et le nombre de pôles du moteur, on peut atteindre aisément un chiffre voisin de 0,9.

E) **Meilleures conditions de fonctionnement.** — De tout ce qui précède, il résulte clairement que *les conditions de fonctionnement d'un moteur série compensé sont d'autant plus satisfaisantes que la vitesse du rotor est plus élevée et que la fréquence du courant d'alimentation est plus faible.*

Ajoutons que plus la fréquence est faible, plus les pertes dans le fer sont réduites, et plus le rendement est grand ; comme, d'autre part, le facteur de puissance s'élève quand la fréquence décroît, nous pouvons conclure que, pour une même puissance, les dimensions et le prix d'un moteur diminuent en même temps que la fréquence du courant d'alimentation.

73. Comparaison entre le moteur série à courant continu et le moteur série compensé. — Comme nous l'avons vu, le moteur série compensé a sensiblement les mêmes propriétés générales que le moteur série à saturation lente fonctionnant en courant continu. Il existe pourtant entre eux certaines différences sur lesquelles nous désirons attirer l'attention du lecteur :

a) Le couple d'un moteur série à courant continu est constant pour une même valeur du courant ; celui d'un moteur série compensé est *pulsatoire*. A égalité de flux maximum, la valeur moyenne de ce couple périodique représente 70 % environ du couple d'un moteur à courant continu de mêmes dimensions.

Au démarrage, pour une même valeur de la tension appliquée aux bornes, le courant absorbé par un moteur série compensé est beaucoup plus faible que s'il était alimenté par un courant continu, car la self du stator réduit notablement sa valeur ; comme, d'autre part, il est très décalé par rapport à la tension, son effet utile est de beaucoup diminué, et le couple moteur très affaibli. A ce point de vue, par conséquent, le moteur série compensé est inférieur au moteur série à courant continu.

Dans un cas comme dans l'autre, il est nécessaire de réduire la tension aux bornes du moteur pour éviter que le courant de démarrage ne prenne une valeur dangereuse. A cet effet, on se sert d'un rhéostat en courant continu, et d'un auto-transformateur en courant alternatif. De ce qui précède, il résulte que pour obtenir un couple moteur puissant, la diminution de tension doit être beaucoup plus faible dans le second cas que dans le premier.

b) Pour effectuer la mise en marche et le réglage de la vitesse d'un moteur série à courant continu, il faut absorber l'excès de tension dans un rhéostat et dissiper, par conséquent, sous forme de chaleur, une fraction importante de l'énergie empruntée au réseau. En courant alternatif, au contraire, ce résultat est obtenu sans perte

d'énergie à l'aide de l'auto-transformateur, et cela constitue un avantage précieux à l'actif du moteur série compensé.

c) Le rendement des moteurs série compensés est de
2 à 10 °/₀ inférieur à celui des moteurs à courant continu
de même puissance. Cela tient d'abord à ce que, même
pour des vitesses notablement supérieures à celle du
synchronisme, le facteur de puissance des moteurs série
compensés est inférieur à l'unité. Ensuite, les pertes
dans le fer sont plus importantes que dans les moteurs à
courant continu, car elles se produisent non seulement
dans l'induit, mais aussi dans l'inducteur. Enfin, les
pertes par effet Joule sont accrues par la présence des
enroulements compensateurs et des connexions résistantes entre induit et collecteur.

d) La puissance spécifique des moteurs série compensés est inférieure à celle des moteurs à courant continu,
même quand ils sont construits pour des courants de
basse fréquence. Ainsi, le poids d'un moteur de la première catégorie, alimenté par un courant de fréquence
égale à 15 périodes par seconde, est encore de 10 à 15 °/₀
supérieur à celui d'un moteur à courant continu de même
puissance.

14. Usages des moteurs série à collecteur. — Les
moteurs série à collecteur sont principalement appliqués
à la traction électrique sur les grandes lignes de chemin
de fer. Comme les moteurs asynchrones polyphasés, ils
permettent en effet l'utilisation directe des hautes tensions. De plus, leur vitesse peut être réglée sans à-coups,
sans pertes, et dans des limites très étendues. Enfin, leur
emploi entraîne une très grande simplification dans l'établissement des lignes et des voies. Alors qu'une ligne de

traction triphasée exige deux fils aériens, le 3ᵉ conducteur étant constitué par les rails, une ligne monophasée ne nécessite qu'un seul fil aérien, le retour se faisant également par les rails de la voie. L'installation d'une ligne monophasée est forcément moins coûteuse que celle d'une ligne triphasée de même longueur ; elle est aussi plus facile, car elle écarte les difficultés inhérentes à l'isolement de deux fils aériens, et surtout les problèmes délicats posés par l'établissement des aiguillages et des croisements.

En somme, le moteur série compensé possède à peu près les mêmes propriétés que le moteur série à courant continu ; mais il présente sur ce dernier le très grand avantage de se prêter au transport économique de l'énergie, et c'est là précisément ce qui justifie son succès en traction électrique.

Indépendamment de cette importante application, le moteur série à collecteur trouve encore son utilisation dans la commande des appareils de levage et de manutention.

QUESTIONNAIRE

68. Qu'arrive-t-il si l'on branche un moteur série sur une ligne monophasée ? — Montrez qu'un moteur shunt, alimenté par un courant alternatif, est pratiquement inutilisable. — 69. Citez les principaux défauts d'un moteur série simple, fonctionnant en courant alternatif. — Examinez d'une manière approfondie le fonctionnement de l'induit. — Montrez, en particulier, que la f. c. é. m. du moteur est toujours opposée au courant d'alimentation. — Comment varie-t-elle avec la vitesse de l'armature ? — Quelle est sa fréquence ? — Quelle est la cause des étincelles entre balais et collecteur ? — Quels sont les éléments qui influent sur la production des étincelles ? — 70. Comment réduit-on les pertes par hystérésis et courants de Foucault dans l'inducteur ? — Comment diminue-t-on la self-induction du stator ? — Que

faut-il faire pour annuler la self du rotor ? — Comment crée-t-on pratiquement le flux auxiliaire destiné à compenser le flux engendré par l'induit ? — Quels sont les principaux moyens employés pour combattre les étincelles entre balais et collecteur ? — 71. Quelles modifications convient-il d'apporter à la construction des moteurs série simples pour obtenir un fonctionnement acceptable en courant alternatif ? — 72. Quel est le sens de rotation d'un moteur série à collecteur ? — Que faut-il faire pour l'inverser ? — Comment les moteurs série compensés se comportent ils au démarrage ? — Comment varie la vitesse du rotor avec le couple résistant ? — Comment règle-t-on cette vitesse ? — De quoi dépend le facteur de puissance d'un moteur série compensé ? — Quelle est sa valeur au démarrage ? — Comment varie-t-il avec la vitesse de l'induit ? — Quelle est l'influence de la fréquence du courant ? — Enumérez les meilleures conditions de fonctionnement d'un moteur série compensé. — 73. Quels sont les caractères distinctifs du moteur série à courant continu et moteur série compensé ? — 74. Quels sont les principaux usages des moteurs série à collecteur ? — Justifiez en particulier leur application à la traction électrique sur les grandes lignes.

EXERCICES

111. — Un moteur série compensé, branché sur une canalisation à 300 volts, développe une puissance utile de 50 ch-v, avec un rendement de 83 % et un facteur de puissance égal à 0,96. Quelle est l'intensité efficace du courant qui l'alimente ?

Quelle serait l'intensité absorbée par un moteur à courant continu de même puissance, alimenté également par un réseau à 300 volts, sachant que son rendement est 90 % ?

112. — La locomotive d'essai de la Cⁱᵉ des chemins de fer du Midi est équipée avec deux moteurs série compensés fonctionnant normalement sous 420 volts. Chaque moteur communique à la jante des roues motrices un effort de 3600 kg et développe ainsi une puissance mécanique utile de

600 ch-v, avec un rendement de 84 °/₀ (engrenages compris). Calculer :

a) la vitesse de la locomotive, en km par heure ;
b) l'intensité normale du courant absorbé par le moteur.

113. — Dans la locomotive électrique considérée à l'exercice 112, les moteurs attaquent l'essieu par l'intermédiaire de trains d'engrenages qui réduisent leur vitesse dans le rapport de 71 à 44. Le diamètre des roues étant de $1^m,20$, calculer la vitesse de rotation des moteurs.

114. — Un moteur de traction série compensé est alimenté sous 300 volts par un courant dont la fréquence est 15 périodes par seconde. Le tableau suivant donne les valeurs du rendement, du facteur de puissance, et de l'effort à la jante des roues motrices, correspondant à quelques valeurs du courant absorbé :

Intensité du courant, en ampères :

75	100	125	150	175	200	225	250	275

Rendement avec engrenages, en °/₀ :

68	77	82	83,5	83,5	83	82,5	82	81

Facteur de puissance :

0,98	0,975	0,97	0,965	0,955	0,94	0,915	0,88	0,86

Effort à la jante, en kg :

200	350	500	680	840	1000	1200	1400	1600

Calculer, pour chacune des intensités figurant au tableau :

a) la puissance mécanique disponible à la jante des roues, en ch-v ;
b) la vitesse de la voiture entraînée, en km par heure.

Tracer ensuite les courbes montrant comment varient, avec le courant d'alimentation, le rendement, le facteur de puissance, l'effort à la jante, la puissance mécanique, et la vitesse de l'automotrice.

115. — Un moteur de traction série compensé est alimenté, sous 250 volts, par un courant dont la fréquence est 25 périodes par seconde. Le tableau suivant donne les valeurs de la puissance mécanique disponible sur la jante des roues motrices, de la vitesse de la voiture entraînée, et du facteur de puissance du moteur, correspondant à quelques valeurs du courant absorbé :

Intensité du courant, en ampères :

75 100 125 150 175 200 225 250

Puissance disponible sur la jante des roues, en ch-v :

16,5 24 31,5 38 43,5 46,5 48,5 50

Vitesse de la voiture, en km par heure :

37,5 30 25 21,5 18,5 16 14 12,5

Facteur de puissance du moteur :

0,98 0,965 0,95 0,93 0,89 0,86 0,82 0,775

Calculer, pour chacune des intensités figurant au tableau :

a) l'effort de traction à la jante des roues motrices ;

b) le rendement du moteur, avec engrenages.

Tracer ensuite les courbes montrant comment varient, avec le courant d'alimentation : la puissance mécanique utile, la vitesse de la voiture, le facteur de puissance du moteur, son rendement, et l'effort de traction à la jante des roues motrices.

CHAPITRE XIII

MOTEURS A RÉPULSION

Sommaire. — Principe. — Sens de rotation. —
Couple moteur au démarrage.

74. Principe. — Considérons à nouveau un moteur
série à courant continu que, pour simplifier, nous sup-

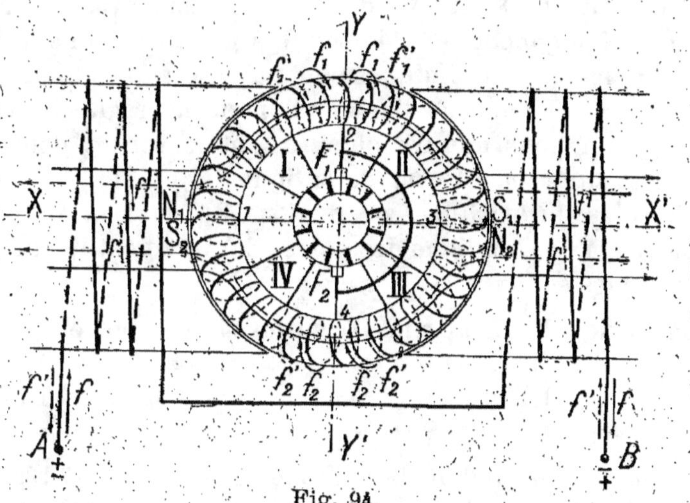

Fig. 94.

poserons bipolaire avec induit en anneau (fig. 94). Réunissons les deux balais F_1 et F_2 par un conducteur de
résistance négligeable, et examinons ce qui va se passer.

si nous alimentons l'inducteur par un courant alternatif. Il est visible que notre appareil est un véritable transformateur dont l'inducteur est le primaire et dont l'induit joue le rôle de secondaire en court-circuit. Nous distinguerons trois cas, suivant la position de la ligne de contact des balais :

A) Les balais sont calés sur la ligne neutre YY' (fig. 94). — Le courant alternatif circulant dans l'inducteur engendre un flux de force alternatif dont la direction générale est XX'. Les spires portées par l'armature, soumises à des variations périodiques de flux, sont naturellement le siège de f. é. m. induites.

Pendant le premier quart de chaque période, le courant inducteur a, par exemple, le sens f; il engendre un flux dirigé de X vers X', de sorte que nous avons un pôle nord N, à gauche, et pôle sud S, à droite. Comme le flux *croît*, les f. é. m. induites sont *négatives* dans toutes les spires de l'anneau; l'application de la règle du tire-bouchon nous montre qu'elles ont le sens f, dans les spires situées au-dessus de la ligne des pôles et le sens f, dans les spires situées au-dessous de cet axe. La ligne neutre YY' et la ligne des pôles XX' partagent l'induit en 4 parties égales :

la région I   comprend les spires situées entre 1 et 2 ;
—   II   —   —   2 et 3 ;
—   III   —   —   3 et 4 ;
—   IV   —   —   4 et 1.

Les f. é. m. induites ont le même sens dans les régions I et II ; elles ont également le même sens dans les régions III et IV ; mais le sens de ces dernières est contraire à celui des premières. Ajoutons que, par raison de symétrie, la somme des f. é. m. induites dans chacune des régions est la même à tout instant. Or, les deux groupes I-IV, II-III sont couplés en parallèle par le collecteur et les balais, de sorte que l'armature est assimilable à un système de 4 éléments de pile de même f. é. m. montés comme l'indique la fig. 95.

L'examen de ce schéma nous montre que les f. é. m. des éléments I et IV, réunis par leurs pôles de même nom, se neutralisent ; de même, les éléments II et III sont en opposition, de sorte que leurs f. é. m. s'équilibrent

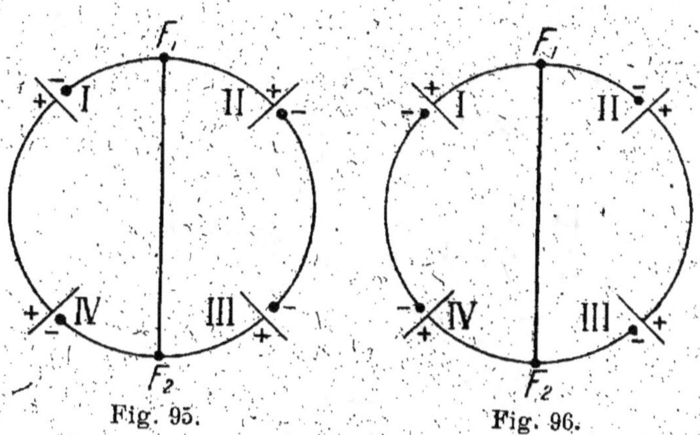

Fig. 95.   Fig. 96.

mutuellement. En définitive, le conducteur $F_1 F_2$ réunit en parallèle deux groupes dont la f. é. m. est nulle ; il n'y a donc aucun courant, ni dans les dérivations, ni dans la connexion $F_1 F_2$.

Les choses se passent exactement de la même manière dans l'induit : le conducteur $F_1 F_2$ réunit en parallèle deux groupes de spires dont les f. é. m. se neutralisent à tout instant, et il n'y a aucun courant, ni dans les spires, ni dans la connexion $F_1 F_2$.

Pendant le deuxième quart de période, le flux embrassé par les spires *diminue*, et les f. é. m. induites dans celles-ci sont maintenant *positives* ; elles ont le sens f'_1 au-dessus de la ligne des pôles et le sens f'_2 au-dessous ; en somme, le sens des f. é. m. s'est inversé partout, de sorte que pour représenter le système électrique équivalent à l'anneau, il faudrait monter les 4 éléments de pile précédents suivant le schéma de la fig. 96. Au point de vue des résultats, ce groupement ne diffère pas du précédent, et il ne nous donne rien.

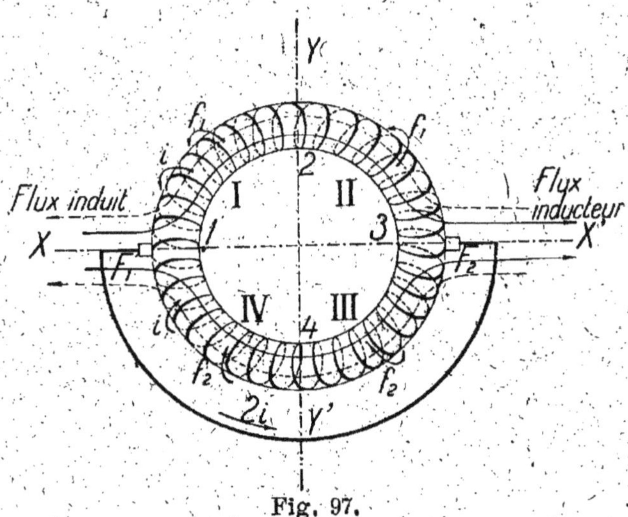

Fig. 97.

Pendant le troisième quart de période, le courant inducteur a le sens f' ; les lignes de force sont dirigées de X' vers X ; le pôle nord est à droite, en N_1, et le pôle sud à gauche, en S_1. Le flux augmentant, la règle du tire-bouchon nous montre que les f. é. m. induites ont le sens f'_1 dans les spires situées au-dessus de la ligne des pôles, et le sens f'_2 dans les spires situées au-dessous. Le système électrique équivalent à l'armature est indiqué par le schéma précédent (fig. 96).

Enfin, pendant le dernier quart de période, le flux conserve le même sens, mais il diminue, de sorte que les f. é. m. induites ont le sens f_1 dans les spires situées au-dessus de l'axe polaire, et le sens f_2 dans les spires situées au-dessous. Le système électrique équivalent est représenté par le premier schéma (fig. 95).

Ainsi, quel que soit l'instant considéré, aucun courant ne circule dans les spires de l'induit ; par conséquent, aucun couple ne s'exerce et l'armature reste immobile.

B) Les balais sont calés sur la ligne des pôles. — Pour simplifier la figure précédente, nous ne représenterons pas l'inducteur, et nous ferons porter les balais directement sur les spires de l'induit, ce qui revient à supprimer le collecteur (fig. 97). En principe, rien ne s'oppose d'ailleurs à ce qu'il en soit réellement ainsi ; on pourrait parfaitement appuyer les balais sur les conducteurs

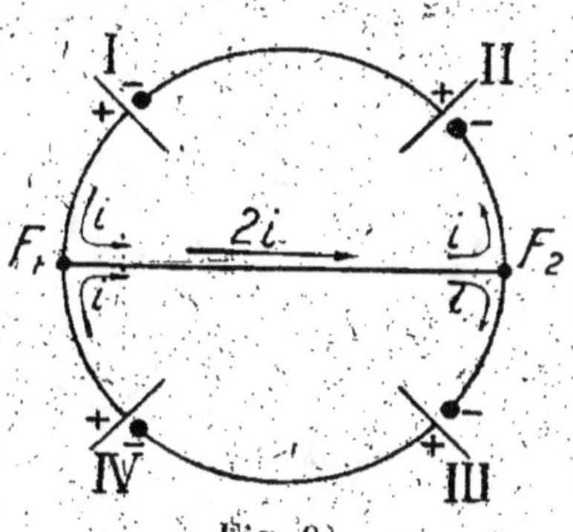

Fig. 95.

périphériques dénudés sur une largeur suffisante ; et l'induit, dans ces conditions, jouerait également le rôle de collecteur. Seules, des considérations d'ordre pratique ont fait abandonner ce dispositif, utilisé au début de la construction des dynamos. Quoi qu'il en soit, nous prions le lecteur de ne voir dans ce nouveau dessin qu'un mode de représentation simplifiée du système induit-collecteur-balais.

Examinons maintenant les modifications apportées par le montage adopté aux phénomènes qui font l'objet de cette étude.

Supposons que le flux inducteur, dirigé de X vers X' *augmente* progressivement (1er quart de la période du courant inducteur). Les f. é. m. induites, *négatives*, ont le

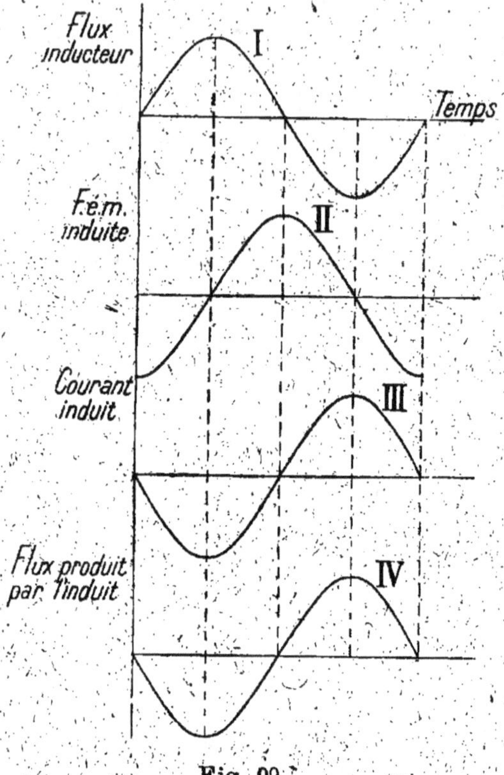

Fig. 99.

sens f_1 dans les spires situées au-dessus de l'axe polaire, et le sens contraire f_2 dans les spires situées au-dessous. Les régions I, II, III, IV sont assimilables à quatre éléments de pile de même f. é. m. groupés suivant le schéma de la fig. 98. Cette fois, les éléments I et II sont en série et leurs f. é. m. s'ajoutent ; de même, les éléments

III et IV sont en série, et leurs f. é. m. s'ajoutent également. La connexion $F_1 F_2$ réalise alors le couplage en parallèle des deux groupes I-II et III-IV; ces deux groupes débitent, chacun un courant i et le conducteur $F_1 F_2$ est traversé par un courant double, soit $2\,i$.

Les courants induits dans les spires de l'anneau engendrent un flux qui a même direction que le flux inducteur et dont nous allons déterminer le sens par les considérations suivantes :

Le courant inducteur, supposé sinusoïdal, produit un flux de même forme et de même période que nous pouvons représenter par la courbe I (fig. 99).

Les variations périodiques de ce flux engendrent dans chacune des moitiés de l'anneau une f. é. m. induite, également sinusoïdale, de même période, mais en retard sur le flux de $\dfrac{1}{4}$ de période. Cette f. é. m. est représentée sur la figure par la sinusoïde II.

La résistance de chaque partie de l'induit étant très petite, négligeable même devant sa self-induction, le courant induit est en retard de $\dfrac{1}{4}$ de période sur la f. é. m. qui l'engendre ; nous pouvons donc le représenter par la sinusoïde III.

Enfin, le courant induit produit à son tour un flux de même forme, de même période, et en concordance de phase avec lui. La sinusoïde IV, qui représente ce flux, montre qu'il est en opposition avec le flux inducteur ; en d'autres termes, *les flux inducteur et induit sont toujours de sens contraires.*

Pendant la première moitié de chaque période, le flux inducteur étant dirigé de X vers X′, le flux induit est dirigé de X′ vers X. Les deux moitiés de l'anneau qui produisent ce dernier sont assimilables à deux solénoïdes courbes ayant leurs pôles nord n_1 n_2 en regard du pôle nord inducteur N, et leurs pôles sud s_1 s_2 en face du pôle

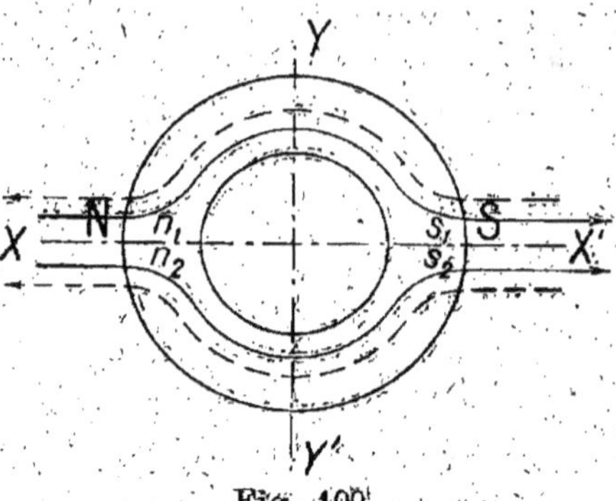

Fig. 100.

sud inducteur S (fig. 100). Pendant la deuxième moitié de chaque période, le flux inducteur est dirigé de X′ vers X,

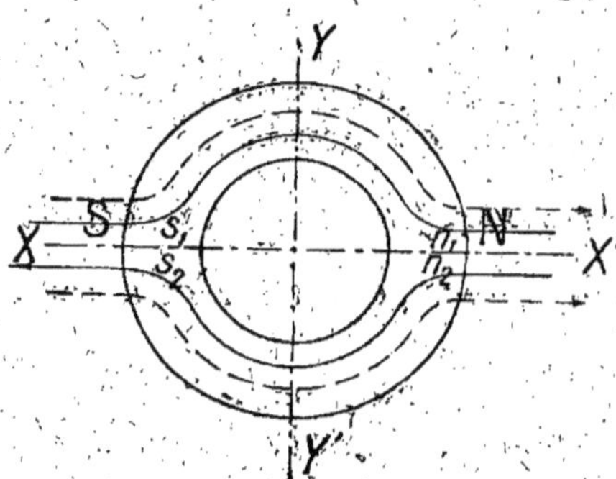

Fig. 101.

le flux produit par l'induit est dirigé de X vers X′ et les pôles magnétiques de l'anneau sont encore en regard des pôles inducteurs de même nom (fig. 101).

En résumé, les courants induits dans les spires de l'anneau produisent un flux de sens contraire au sens du flux inducteur, de sorte que les pôles magnétiques de l'induit sont toujours exactement en face des pôles inducteurs de même nom. Les actions mutuelles de ces pôles se neutralisent à chaque instant et aucune action mécanique ne s'exerce sur l'armature, qui reste immobile.

C) Les balais sont calés dans une position intermédiaire entre la ligne des pôles et la ligne neutre. — Supposons que la ligne de contact des balais F_1 F_2 fasse avec la ligne neutre un certain angle a (fig. 102). Cette

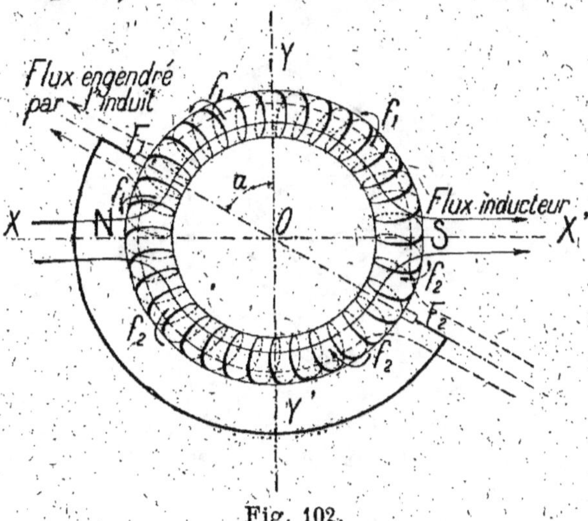

Fig. 102.

nouvelle disposition n'entraînera aucune modification dans la production des f. é. m. et des courants induits ; mais il ne faut pas perdre de vue que les deux moitiés de l'anneau étant couplées en parallèle par les balais, les deux solénoïdes auxquels on peut les assimiler sont limités par ces balais mêmes, et, par suite, leurs extrémités polaires se trouvent toujours sur la ligne de contact F_1 F_2. Comme celle-ci ne coïncide plus avec l'axe polaire, les pôles magnétiques de l'induit ne sont plus en regard des pôles inducteurs, et leur action mutuelle détermine un couple qui provoque la rotation de l'armature.

Précisons. Pendant la première moitié de chaque période, le flux inducteur, positif, est dirigé de X vers X' ; les courants induits, négatifs (fig. 99) ont le sens f_1 dans les spires qui se trouvent au-dessus de l'axe polaire et le sens f_2 dans les spires situées au-dessous (fig. 102). Ces courants engendrent un flux dirigé de F_2 vers F_1, de

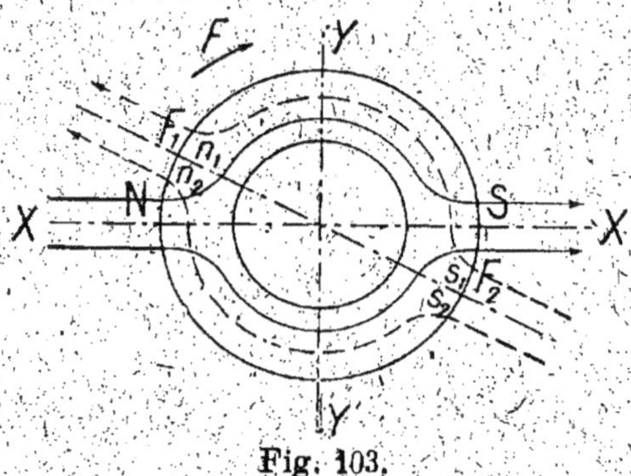

Fig. 103.

sorte que les deux moitiés de l'anneau ont leurs pôles n_1, n_2 sous le balai F_1 et leurs pôles sud s_1, s_2 sous le balai F_2.

La fig. 103, qui n'est qu'une simplification de la précédente, montre nettement que les pôles magnétiques de l'induit sont voisins des pôles inducteurs de même nom ; il s'exerce entre eux une **répulsion**, et l'armature est sollicitée dans le sens F.

Pendant la deuxième demi-période, le flux inducteur, négatif, est dirigé de X' vers X ; mais le flux engendré par les courants induits est positif (fig. 99) et, par conséquent, dirigé de F_1 vers F_2 (fig. 104). Les pôles nord n_1 n_2 de l'induit se trouvent alors sous le balai F_2 et les pôles sud $s_1\, s_2$ sous le balai F_1. Par suite de la permutation des pôles in-

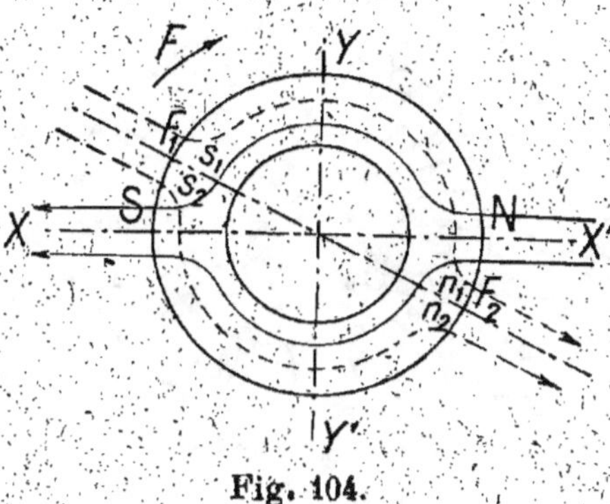

Fig. 104.

ducteurs N S, ceux-ci exercent encore une répulsion sur les pôles induits de même nom, et l'anneau est sollicité dans le même sens. Ainsi le couple moteur dû à ces répulsions concordantes conserve toujours le même sens, et l'armature prend un mouvement de rotation continu.

REMARQUE. Nous avons décrit dans le 1ᵉʳ manuel (1) une expérience intéressante montrant qu'un anneau conducteur est repoussé par un électro-aimant excité par un courant alternatif. Dans cette expérience, l'électro-aimant est l'inducteur, et l'anneau n'est pas autre chose qu'un induit en court-circuit. L'action

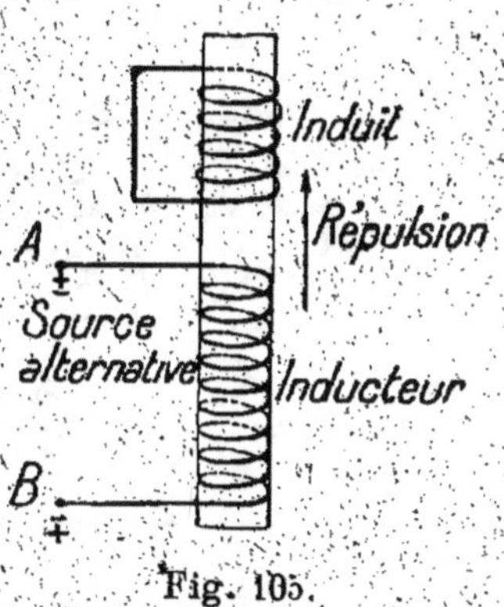

Fig. 105.

(1) Voir *Principes généraux de l'Electricité*, chap. XVI, § 81.

répulsive observée ne dépend évidemment ni de la forme

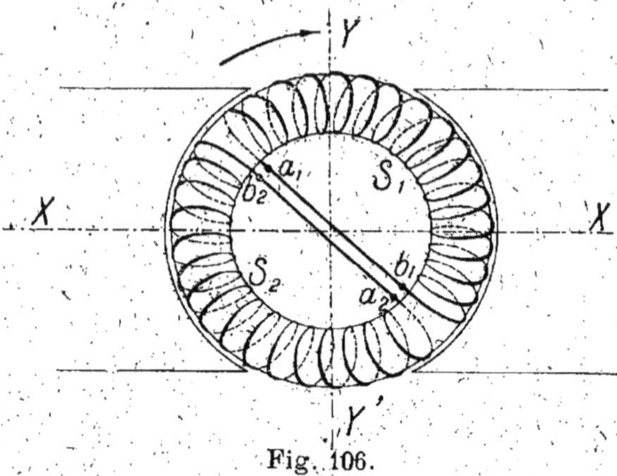

Fig. 106.

de l'inducteur, ni de la constitution de l'induit. Nous
pouvons, en particulier, remplacer l'anneau par un solé-

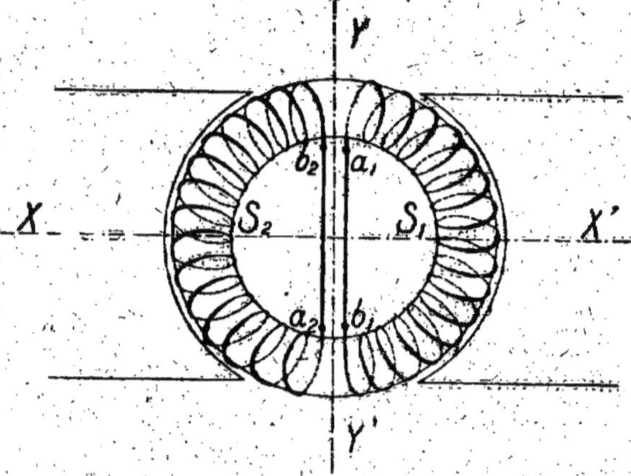

Fig. 107.

noïde comprenant plusieurs spires, et fermé en court-
circuit (fig. 105). Mais faisons un pas de plus ; rempla-

çons l'électro-aimant droit par l'inducteur d'une dynamo
bipolaire et constituons l'induit par deux solénoïdes
courbes, S_1, S_2, fermés en court-circuit, et portés par un
noyau magnétique destiné à diminuer la résistance offerte
au passage du flux (fig. 106).

Les deux solénoïdes, repoussés par les pôles inducteurs, s'arrêteront lorsque leurs extrémités polaires seron
à égale distance de ces derniers (fig. 107) ; nous avons

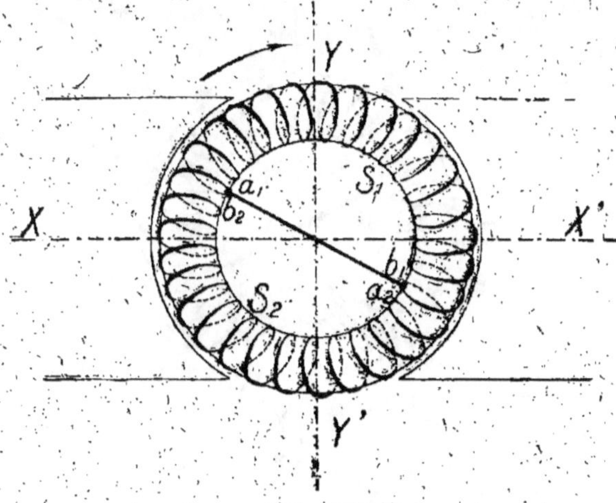

Fig. 108.

suffisamment montré, en effet, au début de cette étude,
qu'aucun courant ne circule alors dans les spires de l'induit, et que, dans ces conditions, les pôles inducteurs
ne sauraient avoir aucune action sur lui.

La figure 107 montre que, dans leur position d'équilibre, les solénoïdes $S_1 S_2$ sont situés de part et d'autre de
la ligne neutre YY'.

Il n'est évidemmment pas nécessaire de court-circuiter
les solénoïdes par deux connexions distinctes, et nous
pouvons réunir en un seul les deux conducteurs $a_1 b_1$ et

$a_2 b_2$ (fig. 108), ce qui revient à relier directement deux points diamétralement opposés pris sur un anneau Gramme complètement bobiné.

Etant donnée la constitution de l'induit, l'impulsion qui lui est communiquée ne peut produire qu'une déviation de l'armature, qui s'oriente dans une position fixe. Pour transformer cette simple déviation en un mouvement de rotation continu, il faut trouver une combinai-

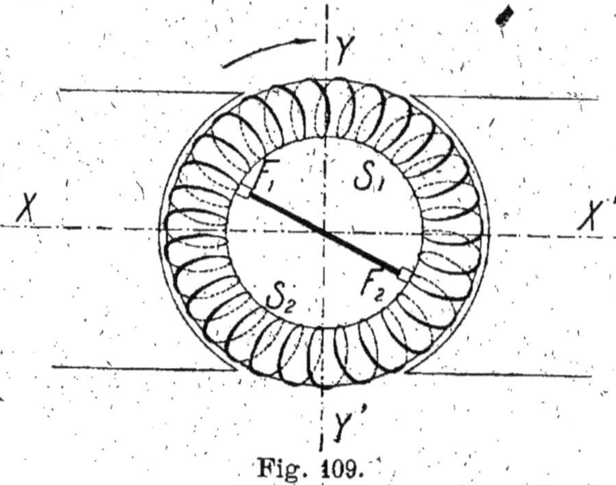

Fig. 109.

son permettant aux spires de l'anneau de se substituer les unes aux autres de telle sorte que les extrémités polaires des solénoïdes $S_1 S_2$ conservent toujours les mêmes positions relativement aux pôles de l'inducteur.

Cette combinaison est très simple ; il suffit, en effet, de remplacer la connexion permanente considérée jusqu'ici par une liaison indirecte réunissant deux spires diamétralement opposées à l'instant où elles passent sur un axe déterminé. Pratiquement, on obtient ce résultat en faisant porter sur les spires deux balais calés sur l'axe choisi, et mis en court-circuit (fig. 109). Nous retrouvons alors le schéma du moteur à répulsion dont nous avons étudié le principe.

Cette digression n'a pas d'autre objet que de montrer comment le moteur à répulsion dérive de l'expérience simple rappelée plus haut. D'ailleurs, c'est l'auteur même de cette expérience, Elihu Thomson, qui imagina le moteur à répulsion, en 1887.

75. Sens de rotation. — Nous avons vu que l'induit d'un moteur à répulsion tourne de l'axe polaire vers la ligne de calage des balais. C'est donc la position relative de ces deux axes qui détermine le sens de rotation.

Si les balais sont en F_1, F_2, l'armature tourne dans le sens indiqué par la flèche F (fig. 110).

Si les balais sont en F'_1, F'_2, l'armature tourne dans le sens inverse F'.

Comme on le voit, les balais sont toujours calés en arrière de la ligne neutre, par rapport au mouvement de l'induit; il en est de même dans les moteurs à courant continu.

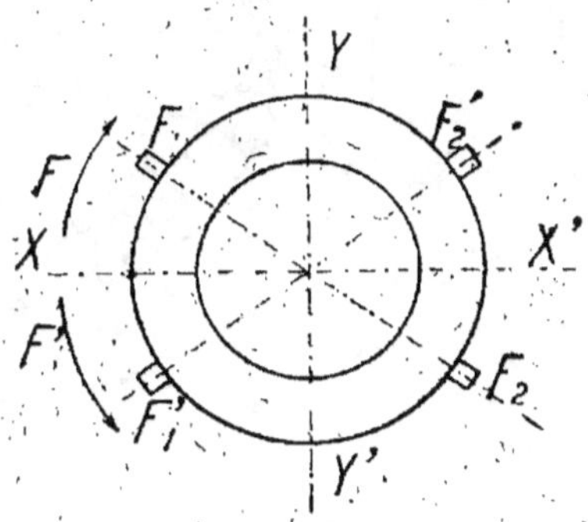

Fig. 110.

De ce qui précède, il résulte que pour inverser le sens de rotation d'un moteur à répulsion, il suffit d'inverser le position des balais par rapport à la ligne neutre.

76. Couple moteur au démarrage. — Le couple de démarrage varie avec la position des balais.

Rappelons d'abord qu'il est nul quand la ligne de contact des balais coïncide avec la ligne neutre ou avec l'axe polaire.

Fixons alors les balais dans une position intermédiaire définie par l'angle a formé par la ligne neutre avec leur ligne de contact (fig. 111). Lorsque le flux inducteur augmente dans le sens XX', les f. é. m. et les courants induits ont le sens f_1 dans les spires situées au-dessus de l'axe

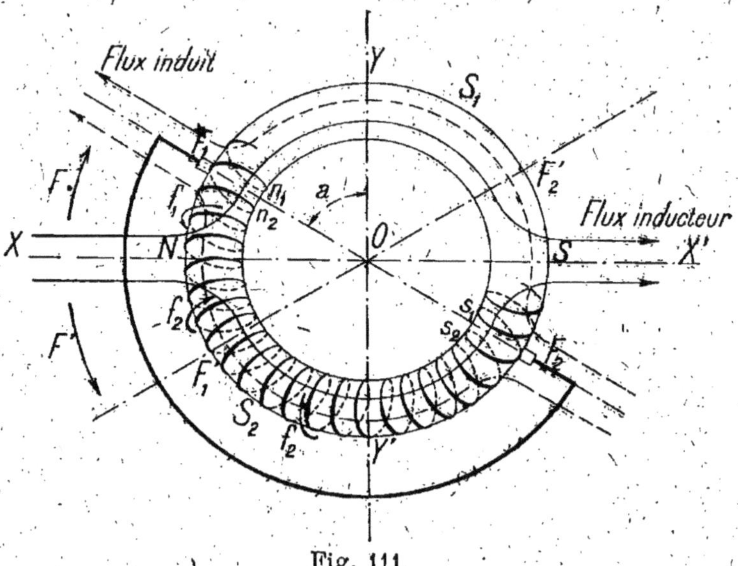

Fig. 111.

polaire, et le sens f_2 dans les spires situées au-dessous ; le pôle nord inducteur est à gauche et le pôle sud à droite ; les pôles nord de l'induit n_1 n_2 se trouvent sous le balai F_1 et les pôles sud s_1 s_2 sous le balai F_2. Lorsque les pôles de même nom de deux électro-aimants sont en présence, ils se repoussent avec une force d'autant plus grande que leur induction est plus élevée et que la distance qui les sépare est plus courte. Or, le flux produit par l'induit, et l'induction correspondante, sont proportionnels au nombre de spires qui les engendrent. Il convient d'observer ici que les solénoïdes en lesquels se décompose le bobinage induit sont formés de deux catégories de spires. Considérons l'un d'eux, S_2 par exemple. Les spires comprises dans l'angle $N O F_2$ sont le siège de f. é. m. induites de sens f_2, tandis que les spires comprises dans l'angle $N O F_1$ sont le siège de f. é. m. induites de sens contraire f_1 ; ces dernières f. é. m. se retranchent par conséquent des premières, elles neutralisent les f. é. m. induites dans les spires comprises dans l'angle $N O F'_1$, symétrique de $N O F_1$ par rapport à l'axe polaire, de sorte que seules sont *actives* les spires comprises dans l'angle $F'_1 O F_2$. L'examen de la figure montre immédiatement que le nombre de spires actives par solénoïde augmente avec l'angle de calage a ; l'action répulsive qui donne naissance au couple moteur croît par conséquent aussi avec cet angle.

Remarquons d'autre part que si l'on augmente la valeur de a, on rapproche les pôles induits des pôles inducteurs, ce qui a pour effet d'accroître la force répulsive qui s'exerce entre eux.

De ces considérations, il résulte que le couple moteur augmente au fur et à mesure que la ligne de contact des balais s'éloigne de la ligne neutre. Toutefois, il ne faut pas perdre de vue que ce couple s'annule quand les balais sont calés sur l'axe polaire ; il ne peut donc croître d'une façon continue avec l'angle de calage. Nul quand le diamètre de contact coïncide avec la ligne neutre, il augmente d'abord progressivement en même temps que a, passe par une valeur maxima, décroît ensuite, et s'annule quand l'angle a est égal à 90°, les balais se trouvant alors sur l'axe polaire.

Pour rendre cette loi de variation plus frappante, nous

l'avons traduite par une courbe (fig. 112). La partie de
cette courbe, située à droite de l'axe vertical, montre
comment varie le couple moteur quand la ligne de contact des balais, coïncidant d'abord avec la ligne neutre,

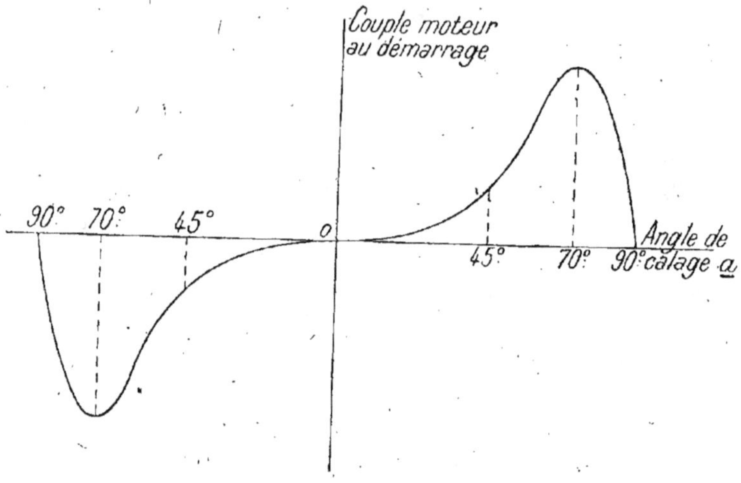

Fig. 112.

s'éloigne de celle-ci en pivotant autour du centre, dans
le sens inverse du mouvement des aiguilles d'une montre ;
l'angle de calage est alors considéré comme positif, ainsi
que le couple moteur qui détermine une rotation de
sens F.

La portion de courbe située à gauche de l'axe vertical
figure cette même variation quand le diamètre de contact s'éloigne de la ligne neutre, en pivotant autour du
centre dans le sens direct du mouvement des aiguilles
d'une montre ; l'angle de calage est alors négatif, ainsi
que le couple moteur qui détermine une rotation de
sens F'.

L'angle de calage correspondant au maximum du couple est de 70° environ ; l'angle compris entre la ligne de contact et la ligne des pôles est alors égal à 20° ; de sorte que les pôles induits sont très voisins des pôles inducteurs.

De tout ce qui précède, il résulte immédiatement qu'on peut faire varier à volonté le couple de démarrage d'un moteur à répulsion en modifiant simplement l'angle de calage, c'est-à-dire en déplaçant les balais sur le collecteur.

REMARQUE. — Nous avons vu que le flux inducteur et le flux engendré par l'induit sont constamment en opposition ; ils passent en même temps par leurs valeurs nulles et par leurs valeurs maxima de signes contraires (fig. 99). Le couple moteur n'est donc pas constant ; il varie périodiquement, entre une valeur nulle et une valeur maxima ; en d'autres termes, il est *pulsatoire*, comme celui d'un moteur série. Dans l'étude qui précède, nous n'avons considéré que la valeur moyenne du couple, la seule d'ailleurs qui soit intéressante au point de vue pratique.

QUESTIONNAIRE

74. Quelle est la constitution théorique d'un moteur à répulsion bipolaire ? — Les balais étant calés sur la ligne neutre et l'inducteur étant alimenté par un courant alternatif, déterminez le sens des f. é. m. induites dans les spires de l'anneau pendant le premier quart de chaque période du courant inducteur. Quel est le sens des f. é. m. induites dans chacune des quatre régions en lesquelles la ligne neutre et la ligne des pôles partagent le bobinage induit ? — En représentant ces quatre régions par quatre éléments de pile, indiquez le schéma électrique équivalent à l'armature. — Les éléments ainsi disposés fournissent-ils un courant dans la connexion de court-circuit ? — Pourquoi ? — En suivant le

même plan, étudiez les phénomènes dont l'armature est le siège pendant le 2e, le 3e et le 4e quart de la période du courant inducteur. Énoncez la conclusion de cette étude. — Reprenez la question en supposant que les balais soient calés sur la ligne des pôles. Montrez en particulier que le flux inducteur et le flux induit sont toujours de sens contraires. — Qu'en résulte-t-il ? — Les balais étant calés dans une position intermédiaire entre la ligne des pôles et la ligne neutre, montrez que les pôles inducteurs et les pôles induits de même nom exercent entre eux une répulsion qui provoque la rotation de l'anneau. — Montrez comment le moteur à répulsion dérive de l'expérience d'Elihu Thomson

75. Quel est le sens de rotation d'un moteur à répulsion ? Que faut-il faire pour l'inverser ? — 76. Montrez que le couple moteur au démarrage varie avec l'angle de calage des balais ? — Quelle est sa valeur lorsque les balais sont calés sur la ligne neutre, et sur l'axe polaire ? — Quel est l'angle de calage approximatif correspondant au couple maximum ? — Tracez la courbe représentant les variations du couple de démarrage avec l'angle de calage des balais. — Montrez que le couple d'un moteur à répulsion est pulsatoire, comme celui d'un moteur série.

CHAPITRE XIV

MOTEURS A RÉPULSION (*Suite*).

SOMMAIRE. — Fonctionnement du moteur monophasé à répulsion : démarrage ; fonctionnement en vitesse ; réglage de la vitesse. — Forme pratique des moteurs à répulsion : stator ; rotor. — Comparaison entre le moteur à répulsion et le moteur série compensé. — Perfectionnements apportés au moteur à répulsion. Moteur Déri : description ; fonctionnement ; inversion du sens de marche ; réglage ; propriétés. — Usages des moteurs à répulsion.

76. Fonctionnement du moteur à répulsion. —
A) **Démarrage.** — Le moteur à répulsion démarre seul, même sous charge. Mais, pour éviter un appel de courant dangereux, il faut :

a) ou bien caler les balais dans la position correspondant au couple maximum et réduire la tension aux bornes du stator à l'aide d'un transformateur ;

b) ou bien, le stator étant soumis à la tension normale d'alimentation, placer les balais d'abord sur la ligne neutre et augmenter progressivement l'angle de calage ; le couple moteur, nul au début, croît petit à petit et lorsqu'il devient supérieur au couple résistant qui lui est imposé, le rotor se met en marche.

B) **Fonctionnement en vitesse.** — Dès que le moteur tourne, les phénomènes étudiés se compliquent ; indépendamment desf. é. m. dues aux variations périodiques du champ inducteur, les spires du rotor sont le siège de f. é. m. induites par leur rotation dans ce champ.

Pour essayer de faire comprendre l'action de ces dernières, nous commencerons par une digression un peu longue, mais indispensable.

a) Rappel d'un principe élémentaire de Mécanique. Composition de deux forces concourantes. — Considérons un corps C soumis à deux forces appliquées au même point A (fig. 113). L'une de ces forces, d'intensité

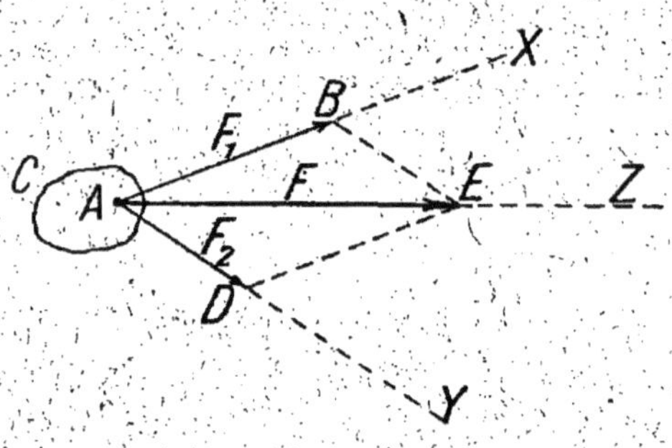

Fig. 113.

F_1, est dirigée suivant AX ; l'autre, d'intensité F_2, est dirigée suivant AY. Sous l'influence de leur action combinée, le corps se déplacera suivant la direction AZ de la diagonale AE du parallélogramme dont les côtés sont AB et AD ; tout se passera comme s'il était soumis à une force F représentée en grandeur, direction et sens, par la diagonale du parallélogramme construit sur F_1 et F_2. C'est là un principe très élémentaire de Mécanique que le lecteur n'ignore certainement pas.

Ainsi, deux forces ayant le même point d'application, peuvent toujours être remplacées par une force unique capable de produire le même effet ; à cette force unique

on donne le nom de *résultante*, et les deux forces pro-
posées sont les *composantes* de celle-ci.

Composer deux forces, c'est les remplacer par leur
résultante.

Empruntons un exemple au magnétisme. Un aimant
mobile N S est sollicité par deux aimants fixes $N_1 S_1$ et
$N_2 S_2$ (fig. 114). Le pôle nord N est attiré par le pôle.

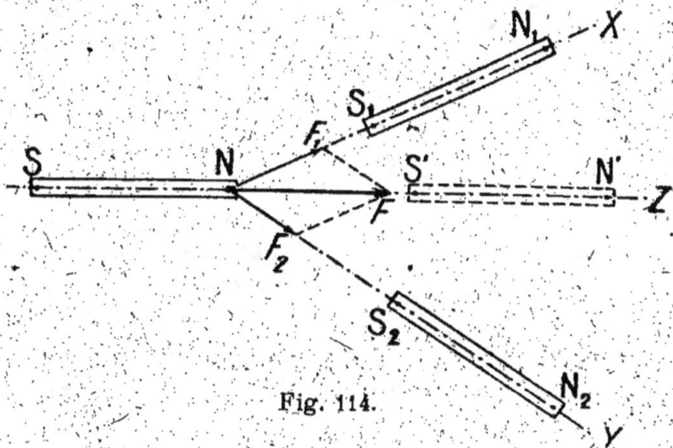

Fig. 114.

sud S_1 avec une force F_1 dirigée suivant N X, et par le
pôle S_2 avec une force F_2 dirigée suivant N Y. Soumis
à cette action, l'aimant mobile ne se déplacera ni vers
X ni vers Y, mais dans une direction intermédiaire N Z,
comme s'il était attiré par un aimant unique N' S' exerçant sur le pôle N une force F égale à la résultante de F_1
et de F_2.

b) **Décomposition d'une force en deux forces concourantes.** — Une force quelconque F peut toujours
être remplacée par deux forces ayant le même point d'application A et des directions A X, A Y, arbitrairement

choisies (fig. 115). Pour effectuer cette décomposition, il suffit de mener par le point E les parallèles à A X et à A Y jusqu'à leurs rencontres, en D et en B, avec les directions données.

Les points B et D sont les extrémités des segments qui représentent les composantes cherchées F_1 et F_2.

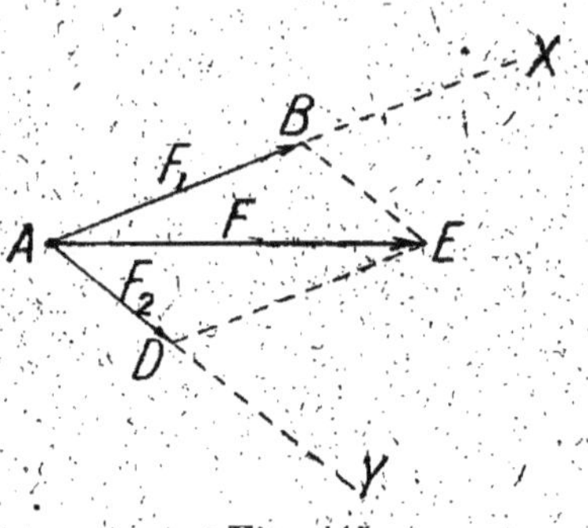

Fig. 115.

D'après cela, l'action d'un aimant fixe N'S' sur un aimant mobile NS peut être remplacée par celle de deux aimants $N_1 S_1$ et $N_2 S_2$ dont les axes magnétiques se confondent avec deux directions quelconques NX, NY, et exerçant sur le pôle N de l'aimant mobile deux forces F_1 et F_2 égales aux composantes, suivant les directions choisies, de la force F exercée par l'aimant N'S' (fig. 116).

c) **Décomposition d'un champ magnétique en deux champs de direction concourantes.** — Nous pourrions évidemment substituer des solénoïdes aux aimants considérés ; les conclusions précédentes ne seraient pas modifiées, car nous savons qu'un solénoïde est assimilable à un aimant permanent. En particulier, la force attractive F exercée par un solénoïde fixe S sur le pôle nord N d'un aimant mobile peut être remplacée par ses composantes F_1 et F_2 suivant deux directions perpendiculaires et l'on peut naturellement admettre que ces composantes sont dues à l'action de deux solénoïdes S_1 et S_2 orientés suivant les directions données (fig. 117).

Mais la force F est proportionnelle à l'intensité $\mathcal{H}$ que possède en N le champ créé par le solénoïde S ; de même,

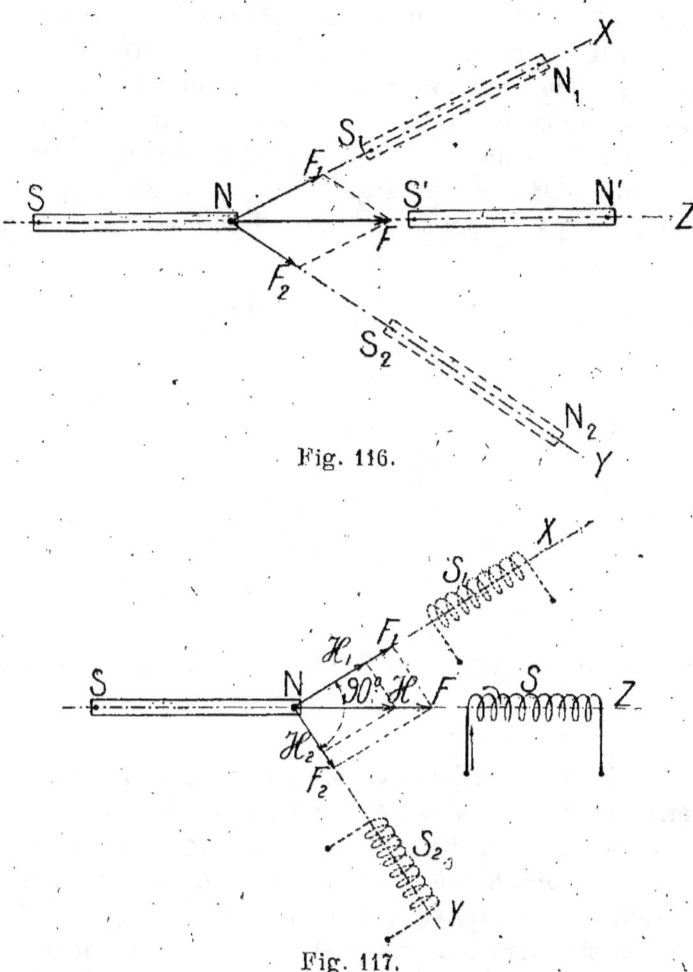

Fig. 116.

Fig. 117.

les forces F_1 et F_2 sont proportionnelles aux intensités $\mathcal{H}_1$ et $\mathcal{H}_2$ que possèdent, à l'endroit où se trouve le pôle nord de l'aimant permanent, les champs magnétiques créés par les solénoïdes S_1 et S_2.

Sur les directions des forces considérées, portons des segments de droite représentant les intensités de champ correspondantes ; en joignant les extrémités de ces segments, nous obtiendrons un rectangle qui est une réduction du rectangle des forces, et il nous apparaît clairement qu'un champ magnétique peut se décomposer en deux autres champs dont les directions sont concou-

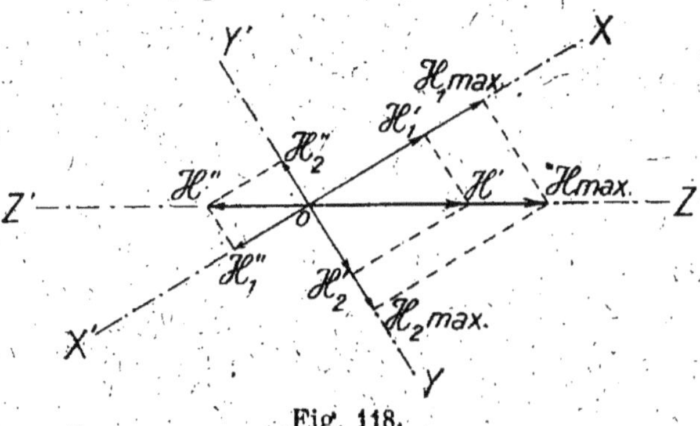

Fig. 118.

rantes, de la même manière qu'une force donnée peut être décomposée en deux autres forces ayant le même point d'application.

***d)* Décomposition d'un champ magnétique alternatif en deux champs alternatifs perpendiculaires.** — Considérons maintenant un champ magnétique alternatif fixe dans l'espace. La décomposition indiquée peut être faite à tout instant. Lorsque l'intensité du champ considéré atteint sa valeur maxima positive $\mathcal{H}_{max}$, ses composantes suivant deux directions perpendiculaires XX' et YY' passent également par leurs valeurs maxima positives $\mathcal{H}_{1\,max}$ et $\mathcal{H}_{2\,max}$ (fig. 118). Quand elle diminue, celle des champs composants diminue en même temps. Si, à un moment donné, sa valeur est $\mathcal{H}$ par exemple, ses composantes ont pour valeurs $\mathcal{H}'_1$ et $\mathcal{H}'_2$. Quand elle s'annule, il en est de même de l'intensité des champs composants. Ces derniers changent de sens en même temps que le champ donné, et l'on obtient toujours leurs intensités $\mathcal{H}''_1$ et $\mathcal{H}''_2$ à un instant quelconque en cherchant les côtés du rectangle dont la diagonale représente l'intensité $\mathcal{H}''$ que le champ principal possède à cet instant. Lorsque le champ considéré atteint sa valeur maxima négative, les deux champs composants passent aussi par leurs valeurs maxima négatives, et ainsi de suite.

En résumé, *un champ magnétique alternatif fixe dans l'espace peut toujours être décomposé en deux champs alternatifs fixes dans l'espace, perpendiculaires, et en concordance de phase avec le champ considéré.*

e) **Champs d'un moteur à répulsion au repos.** — Revenons maintenant au moteur à répulsion. À un instant donné, le champ inducteur est dirigé par exemple de X vers X' et le champ produit par les spires induites de F_2 vers F_1, comme le montre le schéma que nous reproduisons ici (fig. 119).

Décomposons le champ inducteur en deux champs composants dont les directions sont : la ligne de contact des balais $F_1 F_2$, et l'axe perpendiculaire ZZ' (fig. 120). Si, à l'instant considéré, l'intensité du champ inducteur est $\mathcal{H}$, celle du champ de direction $F_1 F_2$ est $\mathcal{H}_1$ et celle du champ de direction ZZ' est $\mathcal{H}_2$. Or, le champ magnétique engendré par l'induit au repos est dirigé de F_2 vers F_1; le moteur se comportant comme un transformateur dont le secondaire est en court-circuit, l'intensité de ce champ $\mathcal{H}'_1$ est très sensiblement égale à la composante

$\mathcal{H}_1$ du champ inducteur, suivant la même direction. Par suite, les deux champs $\mathcal{H}_1$ et $\mathcal{H}'_1$ se neutralisent

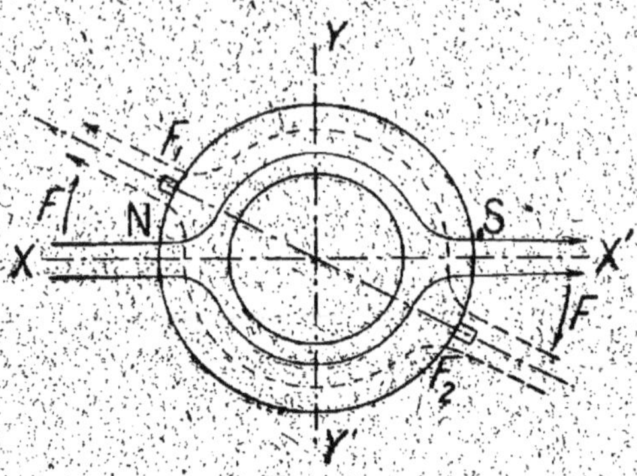

Fig. 119.

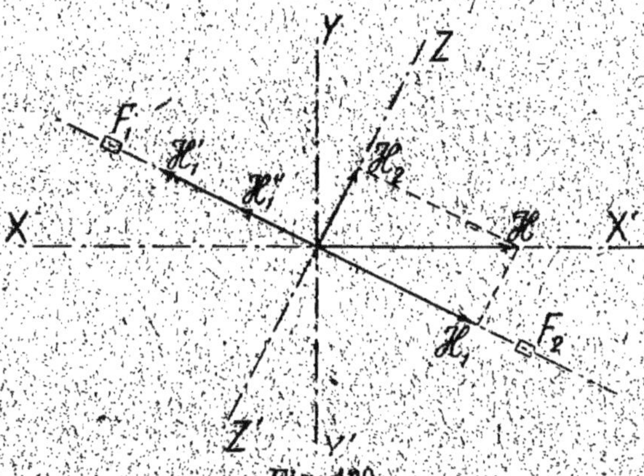

Fig. 120.

mutuellement, et il ne reste plus que le champ $\mathcal{H}_2$ suivant Z Z'.

Ce champ est naturellement en phase avec le champ inducteur, et par suite avec le courant alternatif qui alimente le stator. Ajoutons que le champ $\mathcal{H}_2$ est propor-

tionnel à l'intensité du courant induit et, par suite, à la
f. é. m. qui engendre ce courant ; comme celle-ci est à
son tour proportionnelle à la fréquence du courant d'alimentation, il en est de même des champs $\mathcal{H}'_1$ et $\mathcal{H}_1$
constamment égaux et directement opposés. Le champ
$\mathcal{H}_2$ est également proportionnel à la fréquence, car il
existe entre $\mathcal{H}_2$ et $\mathcal{H}_1$ un rapport invariable.

*Ainsi, lorsque le moteur est au repos, le champ inducteur
et le champ magnétique de l'induit se combinent pour donner finalement un champ alternatif dont la direction ZZ′
est perpendiculaire à la ligne des balais ; ce champ, proportionnel à la fréquence du courant d'alimentation, est en
concordance de phase avec lui.*

f) Champs d'un moteur à répulsion en marche. —
Dès que le moteur est en marche, les spires du rotor
tournant dans le champ $\mathcal{H}_2$ sont le siège de f. é. m.
induites dont le sens s'inverse sur la ligne perpendiculaire à l'axe du champ, c'est-à-dire sur la ligne même
de contact des balais. La f. é. m. induite dans chacune
des moitiés de l'anneau, du fait de son mouvement, est
proportionnelle à la vitesse de rotation, comme celle
d'une dynamo. Elle est d'autre part en phase avec le
champ $\mathcal{H}_2$, ou, ce qui revient au même, avec le flux dirigé
suivant Z Z′ ; on conçoit en effet que, pour un même
déplacement, la f. é. m. induite dans une spire augmente,
diminue et s'annule en même temps que le flux dans
lequel elle se meut.

Les deux f. é. m. induites de cette manière dans les
deux moitiés de l'armature engendrent deux courants
induits qui se réunissent dans la connexion de court-
circuit F$_1$ F$_2$. Ces deux courants sont proportionnels aux
f. é. m. qui les engendrent, et par suite à la vitesse de

rotation de l'anneau ; d'autre part, en raison de la très faible résistance du bobinage induit, chacun d'eux est retard de $\frac{1}{4}$ de période sur la f. é. m. correspondante et par conséquent aussi sur le champ $\mathcal{H}_4$ dirigé suivant Z Z'. A leur tour, ces deux courants induits produisent un champ alternatif $\mathcal{H}''_4$, dirigé suivant la ligne des balais $F_4 F_2$, également proportionnel à la vitesse de rotation, en phase avec eux, et par suite en retard de $\frac{1}{4}$ de période sur le champ $\mathcal{H}_3$.

Donc, lorsque le moteur est en vitesse, nous sommes en présence de deux champs :

l'un $\mathcal{H}_3$, dirigé suivant Z Z', est en phase avec le courant inducteur, et proportionnel à la fréquence F de ce dernier ;

l'autre $\mathcal{H}''_4$, dirigé suivant $F_4 F_2$, est en retard de $\frac{1}{4}$ de période sur le premier, et proportionnel à la vitesse N du rotor.

g) Formation d'un champ tournant au synchronisme.

— Dans un moteur à deux pôles, la vitesse :

$$N = F$$

est celle du synchronisme. Quand elle est atteinte, les deux champs $\mathcal{H}_3$ et $\mathcal{H}''_4$ ont même valeur maxima ; comme ils sont perpendiculaires et décalés l'un sur l'autre de $\frac{1}{4}$ de période, leur composition donne un *champ tournant* dans le même sens que le rotor et à la même vitesse.

La production d'un champ tournant au synchronisme est une des particularités les plus intéressantes du moteur à répulsion. Elle a pour conséquence la suppression complète des étincelles sous les balais ; en effet, le champ tournant à la même vitesse que le bobinage induit il n'y a pas de variation de flux dans les sections court-circuitées par un balai, par suite, aucune f, é. m. n'y prend naissance et la rupture du court-circuit se fait sans étincelles.

Des considérations qui précèdent, il résulte que *les meilleures conditions de fonctionnement d'un moteur à répulsion sont obtenues à la vitesse du synchronisme.*

C) **Réglage de la vitesse.** — Le réglage de la vitesse d'un moteur à répulsion s'obtient en modifiant l'angle de calage des balais. A couple résistant constant, la loi de variation de la vitesse avec l'angle de calage est la même que celle du couple moteur (voir fig. 112). Si, les balais étant calés primitivement sur la ligne neutre, on augmente progressivement l'angle de calage, la vitesse d'abord nulle, croît, passe par une valeur maxima puis diminue et s'annule à nouveau quand la ligne de contact des balais se confond avec l'axe polaire.

Les balais occupant la position correspondant au couple maximum (angle de calage : 70° environ), on peut diminuer la vitesse :

a) soit en les rapprochant de l'axe polaire ;

b) soit en les rapprochant de la ligne neutre.

Le second procédé est évidemment préférable au premier, car l'amplitude du déplacement est 70° au lieu de 20°, de sorte que le réglage peut être obtenu avec une plus grande précision.

77. Forme pratique des moteurs à répulsion. — **A) Stator.** — Le champ tournant qui se produit au synchronisme nécessite un entrefer d'épaisseur constante.

Le stator ne comporte donc pas de pôles saillants comme celui d'un moteur série ; il est semblable à l'inducteur d'un moteur asynchrone monophasé.

B) Rotor. — Le rotor est un induit de moteur à courant continu, en tambour. Nous avons vu que, dans un moteur série, pour atténuer les étincelles entre balais et collecteur, un moyen très efficace consiste à effectuer les liaisons entre induit et collecteur à l'aide de connexions résistantes. Cet artifice de construction n'a plus de raison d'être ici, puisque le fonctionnement est parfait au synchronisme.

Naturellement, dans un moteur multipolaire, il y a autant de lignes de balais en court-circuit que de paires de pôles ; un dispositif mécanique permet de les déplacer en même temps et du même angle.

78. Comparaison entre le moteur à répulsion et le moteur série compensé. — *a*) Ces deux catégories de moteurs possèdent les mêmes propriétés caractéristiques au point de vue couple, intensité, vitesse et facteur de puissance. Toutefois, pour un même couple, la puissance absorbée est plus faible dans un moteur série que dans un moteur à répulsion, car le courant est fourni directement à l'induit et non par transformation. Pour obtenir un même couple avec la même puissance absorbée, le moteur à répulsion doit avoir un entrefer plus étroit et une section plus grande, c'est-à-dire un volume et un poids supérieurs.

D'autre part, l'accroissement de vitesse avec la diminution du couple est moins grande dans le moteur série que dans le moteur à répulsion.

b) Aux faibles vitesses, le facteur de puissance du

moteur à répulsion est supérieur à celui du moteur série compensé ; il augmente jusqu'au synchronisme où il atteint 0,90 à 0,95, et décroît au delà, tandis que celui du moteur série continue à s'élever.

c) Pour atténuer la production d'étincelles et augmenter le facteur de puissance, il convient d'alimenter le moteur série par un courant à basse fréquence, et de le faire tourner à une vitesse bien supérieure à celle du synchronisme. Dans le moteur à répulsion, au contraire, le facteur de puissance est élevé dans le voisinage du synchronisme, et la production d'étincelles nulle ; on peut donc employer des fréquences ordinaires (25 à 50 au lieu de 15 à 25), mais on a intérêt à ne pas trop s'écarter de la vitesse du synchronisme.

d) Au point de vue de la production d'étincelles, les deux types de moteurs sont défectueux au démarrage ; à la vitesse du synchronisme, le moteur à répulsion est nettement supérieur au moteur série ; mais, pour des vitesses différentes et surtout pour les vitesses élevées, le moteur série compensé l'emporte sur le moteur à répulsion.

e) A la vitesse du synchronisme, le rendement du moteur à répulsion est supérieur à celui du moteur série, car les pertes par hystérésis et courants de Foucault sont nulles dans l'induit qui tourne à la vitesse du champ. A des vitesses voisines, ces pertes sont très faibles. D'autre part, l'absence de tout enroulement compensateur se traduit dans tous les cas par une amélioration du rendement.

f) Le moteur série ne peut être construit que pour des faibles tensions (300^V au max), tandis que le stator d'un moteur à répulsion, relié seul au réseau d'alimentation, peut être établi en vue de l'utilisation directe des hautes tensions applicables aux moteurs d'induction.

g) Ajoutons enfin que l'inversion du sens de marche d'un moteur à répulsion s'obtient simplement en déplaçant les balais sur le collecteur dans un sens opposé par rapport à la ligne neutre, alors que le moteur série exige l'inversion des connexions entre l'inducteur et l'induit.

79. Perfectionnements apportés au moteur à répulsion : Moteur Déri. — Au nombre des moteurs à répulsion qui ont eu la sanction de la pratique, nous citerons plus particulièrement le moteur Déri.

A) Description. — Si nous considérons toujours une machine bipolaire, nous pouvons dire que le moteur Déri ne diffère du moteur à répulsion simple que par l'emploi de deux lignes de balais au lieu d'une (fig. 121).

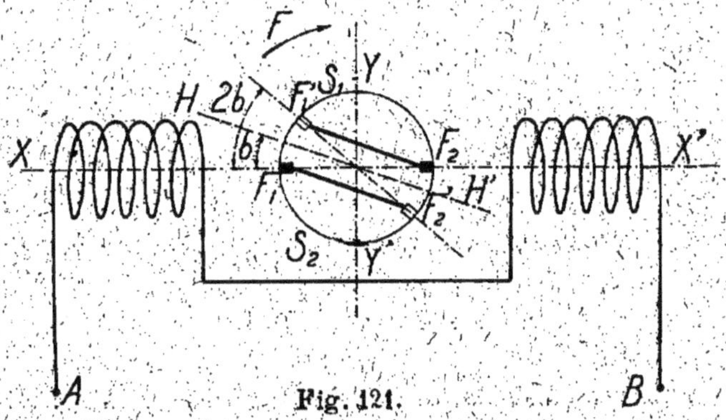

Les balais F_1 et F_2 sont fixes et calés suivant la ligne des pôles ; les balais supplémentaires F'_1 et F'_2 sont mobiles, et font avec cet axe un certain angle 2 *b*. Chaque balai fixe est mis en communication avec un balai mobile ; c'est ainsi que F_1 est relié à F'_2, et F_2 avec F'_1.

Naturellement, dans un moteur multipolaire, il y a deux

fois plus de balais que de pôles ; dans un moteur à 6 pôles par exemple, le collecteur porte 6 balais fixes et 6 balais mobiles. Toutefois, les moteurs à 4 pôles, dont l'induit en tambour est bobiné en série, ne comportent que deux balais fixes et deux balais mobiles, soit 4 au total au lieu de 8.

B) **Fonctionnement.** — Au repos, le moteur se comporte comme un transformateur. Grâce aux variations périodiques du flux produit par le stator, les spires comprises dans chacun des solénoïdes S_1 et S_2 en lesquels l'axe polaire décompose le bobinage induit, sont le siège de f. é. m. de même sens, de sorte qu'entre les balais F_1 et F_2 la d. d. p. est maxima. En réunissant F_1 à F'_1, et F_2 à F'_2, on utilise une fraction de cette d. d. p. Entre F_1 et F'_2 par exemple, la d. d. p. est égale à la somme des f. é. m. induites dans les spires comprises dans l'angle $F_1 O F'_2$; celles-ci sont alors les spires *actives* du solénoïde S_1. De même, la d. d. p. entre F'_1 et F_2 est égale à la somme des f. é. m. induites dans les spires actives du solénoïde S_2 comprises dans l'angle $F'_1 O F_2$. Les deux groupes de spires actives étant court-circuités par les connexions $F_1 F'_1$ et $F'_2 F_2$, chacun d'eux est parcouru par un courant alternatif induit, lequel engendre un champ alternatif dont la direction $H H'$, parallèle à ces connexions, fait avec la ligne des pôles un angle b égal à la moitié de l'angle $F_1 O F'_2$. Dès lors, le moteur Déri est assimilable à un moteur à répulsion dont la ligne de contact des balais serait inclinée d'un angle b sur la direction $X X'$ du champ inducteur.

Comme nous l'avons vu antérieurement, le champ du stator se combine avec le champ magnétique de l'induit pour donner un champ alternatif, en phase avec le courant d'alimentation, proportionnel à sa fréquence, et dont la direction $Z Z'$ est perpendiculaire à $H H'$.

Sous l'action répulsive des deux champs, l'anneau démarre spontanément dans le sens F, comme le ferait celui du moteur à répulsion correspondant. Les spires du rotor, se déplaçant dans le champ résultant de direction ZZ', sont le siège de courants induits dus à ce mouvement ; il en résulte un nouveau champ alternatif de direction HH', proportionnel à la vitesse de rotation et

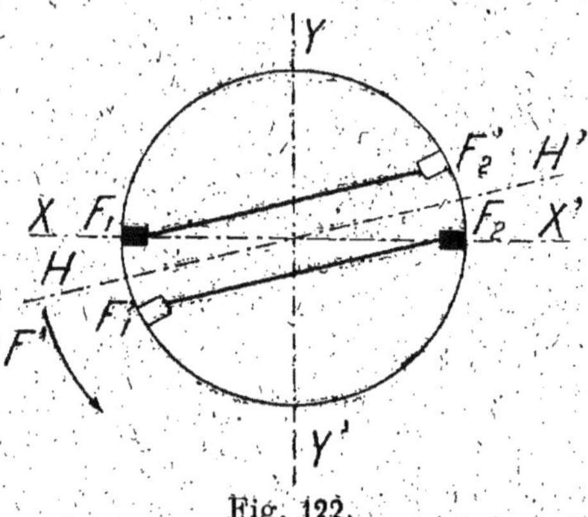

Fig. 122.

en retard de $\frac{1}{4}$ de période sur le précédent. Au synchronisme, ces deux champs sont égaux et leur composition donne un champ tournant qui accompagne le rotor.

Pour ne pas nous exposer à des répétitions inutiles, nous dirons simplement que le moteur Déri se comporte très sensiblement comme un moteur à répulsion dont la ligne de contact des balais ferait avec l'axe polaire un angle égal à la moitié de l'angle formé par la ligne des balais fixes avec la ligne des balais mobiles.

C) **Inversion du sens de marche.** — D'après ce que nous venons de dire, pour inverser le sens de rotation, il suffit d'inverser la position de l'axe H H' par rapport à l'axe magnétique du stator. On y arrive :

a) soit en déplaçant les balais mobiles F_1' et F_2' de manière à les amener d'abord en regard des balais fixes F_1 et F_2, puis à les faire passer de l'autre côté (fig. 122) ;

b) soit en amenant les balais F_1' et F_2' à la place des balais fixes F_1 et F_2, et en éloignant ces derniers dans le sens du mouvement de rotation que l'on désire obtenir (fig. 123).

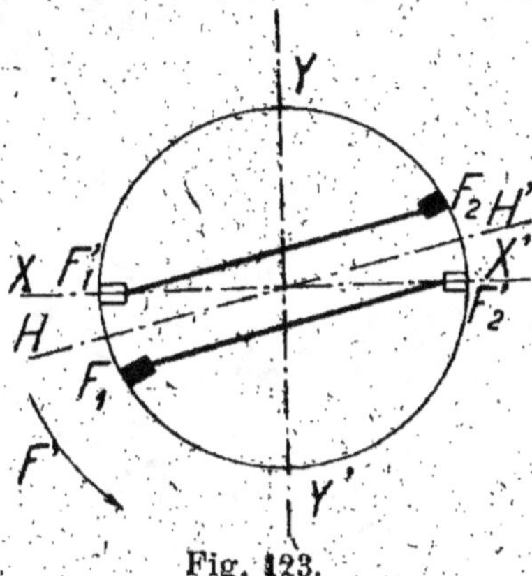

Fig. 123.

Cette dernière manœuvre consiste, en somme, à rendre fixes les balais qui étaient mobiles et réciproquement. Elle est préférable à la première, qui exige un collecteur deux fois plus long pour que les balais mobiles puissent passer en regard des balais fixes.

D) **Réglage.** — Dans un moteur à répulsion simple, et pour un sens de rotation déterminé, les balais peuvent être déplacés de la ligne neutre Y Y' à l'axe polaire X X' ; l'amplitude de ce déplacement est 90° (fig. 124).

Dans un moteur Déri, l'un des balais mobiles, F_1' par

exemple, supposé primitivement en regard du balai fixe F, auquel il est relié, peut être déplacé progressivement jusqu'à ce qu'il se trouve en regard du second balai fixe

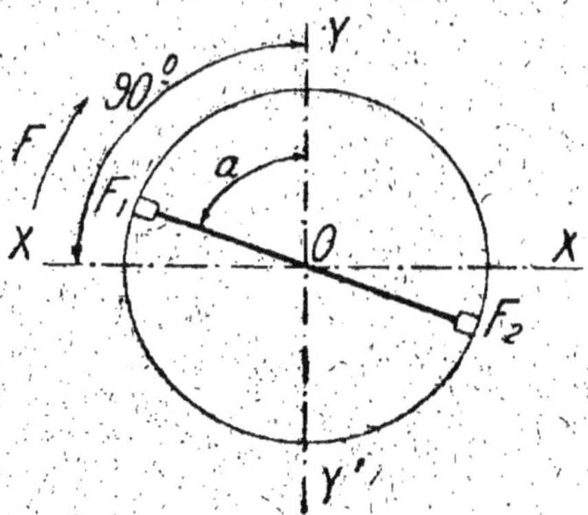

Fig. 124.

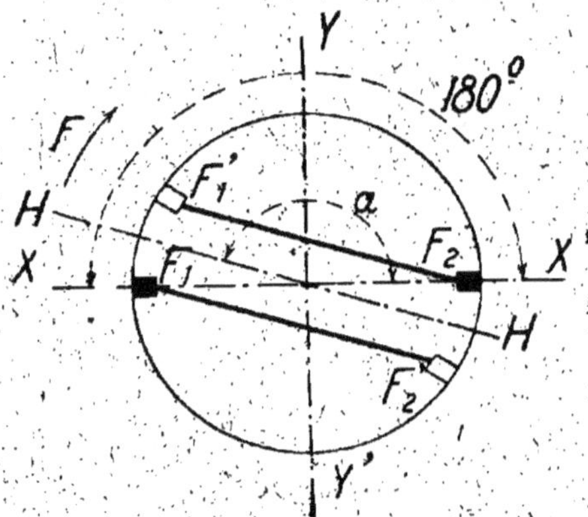

Fig. 125.

F_1 (fig. 125). L'amplitude de ce déplacement, c'est-à-dire le maximum de l'angle de calage a, est maintenant égal à 180°.

Naturellement, le second balai mobile F'_2, solidaire

mécaniquement du premier, se déplace en même temps et du même angle.

Ainsi, le maximum de l'angle de calage est 90° dans un moteur à répulsion bipolaire, et 180° dans un moteur Déri. C'est là précisément le principal avantage de ce dernier; il en résulte une plus grande facilité de réglage, une plus grande souplesse de fonctionnement.

Sur la fig. 126, la courbe en trait continu montre com-

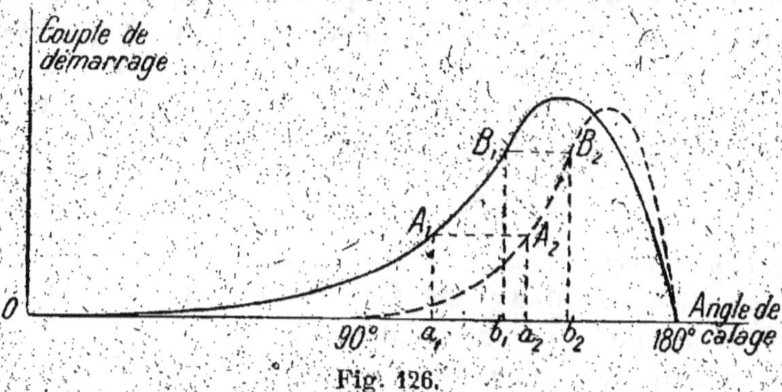

Fig. 126.

ment varie le couple de démarrage d'un moteur Déri avec l'angle de calage a; la courbe en trait pointillé représente la même courbe relative à un moteur à répulsion simple de même puissance. L'examen comparatif de ces deux courbes montre que l'on peut obtenir le réglage du premier de ces moteurs avec une précision beaucoup plus grande que celui du second. Par exemple, pour augmenter le couple du moteur Déri de la valeur $A_1 a_1$ à la valeur $B_1 b_1$, il faut accroître le calage des balais d'un angle représenté par $a_1 b_1$; avec le moteur à répulsion simple, pour obtenir le même accroissement de couple, l'angle de calage doit être augmenté de la valeur représentée par $a_2 b_2$. On voit nettement sur la figure que $a_2 b_2$ est beaucoup plus petit que $a_1 b_1$; la variation du couple avec l'angle de calage est donc bien plus lente dans le moteur Déri que dans le moteur à répulsion ; c'est pourquoi le réglage est moins brusque et, par conséquent, plus précis.

En marche, la diminution du couple résistant entraîne un accroissement de la vitesse, et réciproquement ; comme le moteur série, le moteur Déri règle son allure sur la charge qui lui est imposée. Mais si l'on désire faire varier la vitesse pour une charge déterminée, rien n'est plus simple ; il suffit de modifier l'angle de calage des balais. Ici encore, et pour la raison que nous venons de voir, le réglage peut être effectué plus aisément, d'une façon plus progressive et plus précise.

REMARQUE. — On indique souvent l'angle de calage des balais en *degrés électriques*. L'introduction de cette unité nouvelle a pour but de généraliser son expression dans le cas des moteurs multipolaires.

La distance angulaire de deux pôles de même nom est représentée conventionnellement par 360 degrés électriques, de sorte que la distance de deux pôles de noms contraires, laquelle mesure l'amplitude du déplacement des balais mobiles, est exprimée par 180 degrés électriques.

Géométriquement, dans un moteur à $2p$ pôles, la distance angulaire de deux pôles de même nom est $\dfrac{360°}{p}$, et celle de deux pôles de nom contraire $\dfrac{360°}{2p}$ ou $\dfrac{180°}{p}$; pour convertir en degrés géométriques la valeur d'un angle indiquée en degrés électriques, il suffit donc de diviser le nombre qui l'exprime par le nombre de paires de pôles du moteur. Dans un moteur bipolaire en particulier, $p = 1$, le degré électrique équivaut au degré géométrique, et l'angle de calage maximum de 180 degrés électriques correspond bien à un angle de 180 degrés géométriques dans l'espace.

E) Propriétés du moteur Déri. — a) Le moteur Déri a, de par sa nature même, les mêmes propriétés essentielles que le moteur à répulsion simple, dont il dérive. Il a de plus, comme nous l'avons vu, toutes les qualités d'un bon moteur à vitesse variable ; le démarrage, le réglage et l'arrêt sont obtenus par le simple déplacement des balais mobiles sur le collecteur.

b) D'autre part, les conditions de fonctionnement, excellentes au synchronisme, sont notablement améliorées aux vitesses différentes ; la production d'étincelles, évidemment sensible au démarrage, est à peu près insignifiante à la demi-vitesse du synchronisme.

c) Le facteur de puissance, forcément très faible au démarrage, croît rapidement avec la vitesse, et atteint, au synchronisme, une valeur voisine de celle d'un moteur asynchrone triphasé de puissance égale ; il dépasse même cette dernière lorsqu'il fonctionne au-delà du synchronisme.

d) Comme tous les moteurs monophasés à collecteur, le moteur Déri a un rendement inférieur à celui des moteurs à courant continu ou des moteurs asynchrones polyphasés de même puissance ; ce rendement atteint cependant 87 à 88 %, même pour des puissances faibles, inférieures à 10 ch-v.

e) Lorsque le moteur tourne en sens inverse du sens normal défini par la position des balais, il fonctionne en génératrice et forme frein tout en restituant de l'énergie au réseau d'alimentation ; il fonctionne alors comme un moteur shunt à courant continu, entraîné par l'automotrice sur laquelle il est monté à une vitesse supérieure à sa vitesse limite, ou comme un moteur asynchrône triphasé tournant à une vitesse supérieure à celle du synchronisme. Le couple de freinage est indépendant de la vitesse, et ne varie qu'avec l'angle de calage.

f) Ajoutons enfin que le moteur Déri possède une assez grande capacité de surcharge.

80. Usages des moteurs à répulsion. — Le moteur à répulsion peut remplacer le moteur série à courant alternatif. Toutefois, il n'est pas employé sous sa forme

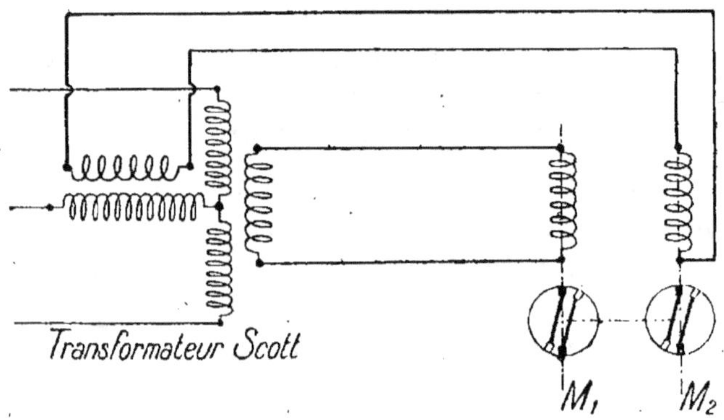

Fig. 127.

primitive, car des modifications fort simples améliorent son fonctionnement d'une façon très sensible.

On utilise le moteur Déri en traction, pour la commande des métiers continus à filer, des ascenseurs, monte-charges, pompes, etc...

L'installation d'un moteur Déri de grande puissance entre deux conducteurs d'une distribution triphasée entraînerait un déséquilibre fort préjudiciable au fonctionnement des autres récepteurs branchés sur le réseau. On peut éviter ce déséquilibre des phases par l'emploi de deux moteurs alimentés par l'intermédiaire d'un transformateur Scott (fig. 127).

Si la tension peut être utilisée directement, sans réduction préalable, le montage se simplifie; le stator du moteur M_1 est alors branché entre les conducteurs 1 et 3 par exemple, et le stator du moteur M_2 entre le conducteur 2 et le milieu du premier bobinage (fig. 128). Naturellement, ainsi que dans un transformateur Scott, le nombre de spires de chacune des moitiés du stator S_1 doit être à celui du

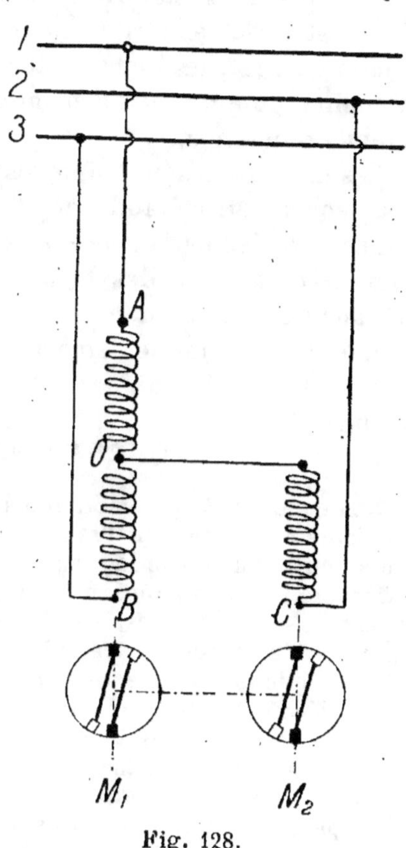

Fig. 128.

stator S_2 comme 1 est à $\sqrt{3}$ ou 1,732.

Les moteurs M_1 et M_2 peuvent être complètement séparés et accouplés mécaniquement; mais les rotors peuvent aussi être calés sur le même arbre de manière à ne former qu'un seul organe mobile portant deux enroulements

distincts et deux collecteurs, un à chaque extrémité
Dans ce dernier cas, les deux induits tournent à l'intérieur des deux stators dont nous avons parlé, et ces
deux stators, électriquement distincts, ont un bâti
commun. Bref, les deux moteurs sont condensés en une
machine unique, peu encombrante, même sous une
grande puissance.

Ces dispositifs sont employés dans l'industrie minière;
ils peuvent être établis en effet pour les grandes puissances exigées par la commande des monte-charges; la
simple manœuvre des balais montés de manière à se
déplacer simultanément sur les deux collecteurs permet
d'obtenir à volonté le démarrage, le réglage de la vitesse,
l'arrêt, l'inversion du sens de marche, le freinage et la
récupération.

QUESTIONNAIRE

76. Le moteur à répulsion démarre-t-il seul, et en charge ?
— Comment réduit-on l'appel de courant au démarrage ? —
Comment trouve-t-on la résultante de deux forces appliquées
au même point ? — Indiquez un exemple emprunté aux phénomènes magnétiques. — Comment décompose-t-on une
force en deux autres ayant le même point d'application et
des directions données ? — Indiquez un exemple. — Comment décompose-t-on un champ magnétique en deux champs
dont les directions sont concourantes ? — Comment décompose-t-on un champ alternatif fixe en deux champs alternatifs
dont les directions sont perpendiculaires ? — Quels sont les
champs d'un moteur à répulsion au repos ? — Comment se
combinent-ils ? — Quelles sont les propriétés du champ
résultant ? — Quels sont les champs d'un moteur à répulsion
en vitesse ? — Quel est, au synchronisme, le résultat de leur
combinaison ? — Quelle est la conséquence pratique de la
formation d'un champ tournant au synchronisme ? — Quelle
est, à charge constante, la loi de variation de la vitesse avec
l'angle de calage des balais ? — Comment règle-t-on pratiquement la vitesse d'un moteur à répulsion ? — 77. Quelles sont

les particularités de construction d'un moteur à répulsion ?
— 78. Quels sont les caractères communs et distinctifs du
moteur à répulsion et du moteur série compensé au point
de vue couple, intensité, vitesse, facteur de puissance, production d'étincelles, rendement, tension d'alimentation, facilité d'inversion du sens de marche ? — 79. En quoi le moteur
Déri diffère-t-il du moteur à répulsion simple ? — Comment
se comporte-t-il au repos et en vitesse ? — Comment inverse-
t-on le sens de rotation ? — Comment règle-t-on la vitesse ?
— Quelle est l'amplitude du déplacement des balais dans un
moteur à répulsion simple bipolaire, et dans un moteur
Déri ? — Montrez, par des courbes, que le moteur Déri possède une plus grande souplesse de fonctionnement que le
moteur à répulsion simple. — Comment exprime-t-on généralement l'angle de calage des balais ? — Montrez ce que l'on
entend par degré électrique ? — Quel est l'avantage de cette
unité nouvelle ? — Que faut-il faire pour convertir en degrés
géométriques la valeur d'un angle exprimée en degrés électriques ? — Quelles sont les propriétés caractéristiques du
moteur Déri ? — 80. Quels sont les principaux usages du moteur
à répulsion simple, et du moteur Déri ? — Quel serait le
résultat de l'installation d'un moteur Déri de grande puissance entre deux conducteurs d'une distribution triphasée ?
— Comment fait-on pour éviter cet inconvénient ? — Quel
dispositif emploie-t-on lorsque la tension d'alimentation est
assez faible pour être utilisée directement ? — Indiquez une
application importante de ce dispositif.

EXERCICES

116. — Un moteur Déri à 6 pôles, branché sur un réseau à
240 volts, est alimenté par un courant dont la fréquence est
50 périodes par seconde. A la vitesse du synchronisme, il développe un couple moteur utile de 8^{m-kg}, avec un rendement de
88 % et un facteur de puissance égal à 0,95. Calculer l'intensité du courant absorbé, dans les conditions indiquées.

117. — Des essais effectués sur le moteur précédent ont
conduit aux résultats consignés dans le tableau ci-après
où l'on trouvera les valeurs du couple utile correspondant à
différentes vitesses, et cela pour quelques valeurs de l'angle
de calage des balais :

VITESSES en tours par minute	Couple moteur, en m-kg :			
	96°	115°	135°	145°
600	6,5	12	24	28
700	5,5	9,8	18	20,5
800	4,5	8	14	16
900	3,5	6	10	12
1000	3	4,8	8	9
1100	2	3,8	5,5	7
1200	1,75	3	4,1	5,5
1300	1,5	2,25	3,5	4,8
1400	1,25	2	3,25	4,5

Dans ce tableau, les angles de calage sont indiqués en *degrés électriques.*

Construire, pour chacun des angles de calage, la courbe montrant comment varie le couple moteur avec la vitesse de rotation. Des courbes obtenues, déduire les valeurs de la puissance mécanique développée par le moteur, et correspondant à ces angles :

a) lorsque le moteur tourne au synchronisme ;

b) lorsque sa vitesse de rotation est inférieure de 20 % à la vitesse du synchronisme ;

c) lorsque sa vitesse est supérieure de 30 % à la vitesse du synchronisme.

118. — Les résultats d'essais relatifs au démarrage d'un moteur Déri à double collecteur sont inscrits dans le tableau suivant :

Angle de déplacement des balais, en degrés électriques :

| 20 | 40 | 60 | 80 | 100 | 120 | 130 | 140 |

Couple de démarrage, en m-kg :

| 0 | 8 | 28 | 57 | 100 | 180 | 260 | 278 |

Courant absorbé, en ampères :

| 15 | 30 | 47 | 67 | 98 | 157 | 190 | 200 |

Facteur de puissance :

| 0,14 | 0,16 | 0,175 | 0,18 | 0,185 | 0,185 | 0,19 |

Tracer les courbes montrant comment varient, avec l'angle de déplacement des balais : le couple de démarrage, le courant absorbé et le facteur de puissance.

Le moteur considéré possède 8 pôles ; fonctionnant sous 500^V avec un courant de fréquence 50, il développe au synchronisme une puissance mécanique de 80^{ch-v} en absorbant 95^A, avec un facteur de puissance de 0,88. Calculer d'abord le couple normal correspondant à la marche au synchronisme. Chercher ensuite l'angle dont il faudrait déplacer les balais pour obtenir un couple de démarrage égal à 3,5 fois le couple normal ; déterminer enfin le courant et la puissance nécessaire au démarrage.

Le courant de démarrage sera exprimé en ampères, et en $^o/_o$ du courant normal ; la puissance correspondante sera exprimée en watts, et en $\%$ de la puissance électrique absorbée en régime normal.

119. — Une nouvelle série d'essais effectués sur le moteur précédent, en fixant les balais dans une position déterminée, a donné les résultats suivants :

Angle de calage des balais : $150°5$

Vitesse de rotation, en tours par minute :

500	550	600	650	700	750	800

Couple moteur utile, en m-kg :

167	142	120	103	88	75	64

Courant absorbé, en ampères :

156	139	124	113	104	95	87

Facteur de puissance :

0,84	0,875	0,88	0,89	0,885	0,88	0,865

A l'aide des éléments de ce tableau, calculer, pour chacune des vitesses qui y figurent :

a) la puissance mécanique utile développée par le moteur ;

b) son rendement industriel.

Tracer les courbes montrant comment varient, avec la vitesse de rotation : le couple moteur, le courant absorbé, le facteur de puissance, la puissance mécanique et le rendement.

CHAPITRE XV

MOTEURS MIXTES

81. Généralités. — Les moteurs monophasés mixtes
résultent de la combinaison des moteurs série et des moteurs à répulsion. Ils reçoivent l'énergie électrique par
conduction comme les moteurs série, et possèdent, ainsi
que les moteurs à répulsion, autant de paires de balais en
court-circuit que de paires de pôles. Ces moteurs ont été
imaginés à peu près à la même époque, en France par
M. Marius Latour et en Allemagne par MM. Winter et
Eichberg. Nous étudierons plus particulièrement le moteur Latour qui, suivant le couplage du stator et du rotor,
présente les propriétés caractéristiques du moteur série
ou du moteur shunt à courant continu.

1° MOTEUR LATOUR A CARACTÉRISTIQUE SÉRIE

82. Fonctionnement. — Considérons un moteur série bipolaire dont les balais F_1 et F_2 sont calés sur la ligne neutre YY' (fig. 129). Pour le transformer en un

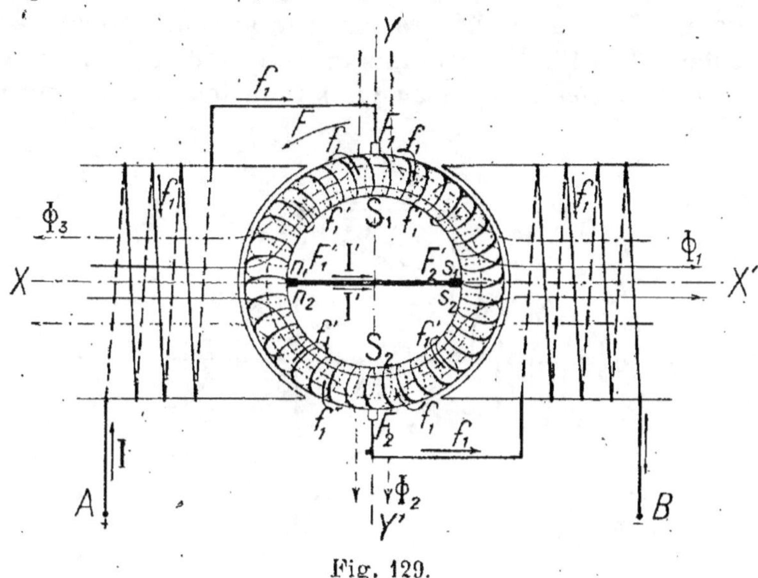

Fig. 129.

moteur Latour, il suffit de réunir en court-circuit deux balais auxiliaires F'_1 et F'_2 dont la ligne de contact coïncide avec l'axe XX' des pôles inducteurs.

A) Démarrage. — Au repos, le courant d'alimentation I engendre deux flux alternatifs :

l'un, dû à son passage dans l'enroulement du stator, est dirigé suivant l'axe polaire XX' ;

l'autre, dû à son passage dans l'induit, est dirigé suivant la ligne neutre YY' et par conséquent perpendiculaire au premier.

L'axe magnétique du stator partage l'anneau en deux solénoïdes courbes S_1 et S_2 que la connexion F'_1 F'_2 réunit en parallèle. Comme, nous l'a montré l'étude du moteur à répulsion, les variations périodiques du flux inducteur induisent dans les deux solénoïdes des courants intenses qui se ferment extérieurement par le court-circuit des balais F'_1 et F'_2. Ces courants induits produisent un flux *égal et directement opposé* au flux inducteur, car l'anneau

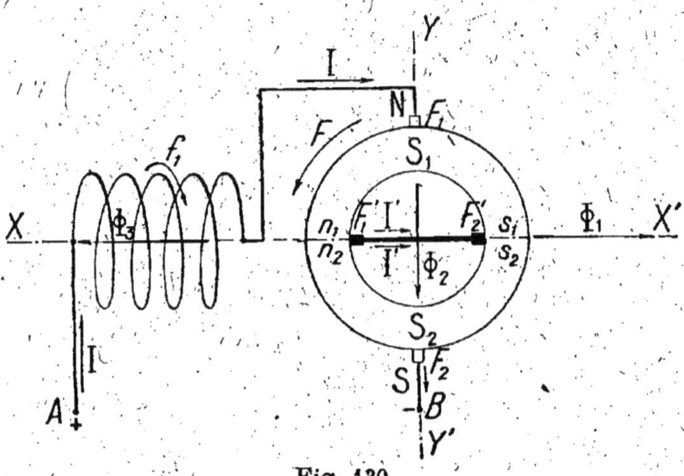

Fig. 130.

joue le rôle du secondaire en court-circuit d'un transformateur dont le stator est le primaire.

Voyons les choses d'un peu plus près. Pendant la première moitié de chaque période, le courant I circule par exemple dans le sens indiqué par les flèches f_1; il engendre alors, en passant dans le stator, un flux Φ_1 dirigé de X vers X', et en passant dans l'induit un flux Φ_2 dirigé de Y vers Y'. Les variations de Φ_1 induisent dans chacune des moitiés de l'anneau un courant I' de sens f'_1; les deux courants ainsi obtenus se réunissent dans le conducteur $F'_1 F'_2$, et leur passage dans les spires de l'induit engendre un flux Φ_2 égal et directement opposé à Φ_1.

Pour plus de clarté, remplaçons la figure précédente par un simple schéma dans lequel le bobinage induit n'est pas représenté, et le circuit inducteur réduit à une seule bobine (fig. 130). Puisque les flux Φ_1 et Φ_2 sont égaux et directement opposés, il n'existe aucun flux dans la direc-

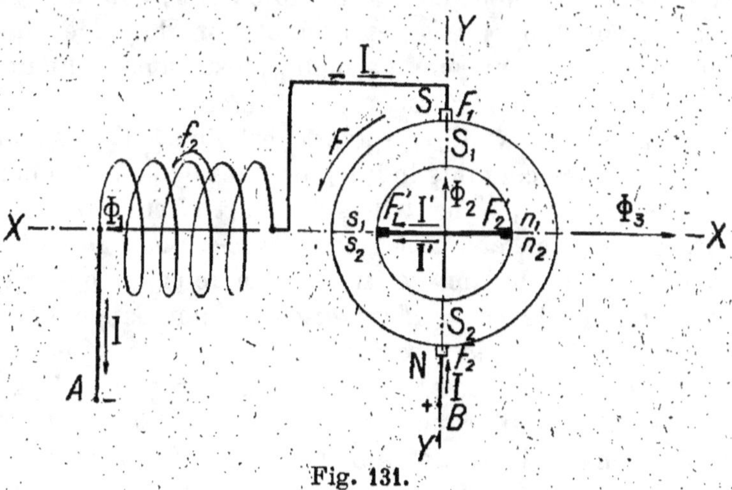

Fig. 131.

tion XX'; le seul qui subsiste est le flux Φ_3 dirigé suivant YY', et tout se passe comme s'il était engendré par un inducteur extérieur ayant son pôle nord en N et son pôle sud en S. Les solénoïdes S_1 et S_2, parcourus chacun par un courant I' de sens f_1' ont leurs faces polaires nord n_1, n_2 en regard du balai F_1' et leurs faces polaires sud s_1, s_2 en face du balai F'_2. L'action des pôles NS sur les extrémités polaires des solénoïdes sollicite l'induit dans le sens F et le rotor démarre avec un couple très énergique, car le courant I' est très intense.

Il est facile de voir que le couple moteur conserve toujours le même sens. En effet, pendant la seconde moitié de la période, le courant d'alimentation, de sens f_2, produit dans l'inducteur un flux Φ_1 dirigé de X' vers X, et dans l'induit un flux Φ_2 dirigé de Y' vers Y (fig. 131). Le flux Φ_2, égal et directement opposé à $\overline{\Phi_1}$ est dirigé de X vers X'; il en résulte que les pôles nord n_1 n_2 de l'induit sont maintenant en regard du balai F_2' et que les pôles sud s_1 s_2 se trouvent en regard du balai F_1'. Bref, il y a renversement du flux Φ_2 et permutation des pôles magnétiques de l'anneau ; l'armature est donc sollicitée dans le même sens F que précédemment.

Comme on le voit, la rotation est due à l'action du flux Φ_2 sur les courants induits dans les deux solénoïdes S_1 et S_2 limités par les balais en court-circuit. On peut dire alors que l'*excitation est transportée dans le rotor*. Pour simplifier le langage, nous donnerons aux balais F_1 et F_2 le nom de *balais d'excitation*, et nous appellerons *circuit d'excitation* le circuit formé par les deux moitiés de l'induit, couplées en parallèle par ces balais. Quant au circuit constitué par les deux solénoïdes S_1 et S_2 couplés en parallèle par les balais F_1' et F_2', nous l'appelerons *circuit de travail*; les balais F_1' et F_2' seront les *balais de travail*.

B) Sens de rotation. — Comme on peut s'en assurer, le sens de rotation du moteur Latour est celui du moteur série que l'on obtiendrait en supprimant les balais F_1' et F_2'.

Ce sens est déterminé par les connexions du stator et du rotor; pour l'inverser, il faut permuter celles-ci.

C) Fonctionnement en vitesse. — Dès que le moteur est en marche, les spires du rotor, tournant dans le flux d'excitation Φ_2, sont le siège de f. é. m. induites dont le sens s'inverse sur la ligne perpendiculaire à l'axe du flux, c'est-à-dire sur la ligne même de contact des balais en court-circuit. La f. é. m. moyenne induite dans chacun des solénoïdes S_1 S_2 est proportionnelle à la valeur maxima du flux Φ_2 et à la vitesse de rotation N :

$$E_1 = k . N \Phi_2 \text{ max.}$$

Les deux solénoïdes étant couplés en parallèle par les balais F_1' F_2', cette expression donne la valeur de la f. é. m. induite dans le circuit de travail, du fait de son mouvement dans le flux d'excitation.

La f. é. m. E_1 est en phase avec le flux alternatif Φ_2, comme nous l'avons vu déjà en étudiant le moteur à répulsion. Elle engendre dans les deux moitiés du circuit de travail deux courants I' qui se réunissent dans le court-circuit $F_1' F_2'$. Ces deux courants sont en retard de $\frac{1}{4}$ de période sur la f. é. m. E_1 car la résistance du bobinage induit est si petite qu'elle peut être négligée devant sa self-induction ; à leur tour, ils produisent un flux alternatif Φ_4 dirigé suivant la ligne XX' en phase avec eux, et par conséquent en retard de $\frac{1}{4}$ de période sur la f. é. m. E_1, ou sur le flux Φ_2, ce qui revient au même.

La fréquence F du flux Φ_4 est la même que celle des courants I' et de la f. é. m. E_1 qui les engendrent ; or, celle-ci a même fréquence que le flux Φ_2, et cette fréquence est celle du courant d'alimentation. Bref, la fréquence F est commune à toutes ces grandeurs, et en particulier, aux flux Φ_2 et Φ_4.

Ainsi, lorsque le rotor est en mouvement, au flux d'excitation Φ_2, qui existait seul au repos, vient s'en ajouter un autre Φ_4 de même période. Le flux Φ_4 dû à la circulation dans l'anneau du courant d'alimentation I, est en phase avec lui. Le flux Φ_4, dû aux courants I' induits dans le circuit de travail par sa rotation dans le flux Φ_2, est en retard de $\dfrac{1}{4}$ de période sur ce dernier.

Les variations périodiques du flux Φ_4 engendrent dans le circuit de travail une f. é. m. E_2 dont la valeur moyenne est proportionnelle à la fréquence de ce flux et à sa valeur maxima :

$$E_2 = kF\Phi_{4\,max}$$

Or, la f. é. m. E_2 est une f. é. m. de self qui équilibre la f. é. m. E_4, absolument comme la f. é. m. de self induite dans la bobine primaire d'un transformateur équilibre la tension primaire ; donc :

$$E_4 = E_2$$

par suite : $\qquad k\,N\,\Phi_{2\,max} = k\,F\,\Phi_{4\,max}$
et $\qquad N\,\Phi_{2\,max} = F\,\Phi_{4\,max}.$

Lorsque le rotor tourne à la vitesse du synchronisme :

$$N = F$$

car le moteur est bipolaire. Il en résulte que :

$$\Phi_{2\,max} = \Phi_{4\,max}.$$

Donc, au synchronisme, les flux Φ_2 et Φ_4 ont même valeur maxima ; comme ils sont perpendiculaires et décalés l'un sur l'autre de $\dfrac{1}{4}$ de période, leur combinaison donne un champ tournant qui accompagne l'induit dans son mouvement.

Nous retrouvons ici la propriété fondamentale des moteurs à répulsion.

D) RÉGLAGE DE LA VITESSE. — Dans un moteur Latour, les balais occupant une position invariable, on règle la vitesse en agissant sur la tension appliquée aux bornes du stator à l'aide d'un autotransformateur.

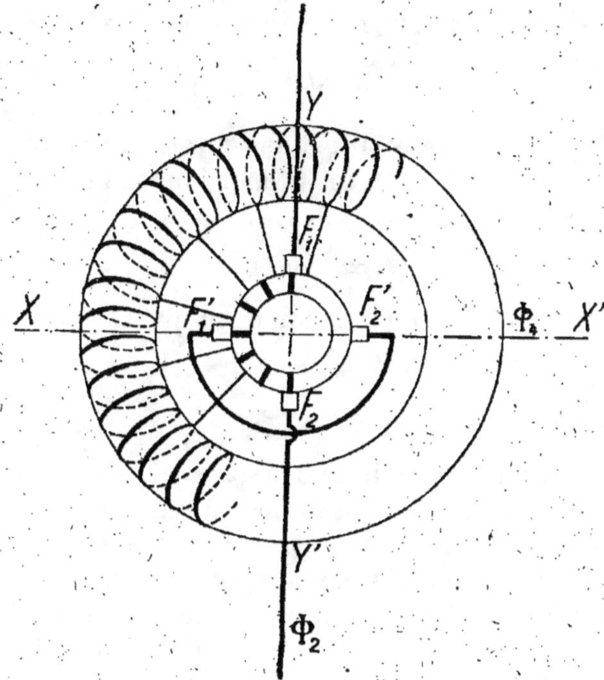

Fig. 132.

E) ÉTINCELLES SOUS LES BALAIS. — **a) Balais d'excitation.** — Au démarrage, l'induit n'est soumis qu'au flux d'excitation Φ_1 dirigé suivant YY'; les sections mises en court-circuit par les balais F_1 et F_2, parallèles à la direction des lignes de force, ne sont le siège d'aucune f. é. m. et toute cause de production d'étincelles est alors supprimée.

Lorsque le moteur est en vitesse, les spires court-circuitées par un balai, touchant à la fois deux ou plusieurs lames du collecteur (fig. 132), sont le siège de deux f. é. m. dirigées en sens contraire :

l'une e_1, due à l'induction du flux alternatif Φ_1, est proportionnelle à la valeur maxima de ce flux, et à la fréquence F :

$$e_1 = k' \, F \, \Phi_{1\,max} ;$$

l'autre e_2, due à la rotation des spires considérées dans le flux d'excitation Φ_2, est proportionnelle la vitesse N à et à la valeur maxima du flux Φ_2 :

$$e_2 = k' \, N \, \Phi_{2\,máx}.$$

Or, nous avons vu précédemment que :

$$F \, \Phi_{1\,máx} = N \, \Phi_{2\,máx}$$

donc : $\qquad\qquad\qquad e_1 = e_2$

Ainsi, à tous les régimes, les spires en court-circuit par un balai d'excitation sont le siège de deux f. é. m. égales et opposées qui se neutralisent mutuellement, et aucune perturbation n'apparaît du fait de la nature du courant d'alimentation. Quelle que soit la vitesse, les balais d'excitation fonctionnent comme ceux d'un moteur à courant continu.

b) **Balais en court-circuit.** — Au démarrage, les spires court-circuitées par les F'_1 ou F'_2 sont soumises aux variations périodiques du flux Φ_2 ; elles se trouvent par suite dans d'aussi mauvaises conditions que celles d'un moteur série alimenté par un courant alternatif, et des étincelles apparaissent sous les balais.

En vitesse, ces spires sont le siège de deux f. é. m. dirigées en sens contraire :

l'une e'_1, due à l'induction du flux d'excitation Φ_2, est proportionelle à la fréquence F et à la valeur maxima de ce flux :

$$e'_1 = k' \, F \, \Phi_{2max} ;$$

l'autre e'_2 due à la rotation des spires dans le flux Φ_1, est proportionnelle à la vitesse N et à la valeur maxima de ce flux :

$$e'_2 = k' \, N \, \Phi_{1max}.$$

Il y a donc compensation partielle, et le fonctionnement s'améliore. Au synchronisme, c'est-à-dire, pour un moteur bipolaire, quand :

$$N = F,$$

les deux f. é. m. e'_1 et e'_2 sont égales ; elles se neutralisent, et les étincelles disparaissent. D'ailleurs, comme dans un moteur à répulsion, le champ tournant qui se produit au synchronisme supprime toute cause de production d'étincelles.

Pour des vitesses de 25 à 40 % supérieures ou inférieures à celle du synchronisme, les étincelles réapparaissent, et le fonctionnement devient d'autant plus défectueux qu'on s'éloigne davantage de cette valeur idéale.

c) En résumé, au point de vue de la production d'étincelles, le moteur Latour se comporte comme un moteur à courant continu dans le voisinage du synchronisme ; à des vitesses différentes, les balais d'excitation continuent à fonctionner normalement, mais il y a tendance à la production d'étincelles sous les balais en court-circuit, et cette production est très sensible pendant la période de démarrage, qui fort heureusement, ne dure que 2 ou 3 secondes.

I°) FACTEUR DE PUISSANCE. — Comme le moteur à répulsion, le moteur Latour fonctionne sans étincelles à la vitesse du synchronisme ; il présente, en outre, l'avantage de travailler, à cette vitesse, avec un facteur de puissance égal à l'unité.

Dans un moteur série, on combat la self-induction de l'induit en opposant à la f. é. m. de self due au passage du courant alternatif, une f. é. m. égale et de sens contraire engendrée par un enroulement auxiliaire compensateur. Le moteur Latour, comme nous allons le voir est un moteur compensé sur le rotor. En effet, la f. é. m. de self induite entre les balais d'excitation par les variations du flux Φ_2 est proportionnelle à la fréquence F et à la valeur maxima de ce flux :

$$E'_2 = kF\Phi_{2\,max}$$

Elle est, d'autre part, en avance de $\dfrac{1}{4}$ de période sur le flux Φ_2 et par suite sur le courant I d'alimentation.

Lorsque le moteur est en marche, le circuit d'excitation tournant dans le flux Φ_4 est le siège d'une f. é. m. due à ce mouvement, et proportionnelle à la vitesse de rotation N ainsi qu'à la valeur maximum du flux Φ_4 :

$$E'_4 = kN\Phi_{4\,max}$$

Cette f. é. m. est en phase avec le flux Φ_4 ; or, celui-ci est en retard de $\dfrac{1}{4}$ de période sur le flux Φ_2, la f. é. m. E'_4 est donc aussi en retard de $\dfrac{1}{4}$ de période sur ce flux ou sur le courant d'alimentation.

Ainsi, la f. é. m. E'_2 est en avance de $\dfrac{1}{4}$ de période sur le courant I, la f. é. m. E'_1 est en retard de $\dfrac{1}{4}$ de période

sur ce même courant I ; les deux f. é. m. sont donc directement opposées, et la seconde compense partiellement l'effet de la première. Au synchronisme :

$$N = F$$

et
$$\Phi_{3max} = \Phi_{4max} ;$$

donc :
$$E'_3 = E'_4,$$

et la compensation est parfaite.

Si nous portons maintenant notre attention sur le stator, nous constatons que les variations du flux alternatif Φ_4 y engendrent une f. é. m. d'induction. Cette f. é. m. est

en avance de $\dfrac{1}{4}$ de période sur le flux Φ_4 et, par suite, en

phase avec l'intensité d'alimentation I, car le flux Φ_4 est

en retard de $\dfrac{1}{4}$ de période sur ce dernier.

Résumons-nous. Au synchronisme, aucune f. é. m. n'est induite dans le rotor entre les balais d'excitation, ainsi que nous l'avons montré ; cela résulte d'ailleurs de l'existence du champ tournant qui accompagne le bobinage induit. Le courant qui traverse le moteur n'a donc à vaincre que la f. é. m. induite dans le stator ; comme elle est en phase avec lui, le facteur de puissance est égal à l'unité.

83. Forme pratique des moteurs Latour. — L'étude des conditions de fonctionnement du moteur Latour nous montre que sa forme pratique doit être celle d'un moteur à répulsion.

Le stator est donc semblable à l'inducteur d'un moteur

asynchrone monophasé ; quant au rotor, c'est un induit à courant continu en tambour.

Le collecteur est très largement dimensionné.

Le nombre des balais est deux fois plus grand que celui d'un moteur à répulsion ordinaire ; mais ces balais sont calés dans une position invariable. Dans un moteur bipolaire, par exemple, il y a deux balais d'excitation et deux balais en court-circuit ; dans un moteur à 4 pôles, il y a 4 balais d'excitation et 4 balais en court-circuit ; d'une façon générale, dans un moteur $2\,p$ pôles, il y a $2\,p$ balais d'excitation et $2\,p$ balais en court-circuit.

84. Propriétés. — Le moteur Latour réunit les avantages du moteur série compensé et du moteur à répulsion. En particulier, son couple de démarrage est aussi bon que celui d'un moteur série compensé ; mais, alors que ce dernier doit tourner pratiquement à une vitesse bien supérieure à celle du synchronisme, c'est au voisinage du synchronisme que le moteur Latour fonctionne dans les conditions les plus favorables. Ses qualités essentielles le rapprochent donc plus du moteur à répulsion que du moteur série compensé. A la vitesse synchrone, il a, sur le moteur à répulsion, l'avantage de posséder un facteur de puissance égal à l'unité ; il fonctionne, d'autre part, sans décalage des balais. Par contre, sa vitesse varie plus vite avec le couple ; il est par conséquent moins souple.

85. Usages. — Le moteur Latour est utilisé surtout en traction ; il a d'ailleurs été spécialement étudié en vue de cette intéressante application. Il convient aussi à la commande des ascenseurs, monte-charges appareils de manutention, machines d'extraction..., et, d'une façon générale, toutes les fois que les exigences techniques d'un problème sont celles de la traction.

2° MOTEURS LATOUR A CARACTÉRISTIQUE SHUNT

86. Description. — Ce moteur est établi en vue d'obtenir un couple énergique au démarrage, et, en marche, une vitesse pratiquement constante, indépendante de la charge.

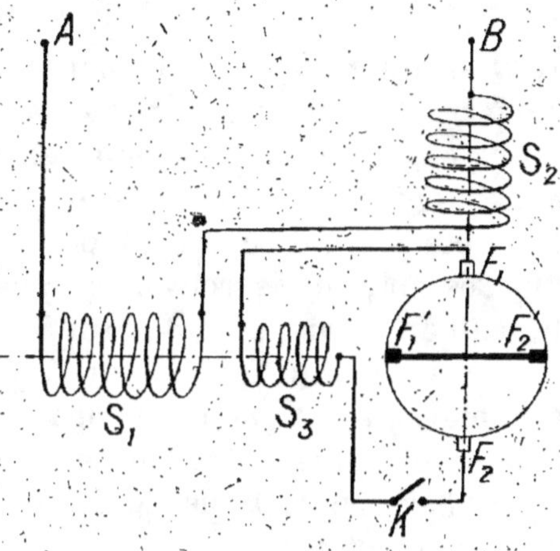

Fig. 133.

Considérons un moteur bipolaire (fig. 133).

Le *stator*, semblable à celui d'un moteur à répulsion, comprend trois enroulements :

a) les deux premiers S_1 et S_2 sont en série ; leurs axes sont perpendiculaires, et ils reçoivent le courant d'alimentation comme l'inducteur d'un moteur à répulsion ;

b) le dernier S_3 a le même axe magnétique que S_1 et n'intervient que lorsque l'armature a acquis une certaine vitesse.

Le *rotor* est encore un induit de moteur à courant continu en tambour.

Sur le collecteur frottent deux paires de balais :

a) les balais F_1 et F_2 sont calés sur l'axe magnétique de l'enroulement S_2; ils sont reliés à l'enroulement S_3 par l'intermédiaire d'un interrupteur K ;

b) les balais F'_1 et F'_2 sont en court-circuit, et leur ligne de contact coïncide avec l'axe magnétique de l'enroulement S_1.

87. Fonctionnement. — *A*) Démarrage. — Au démarrage, l'interrupteur K est ouvert. Les variations périodiques du flux engendré par l'enroulement S_1 induisent dans les deux moitiés du rotor limitées par son axe des courants très intenses qui se ferment par le court-circuit $F'_1 F'_2$ (74 B). Ces courants se trouvent soumis à l'action du champ alternatif créé par l'enroulement S_2, et le moteur se met à tourner comme un moteur à répulsion. Le couple de démarrage est même comparativement plus grand que dans ce dernier, car les balais de court-circuit étant calés sur l'axe magnétique de S_1, toutes les spires de l'armature sont actives.

***B*) Fonctionnement en vitesse. —** Sitôt que la vitesse du rotor est suffisante, l'interrupteur K se ferme automatiquement, et l'enroulement S_3 entre en action pour maintenir cette vitesse constante. Le mécanisme de cette autorégulation est beaucoup trop complexe pour être exposé ici. Remarquons simplement qu'après la fermeture de l'interrupteur, les enroulements S_2 et S_3 constituent un véritable transformateur statique dont le primaire est S_2 et dont le secondaire S_3 est fermé sur le circuit d'excitation aboutissant aux balais F_1 et F_2. Dans le moteur étudié précédemment, l'excitation est entièrement transportée sur le rotor, et le circuit d'excitation, traversé par le courant d'alimention, est *en série* avec le stator. Ici, une partie seulement de l'excitation est transportée sur le rotor, et le circuit d'excitation est soumis à une fraction de la tension d'alimentation ; ce circuit est en somme branché *en dérivation* aux bornes du moteur, mais indirectement, par l'intermédiaire d'un transformateur réducteur. Entre les balais F_1 et F_2 agissent deux tensions :

a) la tension aux bornes de l'enroulement S_2 ;

b) la f. é. m. due à la rotation de l'induit dans le champ Φ_1 de direction $F_1' F_2'$, et dont il a été question antérieurement.

Cette dernière est une véritable force contre-électromotrice dont la grandeur est proportionnelle à la vitesse de rotation.

De la présence de ces deux tensions, il résulte que l'intensité d'excitation introduite par les balais F_1 et F_2 est d'autant plus élevée que leur différence est plus grande. Si donc le couple résistant appliqué au moteur vient à diminuer, la vitesse s'accélère, la f. é. m. due à la rotation augmente et l'intensité d'excitation diminue ; par suite, le flux inducteur décroît, le couple moteur varie dans le même sens et le moteur ralentit son mouvement.

Le phénomène inverse se produit quand la charge augmente, et, les variations de la vitesse étant très faibles, on peut dire que celle-ci est pratiquement constante, et indépendante de la charge.

On s'arrange naturellement de manière à ce que la vitesse normale soit celle du synchronisme, afin de bénéficier des avantages du champ tournant qui se forme à cette vitesse.

En général, l'interrupteur K se ferme automatiquement par l'effet de la force centrifuge ; il est placé au bout d'un arbre dans une boîte qui le protège contre les chocs.

88. Sens de rotation. Inversion du sens de marche.

— Considérons à nouveau le moteur au repos et cherchons dans quel sens il va se mettre à tourner. Si, pendant la première moitié de chaque période, le courant d'alimentation circule dans le sens indiqué par la flèche f (fig. 134) :

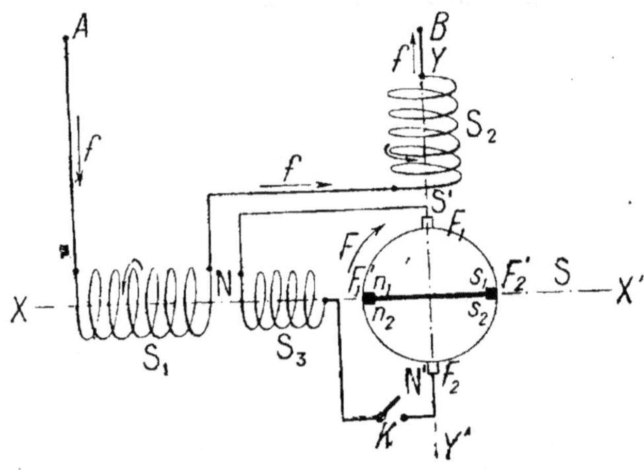

Fig. 134.

a) le flux produit par l'enroulement S_1 est dirigé de X vers X' et nous avons un pôle inducteur nord N à gauche et un pôle sud S à droite ;

b) le flux engendré par l'enroulement S_2 est dirigé de Y' vers Y et nous donne un pôle nord N' en bas et un pôle sud S' en haut ;

c) les courants induits dans les spires de l'anneau produisent un flux de sens contraire au flux de S_1, de sorte que les pôles nord $n_1 n_2$ de l'induit sont en regard du pôle de même nom N, tandis que les pôles sud $s_1 s_2$ sont en regard du pôle inducteur S.

L'étude du moteur à répulsion simple nous a montré que si l'enroulement S_1 existait seul, l'armature resterait immobile ; l'action des pôles N' et S' sur les pôles magnétiques de l'induit détermine une rotation de sens F.

Pendant la seconde moitié de chaque période, les

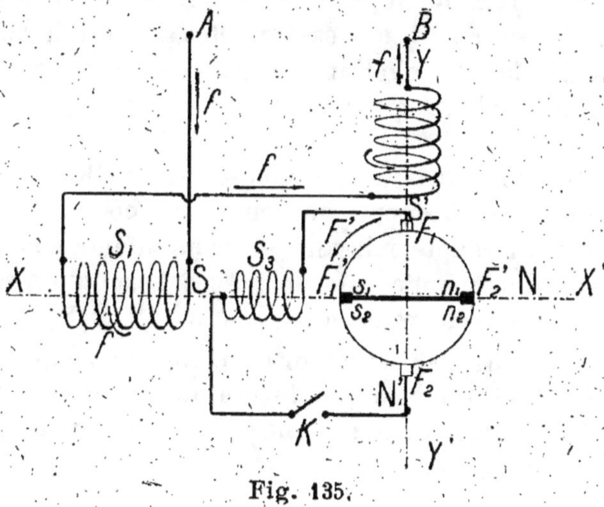

Fig. 135.

trois flux énumérés s'inversent, et le couple moteur conserve le même sens.

Pour changer le sens de rotation du moteur, il faut permuter les connexions de l'un des enroulements du stator S_1 ou S_3. On voit en effet que si l'on croise les connexions de l'enroulement S_1 (fig. 135), pendant la première demi-période du courant d'alimentation, le flux engendré par S_1, primitivement dirigé suivant XX', a maintenant le sens X'X, de sorte que les pôles magnétiques de l'induit se trouvent permutés ; comme le flux produit par l'enroulement S_2 est toujours dirigé de Y vers Y, l'armature est sollicitée dans le sens F', inverse du précédent. Naturellement, puisqu'on a permuté les bornes du primaire S_1, il faut aussi inverser les liaisons du secondaire S_2 avec les balais d'excitation F_1 F_2. Cette modification devrait d'ailleurs être faite également si, au lieu de croiser les connexions de l'enroulement S_1 avec la borne A et l'enroulement S_2, on avait inversé les liaisons de l'enroulement S_2 avec la borne B et l'enroulement S_1 ; dans ce dernier cas en effet, on aurait changé le sens du flux d'excitation par rapport à celui qui était déterminé par le premier montage.

89. Propriétés. — *a)* La qualité essentielle de ce moteur est de pouvoir démarrer, comme un moteur à répulsion, avec un couple puissant, et de maintenir ensuite sa vitesse pratiquement constante, grâce à l'excitation en dérivation dont l'intervention se produit automatiquement.

b) Au démarrage, le moteur développe un couple compris entre 2 et 3 fois le couple normal, en absorbant un courant qui varie entre une fois et demie et deux fois le courant de pleine charge.

c) A vide, le courant est d'environ $\dfrac{1}{5}$ du courant de régime.

d) Le moteur Latour à caractéristique shunt peut être surchargé de 50 %.

e) Son facteur de puissance à pleine charge varie entre 0,95 et 1.

f) Lorsqu'il est entraîné à une vitesse supérieure à celle du synchronisme, il devient générateur et fournit de l'énergie au réseau. C'est là une propriété précieuse pour la commande des ascenseurs, monte-charges, etc..., car elle rend possible le freinage électrique par récupération.

90. Usages. — Les moteurs Latour à caractéristique shunt conviennent tout spécialement à la commande des ascenseurs, monte-charges, appareils de levage, etc... ; ils permettent en effet d'avoir un couple énergique au démarrage, une vitesse constante en régime normal, et un frein de sûreté très efficace en cas d'emballement.

Ils peuvent être également employés à la conduite des pompes, ventilateurs et machines-outils.

3° MOTEUR WINTER-EICHBERG

91. Description. — Nous ne dirons que quelques mots du moteur Winter-Eichberg qui ne diffère du moteur Latour à caractéristique série que par une variante permettant l'utilisation directe des hautes tensions.

Le stator d'un moteur Latour peut être établi pour la haute tension comme celui d'un moteur à répulsion, mais le rotor ne peut être exécuté facilement pour une tension supérieure à 200 volts, d'où la nécessité d'intercaler un transformateur réducteur entre la ligne et le réseau dès que la tension d'alimentation dépasse 300 volts. Ce qui caractérise

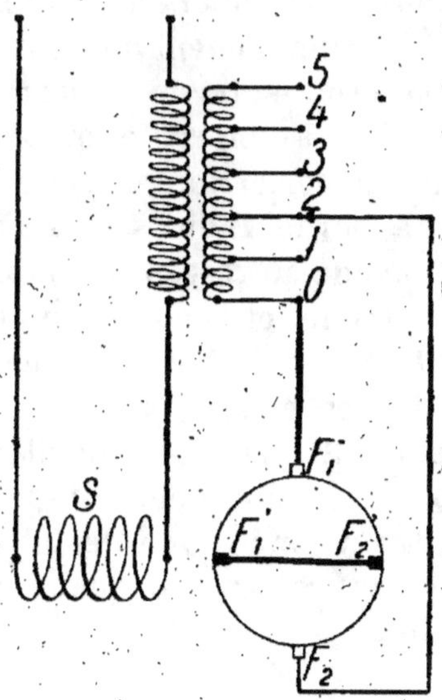

Fig. 136.

le moteur Winter-Eichberg, c'est que l'induit, au lieu d'être intercalé directement dans le circuit principal, est alimenté par le secondaire d'un tranformateur dont le primaire est en série avec le stator (fig. 136). L'emploi de ce transformateur permet de construire le stator pour une tension quelconque, et de n'admettre aux bornes du rotor qu'une d. d. p. d'environ 200 volts.

92. Propriétés. — Les propriétés du moteurWinter-Eichberg sont les mêmes que celles du moteur Latour à caractéristique série.

Le secondaire du transformateur est fractionné de manière à fournir un rapport de transformation variable. Ce dispositif permet d'utiliser un même induit pour des tensions d'alimentation différentes ; il intervient aussi dans le fonctionnement du moteur en procurant un moyen simple d'assurer le démarrage et le réglage de la vitesse.

A la mise en route, on emploie le plus grand rapport de transformation ; à cet effet, le balai F_1 est connecté à la borne 1 du secondaire. Pour un même courant demandé au réseau, on admet dans l'induit le courant maximum, et le couple moteur est énergique.

Lorsqu'on désire augmenter la vitesse, on applique entre les balais d'excitation une tension croissante en reliant F_1 successivement aux bornes 2, 3, 4....., de manière à diminuer le rapport de transformation.

Etant donné son rôle, le transformateur est utilisé dans tous les cas, même quand la tension d'alimentation est faible.

93. Usages. — Le moteur Winter-Eichberg est spécialement appliqué à la traction par courant monophasé à haute tension.

QUESTIONNAIRE

81. Montrez que les moteurs mixtes résultent de la combinaison des moteurs série et des moteurs à répulsion. — Comment classe-t-on les moteurs mixtes Latour? — 82. Comment peut-on transformer un moteur série bipolaire en un moteur Latour à caractéristique série? — L'induit étant au repos, quels sont les flux dont le moteur est le siège? — Quelle est la cause de la rotation de l'armature? — Quel nom donne-t-on aux balais servant à l'introduction du courant dans le rotor? — Qu'appelle-t-on circuit d'excitation? — Qu'appelle-t-on circuit de travail? — Quel nom donne-t-on aux balais en court-circuit? — Quel est le sens de rotation du moteur Latour? — Que faut-il faire pour l'inverser? — Etudiez le fonctionnement du moteur lorsque le rotor est en mouvement, et montrez qu'il se forme un champ tournant au synchronisme. — Comment règle-t-on la vitesse d'un moteur Latour à caractéristique série? — Montrez qu'à toutes les vitesses, les balais d'excitation fonctionnent comme ceux d'un moteur à courant continu. — Etudiez la production d'étincelles sous les balais en court circuit : au démarrage; en vitesse; au synchronisme. — Montrez que le moteur travaille, au synchronisme, avec un facteur de puissance égal à l'unité. — 83. Quelle est la forme pratique des moteurs Latour à caractéristique série? — 84. Résumez les propriétés essentielles de ces moteurs. — 85. Indiquez leurs principaux usages. — 86. Décrivez sommairement le moteur Latour à caractéristique shunt. — 87. Etudiez le fonctionnement de ce moteur : au démarrage; en vitesse. — Montrez en particulier que la vitesse du rotor est pratiquement constante, et indépendante de la charge. — 88 Déterminez le sens de rotation du moteur. — Que faut-il faire pour l'inverser? — 89. Quelles sont les propriétés caractéristiques du moteur shunt Latour? — 90. Indiquez ses principales applications. — 91. En quoi le moteur Winter-Eichberg diffère-t-il du moteur série Latour? — 92. Quelles sont les propriétés essentielles du moteur Winter-Eichberg? — Quel est le rôle du transformateur à rapport de transformation variable? — 93. Quelle est la principale application du moteur Winter-Eichberg?

EXERCICES

120. — Les essais d'un moteur mixte à caractéristique série, destiné à la traction, ont donné les résultats suivants :

Tension d'essai : 290 volts.

Courant absorbé, en ampères :

| 1200 | 1400 | 1600 | 1800 | 2000 | 2200 | 2400 | 2600 |

Puissance fournie au moteur, en kW :

| 330 | 380 | 430 | 485 | 545 | 585 | 640 | 685 |

Vitesse du rotor, en tours par minute :

| 300 | 275 | 255 | 240 | 225 | 215 | 205 | 195 |

Rendement, en °/₀ :

| 82 | 83,5 | 84,5 | 8,55 | 86 | 86 | 85,5 | 85 |

A l'aide de ces données, calculer, pour chaque valeur du courant :

a) la puissance mécanique utile, en ch-v ;
b) le couple moteur utile, en mètres-kilogrammes ;
c) le facteur de puissance.

Tracer ensuite les courbes montrant comment varient, avec le courant absorbé : la puissance électrique fournie au moteur, la vitesse de rotation, le rendement, la puissance mécanique utile, le couple moteur et le facteur de puissance.

121. — On considère deux moteurs monophasés : un moteur asynchrône à champ alternatif et un moteur Latour à caractéristique shunt. Ces deux moteurs ont la même puissance (3 ch-v), le même rendement à pleine charge (77 °/₀), et sont garantis pour développer le même couple au démarrage, en absorbant tous deux un courant égal à 2 fois $\dfrac{1}{4}$ le courant normal. Ils fonctionnent tous deux sous 220 volts ; le facteur de puissance du premier est égal à 0,80, celui du second est 0,98. Calculer le courant absorbé par chacun des moteurs à pleine charge et au démarrage.

On exprimera le courant pris au démarrage par le moteur Latour en pour cent de celui qui est demandé par le moteur d'induction.

CHAPITRE XVI

MOTEURS POLYPHASÉS A COLLECTEUR

SOMMAIRE. — Principe des génératrices polyphasées à collecteur. — Réversibilité des génératrices polyphasées à collecteur : principe des moteurs polyphasés à collecteur. — Phénomènes électriques et électromagnétiques dans le rotor d'un moteur polyphasé à collecteur. — Moteurs à caractéristique série. — Moteurs à caractéristique shunt. — Application des moteurs polyphasés à collecteur au réglage de la vitesse des moteurs asynchrones à champ tournant.

94. Principe des génératrices polyphasées à collecteur. — Considérons un induit dynamo à courant continu capable de se mouvoir dans un champ magnétique. Pour faciliter l'étude qui va suivre, nous supposerons que l'armature est en anneau, et que le champ est bipolaire. Le raisonnement que nous allons faire peut naturellement être étendu au cas d'un induit en tambour, libre de se déplacer dans un champ multipolaire.

Disposons sur la périphérie de l'anneau trois balais également espacés F_1, F_2, F_3, (fig. 137), et examinons comment va se comporter cet appareil nouveau dans un certain nombre de circonstances intéressantes :

A) L'induit tourne dans un champ fixe et les balais sont fixes. — Nous sommes ici en présence d'une génératrice à courant continu d'un type un peu spécial, fournissant trois tensions pratiquement constantes si la vitesse est invariable, mais différentes les unes des autres. On peut se rendre compte, en effet, que la f. é. m. totale engendrée entre les balais F_1 et F_2 est égale à la somme des f. é. m. induites dans les spires comprises entre F_1 et Y diminuée de la somme des f. é. m. induites dans les spires comprises entre Y et F_2. De même, la portion d'enroulement limitée par les balais F_1 et F_3 comprend

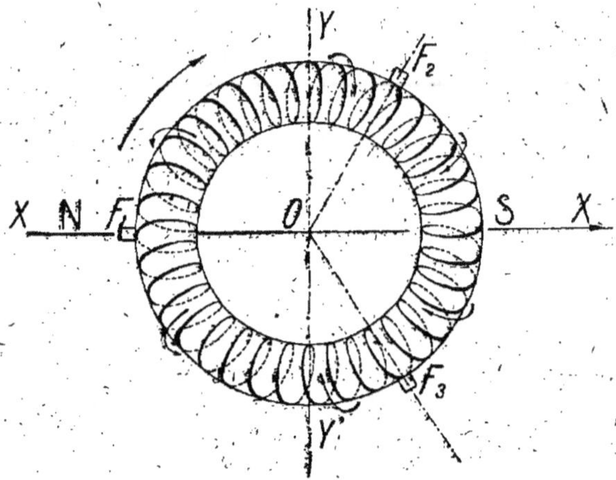

Fig. 137.

des spires situées de part et d'autre de la ligne neutre, et qui sont, par conséquent, le siège de f. é. m. de sens contraire ; la f. é. m. résultante est donc égale à la différence des f. é. m. induites de chaque côté. Au contraire, les spires comprises entre les balais F_2 et F_3 sont toutes situées du même côté de la ligne neutre, et leurs f. é. m. s'ajoutent ; il en résulte que la f. é. m. engendrée entre F_2 et F_3 est plus grande que celles qui peuvent être recueillies entre F_1 et F_2, ou entre F_1 et F_3.

Lorsque les balais occupent les positions indiquées sur

la figure, F_1 se trouvant sur l'axe polaire, F_2 et F_3 sont symétriques l'un sur l'autre par rapport à cet axe, de sorte que les f. é. m. engendrées entre F_1 et F_2 d'une part, F_1 et F_3 d'autre part, ont la même valeur. Si l'on déplaçait les trois balais ensemble dans un sens ou dans l'autre de manière à leur donner des positions quelconques par rapport à la ligne des pôles, on obtiendrait trois f. é. m. différentes ; la vérification de ce fait est immédiate, et nous ne croyons pas utile d'insister sur ce point.

Bien entendu, la f. é. m. induite dans une spire dépend de la vitesse de rotation de l'armature ; il en est de même des trois f. é. m. résultantes engendrées entre les trois balais pris deux à deux. Si la vitesse varie, ces trois f. é. m. varient proportionnellement, mais leurs rapports ne changent pas.

En résumé, si, les balais étant fixes, l'armature tourne dans un champ magnétique fixe dans l'espace, on obtient trois f. é. m. différentes dont la grandeur varie avec la vitesse, le rapport de deux d'entre elles restant invariable pour une même position des balais.

B) **L'induit tourne dans un champ fixe et les balais eux-mêmes sont animés d'un mouvement de rotation.** — L'armature tournant à la vitesse N', imprimons à l'ensemble des trois balais, et dans le même sens, un mouvement de rotation de vitesse N, que nous supposerons supérieure à N'.

Rappelons d'abord que la vitesse de variation du flux embrassé par une spire étant maxima quand la spire passe sur l'axe polaire, et nulle quand elle traverse la ligne neutre, la f. é. m. dont cette spire est le siège est maxima lorsqu'elle coupe la ligne des pôles, et nulle quand elle passe sur la ligne neutre ; dans une position intermédiaire, elle a une valeur d'autant plus grande que la spire est plus rapprochée de l'axe polaire.

Suivons maintenant dans leur mouvement un groupe de deux balais quelconques, F_1 et F_2 par exemple.

Lorsque la bissectrice de l'angle $F_1 O F_2$ se confond avec O N, la f. é. m. engendrée dans le groupe de spires limité par eux est maxima ; conventionnellement nous pouvons la considérer comme positive.

Après $\dfrac{1}{4}$ de tour des balais, la bissectrice de l'angle $F_1 O F_2$ se trouve sur O Y ; les spires comprises dans cet angle sont réparties symétriquement de chaque côté de la ligne neutre, de sorte que la f. é. m. résultante engendrée entre F_1 et F_2 est nulle.

Après le deuxième quart de tour des balais, la bissectrice se confond avec O S, et la f. é. m. engendrée entre les deux balais est maxima négative, d'après la convention faite plus haut.

Après le troisième quart de tour des balais, la bissectrice est sur O Y' de sorte que la f. é. m. engendrée entre F_1 et F_2 est nulle.

Enfin, après le quatrième quart de tour, la bissectrice recouvre l'axe O N, et reprend par conséquent sa position primitive ; il en résulte que la f. é m. engendrée entre les deux balais considérés repasse par sa valeur maxima positive.

Pendant un tour complet des balais, cette f. é. m. prend naturellement toutes les valeurs intermédiaires entre les valeurs particulières qui viennent d'être indiquées, et l'on obtient ainsi tous les éléments d'une f. é. m. *alternative*.

On pourrait répéter pour chacun des groupes de balais $F_2 F_4$ et $F_2 F_3$ ce qui a été dit pour le groupe $F_1 F_2$;

comme les balais F_1, F_2 et F_3 sont calés à 120° l'un de
l'autre, les trois f. é. m. engendrées présentent entre
elles une différence de phase égale à $\frac{1}{3}$ de période, et
sont par conséquent *triphasées*.

La période de ces f. é. m. est égale à la durée d'un tour
complet des balais ; leur fréquence est égale à la vitesse
de rotation des balais, exprimée en tours par seconde,
soit N dans l'hypothèse envisagée.

Il est très important de remarquer ici que la fréquence
des f. é. m. engendrées entre les balais pris deux à deux
n'est pas la même que la fréquence des f. é. m. engendrées dans chacune des spires de l'anneau ; en effet,
comme dans une dynamo ordinaire à courant continu, cette dernière est égale à la vitesse de rotation de
l'armature, exprimée en tours par seconde, soit N' dans
le cas présent, tandis que la première est N, ainsi que
nous venons de le voir. En reliant les trois balais aux
trois bornes d'un circuit récepteur, on obtient par suite
trois courants triphasés de fréquence N, alors que les
f. é. m. induites dans les spires de l'anneau auraient
pour fréquence N'. Il est nécessaire de réfléchir à ce
fait qui peut paraître paradoxal à première vue.

Ainsi, *lorsque dans un champ magnétique fixe, on fait
tourner l'armature à une vitesse N' et les balais à une vi-
tessse N, chaque spire de l'induit est le siège d'une f. é. m.
de fréquence N', et l'on obtient entre balais trois f. é. m.
triphasées de fréquence N.*

**C) L'induit tourne, les balais sont fixes, et l'on
imprime au champ magnétique un mouvement de rotation. —** L'armature tournant toujours à la vitesse N',
laissons les balais fixes, et faisons tourner le champ

magnétique dans le même sens que l'armature, et à la vitesse N. Il est facile de se rendre compte que les f. é. m. entre balais ne sont modifiées ni en grandeur, ni en fréquence. Les phénomènes qui leur donnent naissance sont en effet les mêmes, que les balais tournent par rapport au champ fixe, ou que le champ tourne par rapport aux balais fixes. En particulier, la f. é. m. engendrée entre deux balais quelconques, F_1 et F_2 par exemple, est maxima positive lorsque la direction ON du champ tournant se confond avec la bissectrice de l'angle F_1OF_2 ; elle ne reprendra évidemment la même valeur qu'après un tour complet du champ, de sorte que sa fréquence est égale à la vitesse de rotation de ce dernier.

Entre le cas actuel et le précédent, il est facile de noter deux différences importantes :

a) Les f. é. m. triphasées entre balais ne se succèdent pas dans le même ordre.

Soient en effet : E_1 la f. é. m. engendrée entre F_1 et F_2,

$$E_2 \quad - \quad - \quad F_2 \text{ et } F_3,$$
$$\text{et} \quad E_3 \quad - \quad - \quad F_3 \text{ et } F_1.$$

Lorsque les balais tournent par rapport au champ fixe, à un moment donné, la bissectrice de l'angle $F_1 O F_2$ se confond avec $O N$; après un tiers de tour, elle est remplacée par la bissectrice de l'angle $F_3 O F_1$, puis, après un nouveau tiers de tour, par la bissectrice de l'angle $F_2 O F_3$. Les f. é. m. entre balais se succèdent donc dans l'ordre : E_1, E_3, E_2.

Lorsque le champ tourne par rapport aux balais fixes, l'axe ON rencontre d'abord la bissectrice de l'angle $F_1 O F_2$, puis celle de l'angle $F_2 O F_3$ et enfin celle de l'angle $F_3 O F_1$, de sorte que les f. é. m. considérées se succèdent dans l'ordre : E_1, E_2, E_3.

b) La fréquence des f. é. m. engendrées dans chacune des spires n'est plus égale à N', mais à la vitesse relative du champ par rapport à l'induit, comme dans les moteurs asynchrones polyphasés (45 D), soit ici : $N-N'$.

Donc, si l'on réunissait les balais aux trois bornes d'un circuit récepteur, on obtiendrait trois courants triphasés de fréquence N, alors que les f. é. m. induites dans les spires de l'anneau ont pour fréquence : $N-N'$.

En résumé, *lorsqu'on entraîne l'induit à la vitesse N' dans un champ magnétique tournant lui-même dans le même sens à la vitesse N, les trois balais étant maintenus dans une position fixe, on obtient entre balais trois f. é. m. triphasées dont la fréquence est égale à la vitesse N de rotation du champ tournant, tandis que la fréquence des f. é. m. induites dans les spires est égale à la vitesse relative $N-N'$ du champ par rapport à l'armature.*

La machine ainsi obtenue est une *génératrice triphasée à collecteur*. Nous n'en poursuivrons pas plus loin l'examen, cet exposé préliminaire n'ayant pas d'autre objet que de servir d'introduction à l'étude des moteurs polyphasés à collecteur.

95. Réversibilité des génératrices polyphasées à collecteur : Principe des moteurs polyphasés à collecteur. — Les génératrices polyphasées à collecteur sont réversibles : si on alimente l'anneau du système précédent par des courants triphasés de fréquence égale à la vitesse de rotation du champ tournant, on provoque son mouvement, et la machine est capable de développer un couple moteur.

Pour essayer de faire comprendre le principe du moteur ainsi obtenu, une digression nous paraît nécessaire.

Considérons un moteur bipolaire à courant continu

avec induit en anneau (fig. 138). Pour simplifier le schéma, nous avons figuré les balais comme s'ils portaient directement sur les spires induites, que nous n'avons d'ailleurs pas représentées. Nous savons que l'anneau se trouve partagé en deux solénoïdes courbes $n_1 s_1$ et $n_2 s_2$ accolés par leurs pôles de même nom. Désignons par N_1 le pôle nord résultant de la juxtaposition des

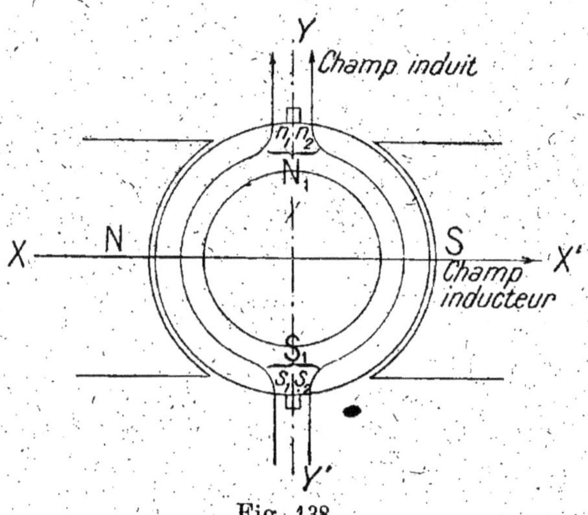

Fig. 138.

pôles n_1 et n_2, et par S_1 le pôle sud résultant de la juxtaposition des pôles s_1 et s_2; N_1 et S_1 sont les deux pôles de l'induit, et la droite qui les joint définit la direction du champ créé par l'induit. Nous sommes par conséquent en présence de deux champs : l'un de direction N S produit par l'inducteur, l'autre de direction $N_1 S_1$ produit par l'induit. Il importe d'observer ici que les lignes de force du champ inducteur sont dirigées de N vers S, alors que les lignes de force du champ engendré par l'induit sont dirigées de S_1 vers N_1.

Comme nous l'avons vu au chapitre II, la rotation de l'induit est due à la répulsion des pôles de même nom et à l'attraction des pôles de nom contraire ; nous pouvons dire, sous une autre forme, qu'elle résulte de l'action mutuelle des deux champs N S et $N_1 S_1$.

Supposons maintenant que les deux balais soient calés sur l'axe polaire (fig. 139) ; la direction du champ induit coïncide alors avec celle du champ inducteur. Si, de plus, la polarité des balais est telle que les pôles de

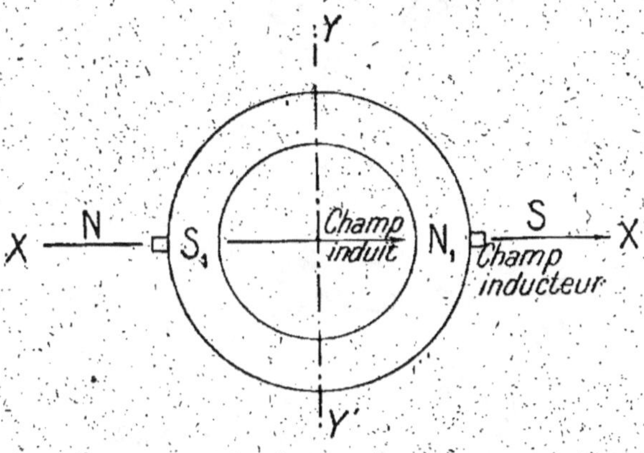

Fig. 139.

l'induit soient respectivement en regard des pôles inducteurs de nom contraire, les deux champs précédents seront de même sens, et l'induit restera au repos. Cette position particulière des balais correspondant à un couple moteur nul, nous l'appellerons *position neutre*.

Si, partant de la position neutre, nous déplaçons les balais d'un certain angle dans le sens f_1, l'induit se met à tourner dans le sens F_1 (fig. 140) ; en les décalant d'un certain angle dans le sens f_2, on provoquerait la rotation de l'anneau dans le sens F_2 (fig. 141).

Ainsi, pour mettre le moteur en marche, il suffit d'éloigner les balais de la position neutre, et *le sens de rota-*

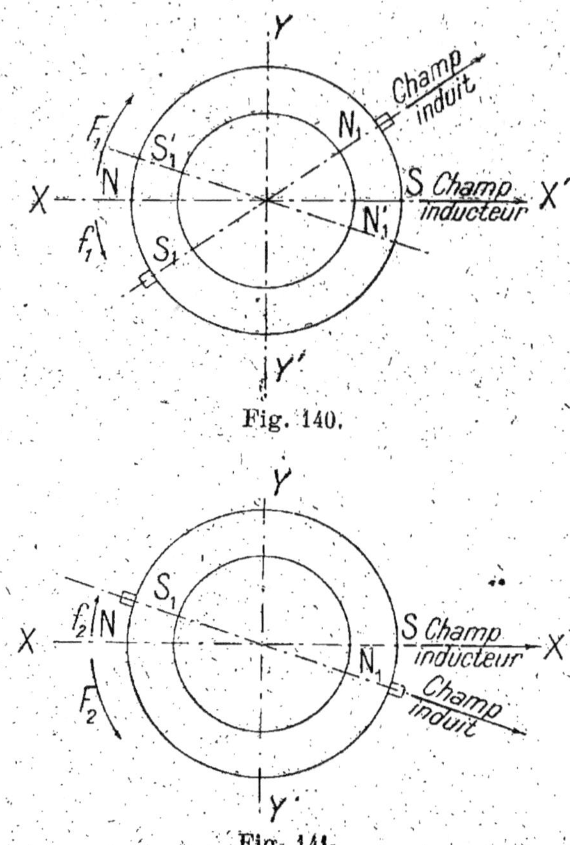

Fig. 140.

Fig. 141.

tion du moteur est toujours opposé au sens de déplacement des balais.

On conçoit aisément d'autre part que, pour un même champ inducteur, et par suite pour une même vitesse, le couple moteur varie :

a) avec la grandeur du champ créé par l'induit, et par conséquent avec l'intensité du courant qui l'alimente ;

b) avec l'angle formé par les deux champs inducteur et induit : nul lorsque ces deux champs ont le même sens, il croît au fur et à mesure que leur distance angulaire augmente, et devient maximum lorsque leurs directions sont perpendiculaires ; le champ induit $N_4 S_4$ se confond alors avec la ligne neutre YY'.

Ajoutons enfin que si, en cours de marche, le moteur tournant par exemple dans le sens F_4 (fig. 140), on décale les balais au-delà de la position neutre, en $N'_4 S'_4$, le couple moteur change de sens, et l'induit *freine* d'autant plus énergiquement qu'on accentue le décalage. En même temps, le moteur entraîné par sa charge se transforme en génératrice et restitue au réseau, sous forme électrique, la majeure partie de l'énergie mécanique qu'il absorbe. Le lecteur reconnaîtra ici le mécanisme du freinage électrique avec récupération, dont nous avons eu plusieurs fois l'occasion de parler.

Reprenons maintenant notre anneau primitif pourvu de ses trois balais, et disposons-le au centre d'un système capable de produire un champ tournant bipolaire. Nous pourrons utiliser à cet effet le stator d'un moteur asynchrone triphasé à deux pôles, que nous représenterons schématiquement par un enroulement fermé sur lui-même avec trois prises équidistantes A_4, A_2, A_3, communiquant avec les trois bornes B_4, B_2, B_3, ce qui revient à admettre que les trois phases du système sont montées en triangle (fig. 142).

Supposons d'abord que les trois balais F_4, F_2, F_3, soient respectivement en regard des sommets A_4 A_2, A_3, du triangle statorique, et appliquons entre les bornes B_4, B_2.

B_3, et, par suite, entre les sommets A_1, A_2, A_3, trois tensions triphasées. Appliquons de même entre les balais F_1, F_2, F_3, trois tensions triphasées de même fréquence, et respectivement en phase avec les tensions correspondantes du stator. Grâce à ce mode d'alimentation, la d. p. p. entre F_1 et F_2 est en concordance de phase avec la tension entre A_1 et A_2; de même la d. p. p. entre F_2 et F_3 est en phase

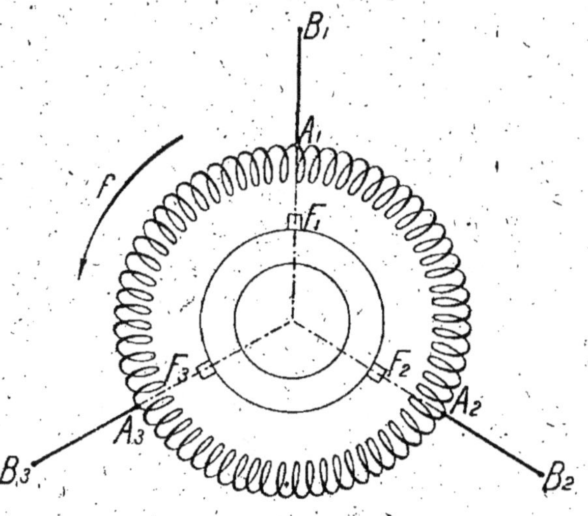

Fig. 142.

avec la tension entre A_2 et A_3; enfin la d. p. p. entre F_3 et F_1 est en phase avec la tension entre A_3 et A_1.

Le stator engendre un champ bipolaire, tournant dans le sens f, par exemple, avec une vitesse N qui, exprimée en tours par seconde, est égale à la fréquence des tensions d'alimentation.

L'anneau constitue un système tout-à-fait semblable au stator, et il engendre également un champ tournant bipolaire. Comme les tensions appliquées entre les balais de l'anneau se succèdent dans le même ordre que les tensions appliquées aux bornes du stator, ce deuxième champ tourne dans le même sens que le premier. Sa vitesse est aussi la même, car toutes les tensions ont la même fréquence. Enfin, les trois phases de l'anneau et les trois phases du stator occupant dans l'espace des positions semblables, *les deux champs considérés ont constamment la même direction.* D'après ce que nous avons dit tout à l'heure, l'action mutuelle de ces deux champs est nulle ;

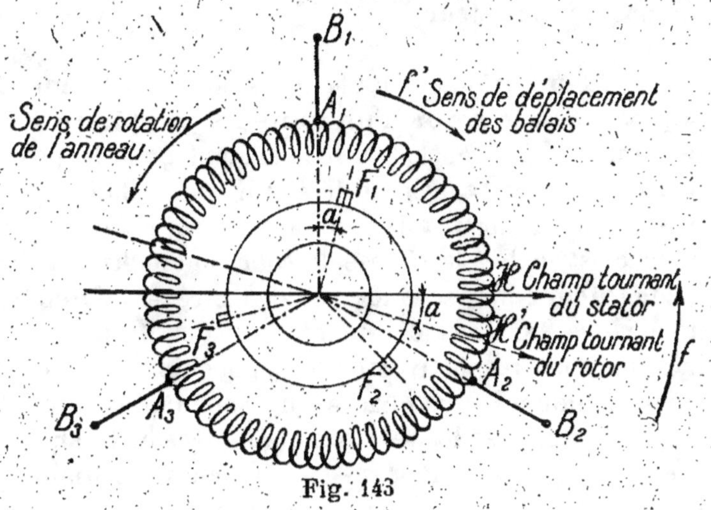

Fig. 143

aucun couple ne s'exerce entre le stator et l'anneau qui reste au repos ; les balais sont dans la *position neutre.*

Déplaçons les trois balais simultanément dans le sens f' d'un certain angle a (fig. 143). Le champ tournant ℋ' engendré par l'anneau se sépare du champ statorique ℋ avec lequel il coïncidait jusqu'ici, et se déplace par rapport à lui dans le même sens f' et du même angle a. Nous sommes maintenant en présence de deux champs constants dont les directions ne se confondent plus, et nous retrouvons les conditions représentées par la fig. 141, avec cette différence que les champs considérés, au lieu d'être fixes dans l'espace, tournent ici à la même vitesse. L'action mutuelle de ces champs ne dépend évidemment que de leur orientation relative et non de leur mouvement, de sorte que, dans les deux cas, l'effet observé est le même ; en d'autres termes, les balais ayant été déplacés dans le sens f', l'anneau se met à tourner dans le sens f.

Ainsi s'explique très simplement la rotation des moteurs triphasés à collecteur.

96. Phénomènes électriques et électromagnétiques dans le rotor d'un moteur polyphasé à collecteur. — Au repos, les balais étant dans la position neutre, le champ tournant du stator induit dans les trois phases de l'anneau trois f. é. m. triphasées, dont la fréquence est égale à la vitesse de rotation du champ, exprimée en tours par seconde, c'est-à-dire à la fréquence même des tensions d'alimentation. Ces trois f. é. m. induites sont respectivement en opposition avec les tensions appliquées aux phases correspondantes du stator, et, par suite, avec les tensions appliquées aux balais. Par exemple, la f. é. m. E_1 dans la phase du rotor limitée par les balais F_1 et F_2 est en opposition avec la tension U_1 appliquée aux bornes A_1 et A_2 de la première phase du stator ; comme la d. d. p. U_1' appliquée aux balais F_1 et F_2 est en concordance de phase avec la tension U_1, la f. é. m. E_1 est elle-même en opposition avec la tension U_1'. D'autre part, les deux grandeurs U_1' et E_1 sont très peu différentes l'une de l'autre, de sorte que le courant dans la phase considérée a une valeur très faible. Le moteur se comporte, en somme, comme un transformateur statique ayant pour primaire le stator, et pour secondaire le rotor. Les courants dans les trois phases du rotor étant très faibles, les conditions de fonctionnement du moteur sont à peu près celles d'un transformateur à circuit ouvert.

Voyons maintenant ce qui se passe lorsque le rotor tourne dans le même sens que le champ du stator.

En étudiant le principe de la génératrice triphasée à collecteur, nous avons montré que si l'on entraîne l'anneau à une vitesse N' dans un champ magnétique tournant lui-même dans le même sens à la vitesse N, on obtient, entre les trois balais fixes, pris deux à deux, trois f. é. m. triphasées dont la fréquence est égale à la vitesse N de rotation du champ tournant, tandis que la fréquence des f. é. m. induites dans les spires est égale à la vitesse relative $N - N'$ du champ par rapport à l'armature. En réunissant les balais aux trois bornes d'un circuit récepteur, on obtiendrait trois courants triphasés de fréquence N, alors que les trois phases de l'anneau seraient parcourues par des courants de fréquence $N - N'$.

Réciproquement, lorsque la machine fonctionne en moteur, le rotor tournant à la vitesse N' dans le champ du stator tournant lui-même dans le même sens à la vitesse N, les trois phases de l'anneau sont parcourues par des courants de fréquence $N - N'$, bien que les tensions appliquées aux balais aient une fréquence égale à N.

Comme nous avons supposé le moteur bipolaire, les courants triphasés du rotor engendrent un champ tournant dont la vitesse par rapport au rotor est égale à leur fréquence commune, soit $N - N'$. Il est essentiel d'observer ici que cette valeur $N - N'$ exprime la vitesse que possède le champ tournant relativement au rotor qui lui donne naissance. Si le rotor était fixe, le champ se déplacerait dans l'espace à cette vitesse N — N'; s'il tourne lui-même dans le même sens à la vitesse N', il entraîne son propre champ à la même vitesse, de sorte que celui-ci tourne dans l'espace à la vitesse N. Nous avons en effet :

$$\underbrace{N - N'}_{\substack{\text{Vitesse du champ} \\ \text{par rapport au rotor}}} + \underbrace{N'}_{\substack{\text{Vitesse du} \\ \text{rotor}}} = \underbrace{N}_{\substack{\text{Vitesse de rotation} \\ \text{du champ dans l'espace}}}$$

Ainsi, en vitesse comme au repos, le champ propre du rotor tourne dans l'espace à la même vitesse que le champ du stator ; lorsque le rotor est fixe, ces deux champs ont la même direction ; lorsque le rotor est en mouvement, ils font entre eux un angle constant égal à l'angle de déplacement des balais sur le collecteur, dans un moteur bipolaire.

En résumé, *lorsque le rotor d'un moteur triphasé tourne à la vitesse* N' *dans le champ du stator tournant dans le même sens à la vitesse* N *:*

a) *les phases du rotor sont parcourues par des courants de fréquence* N-N', *bien que les tensions entre balais aient une fréquence égale à* N *;*

b) *le champ rotorique tourne dans l'espace à la même vitesse* N *que le champ du stator.*

Nous allons étudier maintenant les propriétés des moteurs triphasés à collecteur, en distinguant deux cas :

1° Le rotor est en série avec le stator.

2° Le rotor est en dérivation sur le réseau, de sorte que les circuits du stator et du rotor sont alimentés indépendamment les uns des autres. Le premier de ces montages conduit aux *moteurs à caractéristique série,* et le second aux *moteurs à caractéristique shunt.*

97. Moteurs à caractéristique série. — *A*) Description sommaire. — Le stator est analogue à celui d'un moteur asynchrone triphasé.

Le rotor est un induit de dynamo ; sur le collecteur portent trois balais équidistants qu'un même support permet de déplacer simultanément.

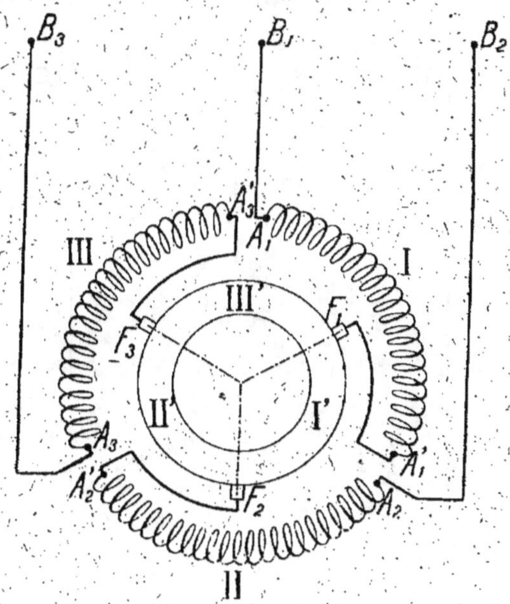

Fig. 144.

Le montage des circuits du moteur est représenté par la fig. 144. Comme on le voit, le balai F_1 communique avec la borne B_1 par l'intermédiaire de la phase I du stator ; de même, le balai F_2 communique avec la borne B_2 par l'intermédiaire de la phase II du stator ; enfin, le balai F_3 est relié à la borne B_3 par l'intermédiaire de la phase III du stator. La fig. 145 donne, de ce montage, un schéma équivalent simplifié, dont la lecture est immédiate.

Naturellement, si la tension du réseau est trop élevée, on l'abaisse préalablement à l'aide d'un transformateur.

B) Démarrage. — On provoque le démarrage du moteur par le simple déplacement des balais.

Au moment où l'on ferme l'interrupteur qui relie le

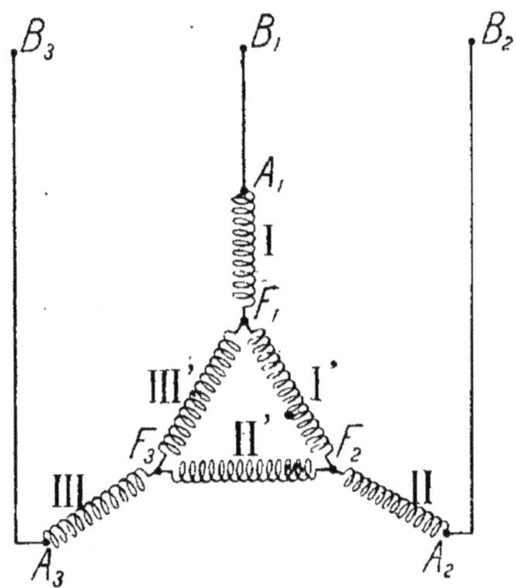

Fig. 145.

moteur au réseau, les balais sont dans la position neutre. La machine se comporte alors comme un transformateur à circuit secondaire ouvert, ainsi que nous l'avons vu précédemment ; le courant qu'il absorbe ne dépasse pas 10 à 12 % du courant normal, et la puissance demandée au réseau est très faible (3 à 8 % de la puissance normale). En éloignant les balais de la position neutre, le couple et le courant augmentent progressivement sans à-coup, et le moteur démarre.

G) **Sens de rotation. Inversion du sens de marche.**
*Le sens de rotation du moteur est toujours opposé au
sens de déplacement des balais.*

De ce principe, nous déduisons immédiatement les
conséquences suivantes :

a) Un moteur triphasé à collecteur à caractéristique
série peut tourner indifféremment dans un sens et dans
l'autre ; les balais étant primitivement dans la position
neutre, il suffit de les déplacer dans le sens contraire du
sens de marche que l'on veut obtenir.

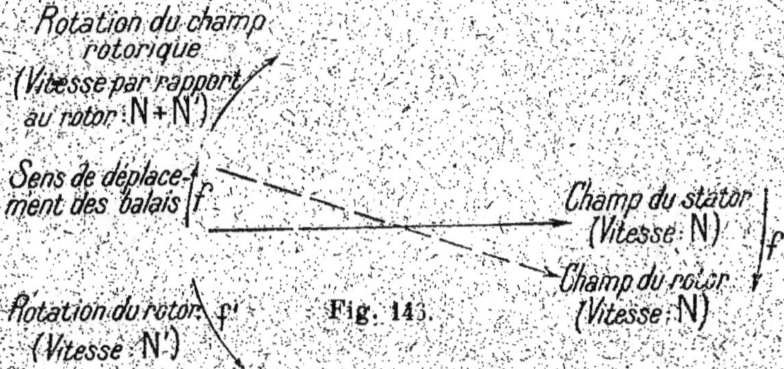

Fig. 146.

Pour inverser le sens de rotation du moteur, il y a qu'à
ramener les balais dans la position neutre, attendre
l'arrêt du rotor, et les déplacer ensuite en sens contraire.

Une remarque intéressante s'impose ici. Supposons que
le champ de stator tourne dans le sens f à la vitesse N
(fig. 146). Si nous déplaçons les balais dans le même sens,
le rotor tourne dans le sens f' et atteint, par exemple,
la vitesse N'. La fréquence des courants dans le rotor est
toujours égale à la vitesse relative du champ statorique
par rapport à l'armature. Si le rotor était immobile, cette
vitesse serait égale à N ; comme il va à la rencontre du
champ avec une vitesse N', ce dernier se déplace relative-

ment au rotor avec une vitesse $N + N'$. De même, lorsque deux trains se dirigent l'un vers l'autre avec des vitesses respectivement égales à 80 et 60 km par heure, la distance qui les sépare diminue en une heure de $80 + 60 = 140$ km, et tout se passe comme si, l'un des trains restant immobile, le second se dirigeait vers lui à raison de 140 km à l'heure. La vitesse relative de l'un des trains par rapport à l'autre est donc égale à la somme de leurs vitesses propres.

Cette comparaison simple illustre clairement le phénomène que nous étudions en ce moment ; le champ du stator et le rotor tournant en sens contraire, l'un avec la vitesse N, l'autre avec la vitesse N', la vitesse relative du champ par rapport au rotor est égale à la somme de leurs vitesses propres, soit $N + N'$.

· Les courants dans le rotor ayant une fréquence égale à $N + N'$ engendrent un champ tournant dans le sens f, puisque l'ordre de succession des tensions appliquées n'a pas été modifié. La vitesse de ce champ par rapport à l'armature est naturellement $N + N'$; comme le rotor entraîne son propre champ *en sens contraire* et à la vitesse N', ce champ tourne dans l'espace à la vitesse :

$$(N + N') - N' = N$$

Ainsi, le champ du stator et le champ du rotor tournent toujours dans le même sens à la même vitesse, et cela, que le rotor soit au repos, qu'il soit en mouvement dans un sens ou dans l'autre.

On conçoit aisément que ces deux champs se combinent en réalité pour n'en former qu'un seul, et que la plupart des phénomènes qui caractérisent le fonctionnement du moteur en marche sont subordonnés à la vitesse relative de ce champ par rapport au rotor.

En particulier, la production d'étincelles entre balais et collecteur est très admissible lorsque le champ et le rotor tournent dans le même sens ; elle diminue en même temps que la différence de leurs vitesses, et s'annule au synchronisme ; mais elle prendrait une importance exagérée si le champ et le rotor tournaient en sens inverse. On doit donc s'arranger pour que le rotor tourne toujours dans le même sens que le champ résultant.

De ces considérations, il résulte que pour inverser le sens de marche du moteur, il faut avoir soin, avant de manœuvrer les balais en sens contraire et pendant que le moteur est au repos, de permuter l'ordre de deux des tensions d'alimentation, afin d'inverser le sens de rotation du champ statorique.

***D)* Couple moteur.** — Comme le moteur à courant continu excité en série, le moteur triphasé à collecteur à caractéristique série donne un couple de démarrage élevé en absorbant un courant faible.

A vitesse constante, le couple moteur augmente au fur et à mesure qu'on éloigne les balais de la position neutre et devient maximum, dans un moteur bipolaire, lorsqu'on les a déplacés de 90°. Le champ tournant du stator et le champ propre du rotor sont alors perpendiculaires, absolument comme les champs fixes engendrés par l'inducteur et l'induit d'un moteur à courant continu développant le couple maximum correspondant à une vitesse donnée.

Dans un moteur à $2p$ pôles, le stator et le rotor produisent deux champs tournants à $2p$ pôles. Le couple est nul lorsque leurs axes polaires se confondent ; il est maximum lorsque les axes polaires du champ rotorique sont à égale distance des axes polaires du champ statorique, ou, ce qui revient au même, lorsque les pôles du champ engendré par le rotor se trouvent au milieu des intervalles compris entre les pôles du champ produit par le stator. L'amplitude du déplacement des balais est donc toujours égale à la moitié de la distance angulaire de deux pôles de noms contraires. Dans un but de généralisation, ce déplacement maximum est représenté dans tous les cas par 180 degrés électriques.

E) **Vitesse. Réglage de la vitesse. Freinage.** — *a)* Pour une position fixe des balais, la vitesse diminue lorsque le couple croît, et s'élève lorsque le couple décroît. On retrouve là encore une des propriétés essentielles du moteur série à courant continu.

La comparaison entre ces deux catégories de moteurs peut d'ailleurs être poussée plus loin. On sait que le moteur à courant continu excité en série s'emballe à vide ; lorsqu'un moteur triphasé à collecteur, fonctionnant avec un grand déplacement angulaire des balais, se trouve brusquement déchargé avant qu'on ait eu le temps de ramener les balais dans le voisinage de la position neutre, la vitesse peut atteindre une valeur dangereuse. Lorsqu'on peut craindre un accident de cette nature, il est nécessaire d'adapter au moteur un appareil à force centrifuge capable de provoquer automatiquement le déclanchement de l'interrupteur principal.

b) Pour une même charge, on peut régler la vitesse dans de très grandes limites, d'une manière progressive et sans à-coups, en déplaçant les balais sur le collecteur. La vitesse augmente quand les balais s'éloignent de la position neutre ; elle diminue quand ils s'en rapprochent.

c) Si, pendant la marche du moteur, les balais sont

ramenés au delà de la position neutre, le moteur fonctionne en génératrice et restitue de l'énergie électrique au réseau ; il absorbe alors de l'énergie mécanique et joue le rôle d'un frein d'autant plus énergique que l'angle de déplacement des balais est plus grand.

F) **Facteur de puissance.** — Le facteur de puissance s'améliore lorsque la charge et la vitésse augmentent ; il décroît au contraire lorsque la charge et la vitesse diminuent, c'est-à-dire lorsque les balais s'approchent de la position neutré. Il est cependant possible d'obtenir une valeur élevée du facteur dé puissance à toutes les charges en connectant les phases du stator en triangle pour les fortes charges et en étoile pour les faibles charges. Cette modification serait évidemment irréalisable avec le montage représenté par la fig. 144 ; elle est au contraire très simple lorsque le stator est alimenté par l'intermédiaire d'un transformateur, ainsi que nous le verrons dans le 5e ouvrage de cette collection.

Lorsque, pour une même position des balais, on passe du montage en triangle au montage en étoile, la tension entre les extrémités de chaque phase devient $\sqrt{3}$ fois plus petite, et la puissance développée par le moteur diminue. Après la manœuvre, pour que le moteur fournisse la même puissance qu'avant, il faut déplacer les balais d'un angle plus grand, ce qui a pour effet d'améliorer le facteur de puissance.

G) **Rendement.** — Comme le facteur de puissance, le rendement du moteur varie avec la charge et avec la vitesse. Il reste très élevé dans de larges limites de réglage, et c'est là précisément le principal avantage des moteurs à collecteur.

H) **Comparaison entre le moteur étudié et le moteur**

série à courant continu, le moteur monophasé à collecteur et le moteur asynchrone triphasé. — *a*) Le moteur qui nous intéresse actuellement a les mêmes propriétés caractéristiques que le moteur à courant continu excité en série : couple énergique au démarrage avec un appel de courant relativement faible ; couple et vitesse variables en sens contraire ; danger d'emballement à vide.

La manœuvre du moteur triphasé à collecteur est plus simple que celle du moteur série à courant continu. Le démarrage, le réglage de la vitesse, l'arrêt, l'inversion du sens de marche, sont obtenus très commodément par le déplacement des balais sur le collecteur. La mise en vitesse et la régulation n'exigent, d'autre part, aucune dissipation d'énergie dans des rhéostats. Enfin, le moteur triphasé à collecteur permet de bénéficier des avantages des transports d'énergie par courants alternatifs à haute tension, aujourd'hui si répandus.

b) Les moteurs à collecteur mono et triphasés ont les mêmes qualités essentielles : bon démarrage, réglage de la vitesse très simple et sans pertes. Toutefois, le moteur triphasé a un meilleur rendement que le moteur monophasé, son facteur de puissance est plus élevé, et il a le grand avantage de charger également les trois phases du réseau. Le moteur monophasé présente, il est vrai, une plus grande simplicité de bobinage et, pour les faibles puissances, son prix de revient est inférieur ; mais, pour les grandes puissances, le moteur triphasé et son transformateur d'alimentation forment un groupe qui est sensiblement meilleur marché.

c) Lorsqu'on désire une vitesse à peu près constante et voisine du synchronisme, l'emploi du moteur asynchrone d'induction est tout indiqué, car son rendement est supérieur de 4 à 5 %, à celui d'un moteur à collecteur de même puissance, où la présence des balais occasionne des pertes supplémentaires.

Par contre, si la vitesse doit varier dans de grandes limites, le moteur à collecteur est nettement supérieur au moteur asynchrone. Nous savons en effet que, dans la plupart des cas, on modifie la vitesse de ce dernier en insérant des résistances dans les circuits du rotor. Ces résistances doivent être d'autant plus fortes que la vitesse minima que l'on veut réaliser s'écarte davantage de la vitesse du synchronisme ; la dissipation d'énergie sous forme de chaleur est donc d'autant plus grande que le couple développé par le moteur est plus élevé. D'autre part, la vitesse et le couple moteur ne peuvent varier que par degrés successifs, et le réseau est soumis à des à-coups toujours ennuyeux.

Le moteur à collecteur au contraire permet de réaliser *progressivement, sans à-coups et sans perte d'énergie,* toute la gamme de vitesses désirable. La mise en marche s'obtient également sans pertes, et, pour un même couple de démarrage, le courant absorbé est sensiblement plus faible que celui du moteur asynchrone pour lequel le couple et le courant sont sensiblement proportionnels.

En résumé, l'installation d'un moteur à collecteur, pourtant plus coûteuse que celle d'un moteur asynchrone ordinaire, conduit à une économie d'autant plus grande que les démarrages sous charge sont plus fréquents, et que l'étendue de réglage de la vitesse est plus grande.

I) **Usages.** — Les moteurs série à collecteur conviennent à la commande des ventilateurs, compresseurs, pompes, machines d'extraction, presses d'imprimerie rotatives, transbordeurs, engins de levage, presses pour briqueteries, laminoirs, etc...

98. Moteurs à caractéristique shunt. — A) Description sommaire. — Le schéma du moteur est représenté par la figure 147.

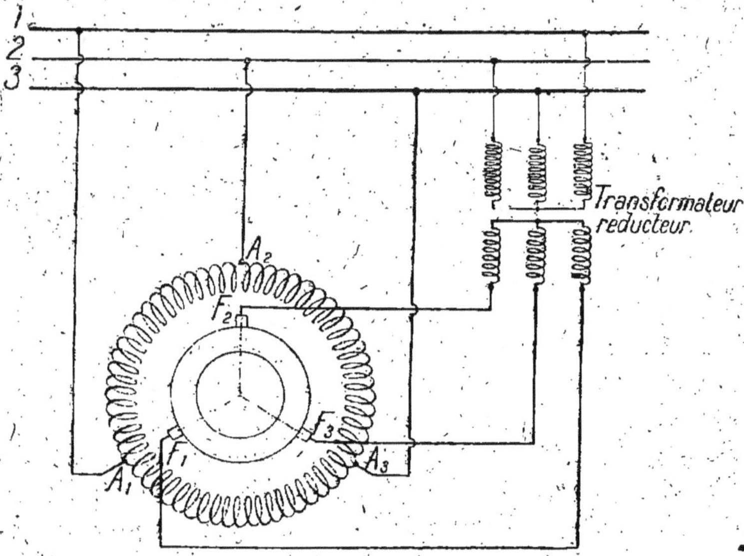

Fig. 147.

Si la tension du réseau n'est pas trop élevée, le stator est branché directement sur la canalisation. Le rotor est également relié à la ligne, mais par l'intermédiaire d'un transformateur réducteur.

Lorsque le moteur tourne à la vitesse du synchronisme, la production d'étincelles sous les balais est réduite au minimum. Pour l'atténuer aux vitesses qui s'écartent notablement de ce régime, on réunit souvent les lames du collecteur par des shunts de résistance assez élevée

(fig. 148) ; cet artifice de construction améliore d'une façon très sensible le fonctionnement du rotor.

B) Propriétés. Réglage de la vitesse. — a) Le

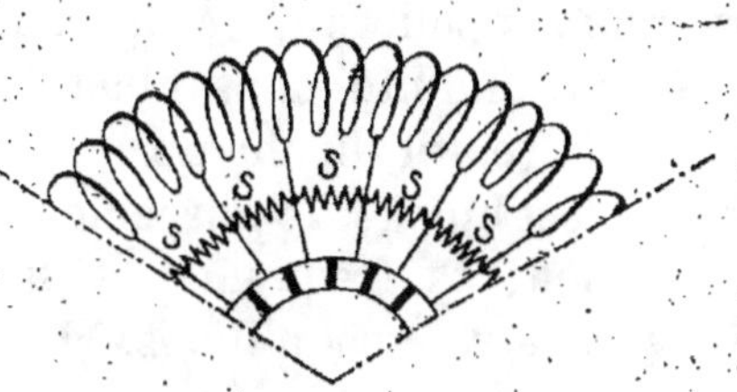

Fig. 148. — S : shunts.

moteur à collecteur monté comme il vient d'être dit possède la propriété caractéristique des moteurs shunt à courant continu : sa vitesse est à peu près constante à toutes les charges, et ne dépasse pas une limite peu éloignée lorsque la charge est annulée subitement.

b) Pour essayer de faire comprendre le mécanisme du réglage de la vitesse à charge constante, reportons-nous un instant au moteur asynchrone triphasé ordinaire.

Nous avons rappelé, au paragraphe précédent, qu'on peut régler la vitesse de ce dernier par insertion de résistances dans les circuits du rotor. Ce procédé revient à opposer à la f. é. m. induite dans chaque phase une tension extérieure égale à la chute de potentiel dans la résistance en série avec elle, c'est-à-dire au produit de cette résistance par l'intensité efficace du courant fourni par la phase considérée. Si, la charge du moteur restant la même, on introduit dans chacun des circuits du rotor une résistance plus élevée, la vitesse du moteur diminue (50 d), le glissement croît, la f. é. m. induite dans chaque phase augmente proportionnellement, et la chute de tension dans la résistance en série augmente dans le même rapport. On peut dire, en somme, que pour diminuer la vitesse du moteur, il faut opposer, à la f. é. m.

développée dans chaque phase, une tension plus élevée ; afin que la f. é. m. due au glissement ait une valeur suffisante pour équilibrer cette nouvelle tension ; le glissement s'accentue, et la vitesse décroît.

Pour simplifier le langage, nous appellerons désormais *f. é. m. de glissement* la f. é. m. induite dans chaque phase du rotor par le mouvement relatif du champ tournant par rapport à ce dernier ; c'est en effet le glissement du rotor qui lui donne naissance ; sa fréquence et sa grandeur sont proportionnelles à la valeur qu'il possède.

Nous donnerons aussi le nom d'*énergie de glissement* à l'énergie mise en jeu par les phénomènes d'induction dans les phases du rotor, et qui, dans le cas actuel, est entièrement dissipée dans les résistances du rhéostat.

Dans le moteur à collecteur, le mouvement relatif du champ tournant par rapport au rotor engendre également dans les trois phases de celui-ci des f. é. m. induites dont la fréquence et la grandeur sont proportionnelles au glissement ; mais, ainsi que nous l'avons longuement montré, les tensions entre balais ont la même fréquence que les tensions d'alimentation.

Grâce au montage indiqué, on peut appliquer entre les balais du rotor des tensions d'origine extérieure fournies par le transformateur ; il est même possible de faire varier la valeur de ces tensions, si le secondaire du transformateur est subdivisé en un certain nombre de sections permettant d'obtenir un rapport de transformation variable.

D'autre part, le déplacement des balais modifie la phase des tensions appliquées relativement à la phase des tensions triphasées du réseau.

En combinant un rapport de transformation convenable avec le déplacement des balais sur le collecteur, on peut appliquer entre ces derniers des tensions extérieures de grandeur et de phase quelconques, capables de modifier la vitesse du rotor dans de grandes limites.

Cette vitesse peut être rendue à volonté inférieure, égale, ou supérieure à celle du synchronisme.

Lorsqu'elle est inférieure à la vitesse synchrone, l'énergie de glissement est entièrement restituée au réseau, au lieu d'être inutilement dissipée dans des résistances, comme cela se produit avec les moteurs asynchrones ordinaires.

A la vitesse du synchronisme, l'énergie de glissement est nulle.

Aux vitesses hypersynchrones, le réseau fournit de l'énergie non seulement au stator, mais encore au rotor.

Pour terminer, ajoutons que dans un moteur asynchrone, le même rhéostat sert au démarrage et au réglage de la vitesse ; de même, dans un moteur shunt à collecteur, on opère également la mise en marche par l'action combinée du transformateur et du décalage des balais.

C) **Usages.** — Le moteur shunt à collecteur convient particulièrement à la commande des machines-outils, des machines à imprimer les tissus, des métiers continus à filer, etc...

Relativement au moteur asynchrone ordinaire, il n'est avantageux que si le réglage de la vitesse est d'au moins 10 à 12 % ; il permet de réaliser une économie d'autant plus appréciable que l'étendue du réglage est plus importante.

99. Application des moteurs polyphasés à collecteur au réglage de la vitesse des moteurs asyn-

chrônes à champ tournant. — *A*) Principe. — La question du réglage de la vitesse des moteurs asynchrones à champ tournant présente un très grand intérêt au point de vue industriel. Pour que ce réglage soit économique, il est nécessaire de récupérer l'énergie due au glissement, au lieu de la dissiper inutilement dans des résistances. L'emploi des moteurs polyphasés à collecteur procure une solution élégante du problème ; nous n'en exposerons brièvement que les grandes lignes, car nous nous proposons d'y revenir dans le tome V, où nous indiquerons les dispositifs pratiques de réalisation.

Le principe du réglage envisagé est le suivant : l'énergie de glissement d'un moteur asynchrone est transmise à un moteur polyphasé à collecteur qui la restitue, aux pertes près, soit sous forme d'énergie mécanique, soit sous forme d'énergie électrique.

B) Modes de récupération de l'énergie due au glissement. — a) *Récupération sous forme d'énergie mécanique.* — Le moteur à collecteur, calé sur l'arbre du moteur asynchrone, reçoit l'énergie de glissement développée par le rotor de celui-ci, et la transforme en énergie mécanique recueillie sur l'arbre du moteur principal. Les tensions d'origine extérieure appliquées entre les bagues du moteur asynchrone sont fournies par le rotor du moteur à collecteur, et jouent le même rôle que les chutes de potentiel provoquées par les résistances d'un rhéostat, ou que les tensions données par le transformateur d'un moteur shunt à collecteur. Leur mode d'action est le même, et il importe, pour s'en rendre compte, de ne pas oublier que la fréquence des tensions entre les balais du moteur à collecteur, indépendante de la vitesse, est toujours égale à celle des tensions d'alimentation, c'est-à-dire ici à la fréquence même des d. d. p. entre les bagues du moteur asynchrone.

La puissance du moteur auxiliaire dépend de la puissance électrique qu'il doit absorber, et, par suite, du glissement que l'on désire obtenir. Si la réduction maxima de vitesse doit être par exemple de 20 %, la puissance du moteur de réglage devra être égale aussi à 20 % environ de la puissance du moteur principal.

Lorsque le moteur principal est établi pour une faible vitesse, l'accouplement mécanique direct n'est pas avantageux ; une transmission par engrenages ou par courroie est préférable dans ce cas, car elle permet d'employer un moteur à collecteur fonctionnant à une vitesse plus élevée, et par conséquent dans de meilleures conditions économiques. D'ailleurs, l'énergie mécanique du moteur auxiliaire peut être transmise à un arbre quelconque, indépendant du moteur principal.

b) *Récupération sous forme d'énergie électrique.* — L'énergie de glissement est recueillie par un moteur à collecteur accouplé directement à une génératrice asynchrone dont le stator est relié au réseau. L'ensemble moteur à collecteur-génératrice asynchrone constitue un groupe dit *de récupération* ; le moteur à collecteur, alimenté par le rotor du moteur principal, entraîne la génératrice asynchrone, et celle-ci restitue au réseau la majeure partie de l'énergie qu'elle reçoit.

Le groupe de récupération, mécaniquement indépendant du moteur principal, peut être installé en un point quelconque de l'usine, il peut en outre être prévu pour fonctionner dans les conditions de vitesse les plus avantageuses.

C) **Avantages du réglage par récupération.** —

a) L'énergie récupérée sous forme mécanique ou électrique n'est évidemment pas égale à l'énergie totale de glissement, car il y a lieu de tenir compte des pertes dans le moteur à collecteur ou dans le groupe de récupération. Elle est cependant suffisante pour compenser très largement la dépense d'installation et d'entretien du moteur auxiliaire, dont la puissance est d'ailleurs toujours faible relativement à celle du moteur principal. *Le réglage par récupération est donc économique.*

b) Par un choix judicieux des caractéristiques du moteur auxiliaire, il est possible de faire tourner le moteur principal à la vitesse qui convient le mieux à l'application prévue, et de maintenir cette vitesse sensiblement constante, quelle que soit la charge.

c) Le mode de réglage étudié permet de faire fonctionner le moteur principal avec un facteur de puissance égal à l'unité, quelles que soient la charge et la vitesse.

Le principe de cette importante amélioration ne peut être exposé d'une façon élémentaire. Disons simplement qu'en appliquant entre les bagues du rotor des tensions d'origine extérieure, l'excitation du moteur est produite par le rotor, de sorte que le stator ne demande plus au réseau que le courant de travail.

d) Enfin, le réglage par récupération, améliorant le facteur de puissance, permet de construire des moteurs moins lourds et, par suite, moins coûteux.

D) Applications. — Les groupes moteur asynchrone-moteur à collecteur montés en cascade sont utilisés pour actionner les compresseurs, les pompes d'épuisement, les ventilateurs de mines, les trains de laminoirs, etc...

On saisira toute l'importance du rôle qu'ils peuvent jouer en réfléchissant aux conditions de fonctionnement des laminoirs par exemple. D'abord, la vitesse de travail dépend du profil à obtenir. Ensuite, pour un même profil, elle varie au cours d'une même passe, ainsi que d'une passe à la suivante. Enfin, pour amortir les chocs qui se produisent au commencement de chaque passe, les moteurs de laminoirs sont toujours munis de lourds volants dont l'action ne peut être efficace que si la vitesse peut varier de 10 à 15 %. Toutes ces conditions peuvent être réalisées avec un moteur asynchrone et un moteur de réglage ; de plus, grâce à l'emploi de ce groupe, la puissance demandée au réseau varie sans à-coups brusques, bien que la charge imposée au moteur principal, essentiellement irrégulière, présente des pointes rapprochées et très aiguës.

QUESTIONNAIRE

94. Que se passe-t-il quand on fait tourner dans un champ fixe un anneau de dynamo à courant continu, sur la périphérie duquel portent trois balais équidistants et immobiles ? — Que deviennent les trois f. é. m. obtenues lorsqu'on déplace simultanément les trois balais d'un certain angle ? — Le champ restant fixe, et les balais tournant ensemble dans le même sens que l'anneau, quelle est la fréquence des f. é. m. engendrées entre les trois balais pris deux à deux ? — Quelle est la fréquence des f. é. m. induites dans les spires ? — Qu'obtient-on lorsqu'on entraîne l'anneau dans un champ magnétique, tournant lui-même dans le même sens à une vitesse différente, les balais étant maintenus dans une position fixe ? — Quel nom donne-t-on à la machine fonctionnant dans ces conditions ? — 95. Déterminez la direction et le sens du champ produit par l'induit d'un moteur bipolaire à courant continu. — Que se passe-t-il lorsque le champ inducteur et le champ induit ont la même direction et le même sens ? — Quel nom donne-t-on à la position des balais correspondant à un couple moteur nul ? — Qu'arrive-t-il si, partant de la position neutre, on déplace les balais d'un certain angle ? — Quel est le sens de rotation du moteur ? —

Pour un même champ inducteur, comment varie le couple moteur ? — Quel est l'angle des deux champs correspondant au couple maximum ? — Qu'arrive-t il si, en cours de marche, on décale les balais au-delà de la position neutre ? — L'anneau précédent est disposé à l'intérieur du stator d'un moteur asynchrône triphasé à deux pôles, les balais sont en face des sommets du triangle statorique, et on applique entre eux trois tensions triphasées respectivement en phase avec les tensions correspondantes du stator ; quelles sont les propriétés des champs créés par le stator et par l'anneau ? — Celui-ci tourne-t il ? — Pourquoi ? — Quel nom donne-t on à la position particulière occupée par les balais ? — Qu'arrive-t-il si l'on déplace les trois balais dans le même sens et du même angle ? — 96, Comment se comporte, au repos, un moteur triphasé à collecteur ? — Le rotor tournant dans le même sens que le champ statorique à une vitesse différente, quelle est la fréquence des courants qui parcourent ses trois phases ? — Quelle est, par rapport au rotor, la vitesse du champ tournant engendré par ces courants ? — Quelle est la vitesse du champ rotorique dans l'espace ? — 97. Indiquez la constitution et le montage d'un moteur triphasé à collecteur à caractéristique série. — Comment provoque-t-on le démarrage de ce moteur ? — Dans quel sens tourne-t-il ? — Que faut-il faire pour inverser le sens de marche ? — Lorsque le rotor tourne en sens contraire du champ statorique, quelle est la vitesse du champ rotorique par rapport au rotor ? — Quelle est la vitesse de ce champ dans l'espace ? — Pourquoi s'arrange-t-on pour que le rotor tourne toujours dans le même sens que le champ du stator ? — Quelle précaution faut-il prendre pour inverser le sens de marche du rotor ? — Comment varie le couple moteur avec le déplacement des balais sur le collecteur ? — Quel est, dans un moteur bipolaire, le décalage correspondant au couple maximum ? — Quelle est l'amplitude du déplacement des balais dans un moteur multipolaire ? — Comment l'exprime-t-on ? — Les balais occupant une position fixe, comment varie la vitesse du rotor ? — Qu'arrive-t-il si le moteur est brusquement déchargé, lorsque les balais sont éloignés de la position neutre ? — Que faut-il faire pour éviter tout danger d'emballement ? — Comment règle-t-on la vitesse du moteur à charge constante ? — Qu'arrive-t-il si, pendant la marche, on ramène les balais au-delà de la position neutre ? — De quoi dépend le facteur de puissance du moteur ? — Comment peut-on l'améliorer aux faibles charges ? — Comment varie le rendement ? — Indiquez les propriétés comparées du moteur série à collecteur et du moteur à courant continu excité en série. — Comparez de même le moteur étudié et le moteur monophasé à collecteur. — Examinez enfin les caractères distinctifs du moteur série à collecteur et du moteur asynchrone triphasé ordinaire. — Citez quelques applications des moteurs polyphasés série à collecteur. — 98. Indiquez la constitution et le montage d'un moteur triphasé à collecteur à caractéristique shunt. — Quelle est la propriété essentielle de ce moteur ? — Quel est le procédé le plus couramment employé pour régler la vitesse des moteurs d'induction polyphasés ? — Qu'appelle-t-on f. é. m. de glissement ? — Qu'appelle-t-on énergie de glissement ? — Montrez comment on peut régler la vitesse d'un moteur shunt à collecteur. — Que devient l'énergie de glissement lorsque la vitesse du rotor est inférieure à celle du synchronisme ? — Quelle est sa valeur à la vitesse synchrone ? — Que se passe-t-il aux vitesses hypersynchrones ? — Comment s'effectue la mise en marche du moteur ? — Quelles sont les principales applications des moteurs shunt à collecteur ? — 99. Quel est le principe du réglage de la vitesse des moteurs asynchrones à champ tournant, à l'aide des moteurs polyphasés à collecteur ? — Comment récupère-t-on l'énergie de glissement : sous forme d'énergie mécanique ? sous forme d'énergie électrique ? — Quels sont les principaux avantages du réglage par récupération ? — Citez quelques applications de ce mode de réglage.

EXERCICES

137. — Le tableau suivant donne les valeurs respectives du couple et de la vitesse d'un moteur triphasé à collecteur à caractéristique série pour différentes positions angulaires des balais. Le couple y est exprimé en pour cent du couple normal, et la vitesse en pour cent de la vitesse du synchronisme ; le déplacement des balais est compté en degrés électriques à partir de la position neutre.

90°		100°		120°		140°		160°	
Vitesse	Couple	Vitesse	Couple	Vitesse	Couple	Vitesse	Couple	Vitesse	Couple
20	43	20	65	20		20		20	
40	39	40	58	40	133	40		40	
60	38	60	54	60	102	60		60	
80	35	80	45	80	76	80	133	80	
90	33	90	40	90	60	90	100	90	
100	28	100	34	100	49	100	75	100	140
110	24.5	110	24	110	37	110	56	110	100
120	18	120	19	120	29	120	44	120	74
130	14.5	130	16	130	22	130	34	130	56

Pour chaque position des balais, tracer la courbe montrant comment varie le couple moteur avec la vitesse du rotor.

138. — En consultant le tableau précédent, on voit par exemple que, pour un déplacement des balais égal à 100 degrés électriques, la valeur du couple moteur représente 45 % du couple normal lorsque la vitesse du rotor est égale à 80 % de vitesse synchrone ; dans ces conditions, la puissance du moteur est une fraction de la puissance normale égale à :

$$\frac{45}{100} \times \frac{80}{100} = \frac{36}{100}$$

Effectuer le même calcul pour toutes les valeurs figurant au tableau et tracer, pour chaque position des balais, la courbe montrant comment varie la puissance du moteur avec la vitesse du rotor.

On exprimera la puissance en pour cent de la puissance normale.

139. — Les nombres du tableau ci-après, relatifs au même moteur, donnent les valeurs du rendement et du facteur de puissance correspondant à différentes vitesses, pour quelques positions des balais.

70°			100°			120°			140°		
Vitesse	Rendement en %	Facteur de puissance	Vitesse	Rendement en %	Facteur de puissance	Vitesse	Rendement en %	Facteur de puissance	Vitesse	Rendement en %	Facteur de puissance
20	35	0,23	20	40	0,28	20			20		
40	60	0,32	40	65	0,42	40	72	0,54	40		
60	70	0,42	60	77	0,54	60	80	0,70	60	82	
80	72	0,55	80	80	0,67	80	83,5	0,82	80	84,5	0,88
100	65	0,65	100	78	0,85	100	83	0,89	100	84	0,94
120	68	0,74	120	73	0,88	120	78,5	0,94	120	82,4	0,975
130	48	0,77	130	69	0,90	130	76	0,99	130	80	0,985

A l'aide de ces nombres, et pour chaque position des balais, tracer deux séries de courbes :

a) la première montrant comment varie le rendement avec la vitesse ;

b) la seconde figurant les variations du facteur de puissance avec la vitesse du rotor.

140. — En se référant aux deux exercices précédents (138 et 139), montrer, par deux courbes, comment varient le facteur de puissance et le rendement avec la puissance du moteur.

141. — On désire régler la vitesse d'un moteur asynchrone à champ tournant de 340 ch-v. Pour obtenir un glissement maximum de 20 %, il faudrait dissiper 50 kW dans les résistances d'un rhéostat. Quelle puissance mécanique peut-on récupérer avec un moteur à collecteur calé sur le même arbre, et dont le rendement est 85 % ? — Calculer la perte de puissance nécessitée par le réglage ; l'exprimer en ch-v et en % de la puissance du moteur.

CHAPITRE XVII

RÉCAPITULATION
Propriétés caractéristiques des différents types de moteurs. Usages.

———

Dans ce chapitre, nous avons rassemblé, sous forme de tableau, les propriétés principales des différents types de moteurs étudiés au cours de l'ouvrage ; nous avons indiqué également les usages qui leur sont plus particulièrement réservés en raison de ces propriétés même.

Dans chaque colonne verticale, le lecteur trouvera l'essentiel de ce qu'il faut retenir sur chaque type de moteur.

En consultant une colonne horizontale, il verra comment tous ces moteurs se comportent à un même point de vue, à l'égard d'une même propriété. L'examen de leurs caractères communs et distinctifs est déjà très intéressant en soi ; il ajoute, d'autre part, à la solidité des connaissances acquises en écartant les éléments de confusion qui font hésiter l'esprit le plus clair abordant pour la première fois une étude aussi vaste que délicate.

Intentionnellement, nous avons composé un tableau assez complet pour se suffire en quelque sorte à lui-même — étant admis bien entendu que le lecteur a étudié très sérieusement tout l'ouvrage. A moins qu'il ne cherche une démonstration ou une justification, l'élève y trouvera instantanément, et sous une forme concise, le renseignement qui l'intéresse

Nous avons essayé, d'autre part, de rester dans une juste mesure, afin de conserver à ce tableau la valeur d'un résumé, d'une classification raisonnée et comparative que que l'on consulte souvent et sans répugnance, pour combattre une défaillance de mémoire, une hésitation de l'esprit, une imprécision ou une confusion, et aussi pour coordonner ses connaissances en les groupant autour de quelques principes dominants. Dans n'importe quelle branche de l'activité intellectuelle, les idées d'ensemble constituent le fond du savoir humain.

TABLE DES MATIÈRES

CHAPITRE XV
Moteurs mixtes.

CHAPITRE XVI
Moteurs polyphasés à collecteur.

CHAPITRE XVII
Récapitulation.

Vannes. — Imprimerie LAFOLYE frères et Cie.

LE LIVRE DE LA PROFESSION

PREMIÈRE CATÉGORIE

Le Livre de l'Apprenti et de l'Ouvrier.

Le Dessin pour l'Apprenti Mécanicien, par J. FOURQUET, professeur de l'Enseignement technique (2ᵉ *Edition*). . . . **3** fr.

L'Ajusteur-Mécanicien (Travail à la main), par J. THIBAUDEAU, Ingénieur A. et M., Professeur de l'Enseignement technique (2ᵉ *Edition*). . . . . . . **7** fr.

L'Ajusteur-Mécanicien (Travail aux machines), par J. THIBAUDEAU, 2ᵉ vol. . . . . **10** fr.

Le Dessin pour l'Apprenti Menuisier, par J. FOURQUET . . . . **3** fr.

L'Apprenti Menuisier, par J. FOURQUET et A. LEMESLE, Menuisier **8** fr.

> Ouvrage honoré de l'un des prix décernés en 1922 au *Concours de Manuels*, pour les Industries du Bâtiment, par le *Sous-Secrétariat d'Etat* de l'Enseignement technique.

Le Dessin pour l'Apprenti Forgeron, par J. FOURQUET. . . . **3** fr.

Le Forgeron, par V. RANCHOUX, Contremaître à l'Ecole pratique d'Industrie de Saint-Etienne. (En préparation).

Le Dessin pour l'Apprenti Modeleur-Mécanicien, par J. FOURQUET. (Sous presse).

Le Modeleur-Mécanicien, par M. DESBORDES, Professeur de l'Enseignement technique, Chef d'Atelier . . . . . **10** fr.

Le Charpentier en Bois, par J. FOURQUET et L. RIBOULET, Contremaître-Charpentier, Professeur de Coupe de bois . **7** fr.

> Ouvrage honoré de l'un des prix décernés en 1922 au *Concours de Manuels*, pour les Industries du Bâtiment, par le *Sous-Secrétariat d'Etat* de l'Enseignement technique.

La Géométrie de l'Apprenti par L. COLOMBEY, Professeur de l'Enseignement technique (2ᵉ *Edition*) . . . . **6** fr.

Le Chaudronnier en cuivre, par L. GENDRON, Ingénieur des Arts et Manufactures . . . . **8** fr.

Le Chaudronnier en fer, par L. GENDRON, Ingénieur des Arts et Manufactures . . . **8** fr.

L'Automobile (Petites leçons illustrées de nombreux dessins), par A. BOUZY, Professeur à l'Ecole nationale d'Arts et Métiers de Paris . . . . **8** fr.

L'Horloger, par Ch. PONCET, Directeur de l'Ecole nationale d'Horlogerie de Cluses, 1ᵉʳ vol. **8** fr.

> Ouvrage honoré de l'un des trois prix décernés en 1921, au *Concours de Manuels*, organisé par le *Sous-Secrétariat d'Etat* de l'Enseignement technique au Ministère de l'Instruction publique,

L'Horloger, par Ch. PONCET, 2ᵉ vol. (En préparation).

La Fabrication du Drap (Montage, Echantillonnage), par Ch. THOMAS, Directeur de l'Ecole manufacturière d'Elbeuf et P. ARAUD,

Dessinateur en tissus, Chef des Ateliers de Draperie de l'Ecole pratique d'industrie de Vienne. . . . . **8** fr.

Ouvrage honoré de l'un des trois prix décernés en 1921, au Concours de Manuels, organisé par le Sous-Secrétariat d'État de l'Enseignement technique au Ministère de l'Instruction publique.

Corrigé, par les mêmes auteurs, **des Exercices de la Fabrication du Drap** . . . . **8** fr.

Le Lunetier-Opticien, par J. MONNERET, Directeur de l'Ecole d'Optique et de Lunetterie de Morez. . . . . **8** fr.

Le Monteur-Mécanicien des Chemins de Fer, 1er vol. (Technologie de la Locomotive) par G. DUBOS, Ingénieur de la Traction à la Cie d'Orléans . . . . . . **8** fr.

Le Monteur-Mécanicien des Chemins de Fer, 2e vol. (Réparations de la Locomotive), par G. DUBOS, ... **8** fr.

Le Ferblantier-plombier-zingueur, par M. THOUVENIN, Directeur de l'Ecole pratique d'Industrie de Marseille . . . . . . **15** fr.

Etc, etc.

DEUXIÈME CATÉGORIE

Le Livre de l'Élève de l'École professionnelle et du futur Contremaître

L'Élève Electricien (Principes généraux de l'Electricité), par G. NÉRÉ, Ing. diplômé de l'Ecole supérieure d'Electricité de Paris, Professeur de l'Enseignement technique, 1er vol. (2e *Édition*) . . . . **6** fr.

L'Élève Electricien (Générateurs), par G. NÉRÉ, 2e vol. . . **6** fr.

L'Élève Electricien (Transformateurs), par G. NÉRÉ, 3e vol. **3** fr.

L'Élève Electricien (Moteurs), par G. NÉRÉ, 4e vol. . . . **10** fr.

L'Élève Electricien (Constitution, installation, conduite et entretien des machines), par G. NÉRÉ, 5e vol. (En préparation).

Le Comptable (Manuel théorique et pratique de comptabilité générale), par E. DEMUR, ancien élève de l'Ecole des Hautes-Etudes Commerciales, Professeur de l'Enseignement technique, 1er vol. . . . . **15** fr.

Le Comptable (Principales applications de la comptabilité), par E. DEMUR 2e vol. En prépar.

Le Comptable-Hôtelier, par A. GIRAUDY, Président de la Chambre syndicale des Hôteliers de Nice, et Mme Albert PONS, Professeur à l'Ecole pratique d'Industrie hôtelière de la Côte d'Azur . . . . **15** fr.

Etc., etc.

Le catalogue détaillé, le prospectus général ou le prospectus spécial de chacun des ouvrages de la collection du **Livre de la Profession** sont envoyés gratuitement, à toute personne qui en adresse la demande au Directeur de la *Librairie de l'Enseignement technique*, 3, rue Thénard, Paris (V*).

TABLEAUX RÉCAPITULATIFS DES DIFFÉRENTS TYPES DE MOTEURS

Propriétés caractéristiques. Usages

MOTEURS À COURANT CONTINU OU ÉLECTROMOTEURS				MOTEURS À COURANT ALTERNATIF OU ALTERNOMOTEURS										
		Moteurs compound		Moteurs synchrones			Moteurs asynchrones							
				alternateurs synchrones monophasés			sans collecteur		à collecteur					
									Moteurs monophasés				Moteurs polyphasés	
Moteurs série	Moteurs shunt	À flux différentiel	À flux additionnel	À champ constant	À champ alternatif	Moteurs synchrones polyphasés, ou à champ tournant	Moteurs asynchrones à champ tournant ou moteurs d'induction polyphasés	Moteurs asynchrones à champ alternatif ou moteurs à induction monophasés	Moteurs série	Moteurs à répulsion	Moteurs mixtes — À caractéristique série	Moteurs mixtes — À caractéristique shunt	À caractéristique série	À caractéristique shunt
Les moteurs à courant continu démarrent seuls, même en charge. Au démarrage, le courant admis varie [...] l'excès de tension est absorbé passivement par un rhéostat [...] entre 1 fois 1/2, 2 et même 4 fois le courant normal.				Les moteurs synchrones monophasés ne démarrent pas seuls, même à vide. Pour les mettre en marche, il faut les lancer préalablement à la vitesse du synchronisme.		Les moteurs polyphasés de faible puissance peuvent démarrer seuls, à vide, sous l'action des courants [...] engendrés par le champ [...] dans les [...] polaires [...]	Les moteurs d'induction polyphasés démarrent seuls et sous charge. Jusqu'à 2 ou 3 ch-v dans les circuits mixtes d'éclairage et de force motrice, et jusqu'à 15 ou 20 ch-v dans les circuits de force motrice, le démarrage s'obtient par la simple manœuvre d'un interrupteur; au courant égal à 2 à 3 fois le courant [...] donne un couple de démarrage égal au couple normal. [...] Au-delà, [...] on emploie des rotors à bagues et le démarrage se fait graduellement par insertion de résistances dans les circuits rotoriques; on obtient alors un couple égal à 1 fois 1/2, 2 fois le couple normal avec un courant égal à 4 fois 1/2 [...] ou 2 fois le courant de régime.	Les moteurs d'induction monophasés ne peuvent démarrer seuls, même à vide; il faut les lancer, soit à la main, soit par un artifice de démarrage (champ tournant) et n'appliquer la charge qu'après la mise en vitesse.	Les moteurs série à collecteur démarrent seuls en charge, avec un couple sensiblement proportionnel au carré de l'intensité du courant. Au démarrage, l'excès de tension est absorbé sans pertes par un autotransformateur.	Les moteurs à répulsion simples démarrent seuls par simple déplacement des balais sur le collecteur. Le moteur Déri bipolaire se comporte comme un moteur à répulsion simple dont la ligne de contact des balais ferait avec [...]	Les moteurs mixtes à caractéristique série démarrent seuls comme les moteurs série.	Les moteurs mixtes à caractéristique shunt démarrent [...] comme les moteurs à répulsion.	Les moteurs polyphasés série à collecteur démarrent seuls par le déplacement des balais sur le collecteur. Ils développent un couple de démarrage énergique avec un appel de courant relativement faible, à égalité de couple, ils absorbent un courant moins intense que les moteurs asynchrones à champ tournant.	Les moteurs polyphasés shunt à collecteur démarrent seuls par le déplacement des balais combiné avec l'action d'un transformateur à rapport de transformation variable.

MOTEURS A COURANT CONTINU OU ÉLECTROMOTEURS / MOTEURS A COURANT ALTERNATIF OU ALTERNOMOTEURS (moteurs synchrones)

	Moteurs série	Moteurs shunt	Moteurs compound — A flux différentiels	Moteurs compound — A flux additionnels	Moteurs synchrones monophasés — A champ constant	Moteurs synchrones monophasés — A champ alternatif	Moteurs synchrones polyphasés, ou à champ tournant
Sens de rotation	Sens inverse de celui dans lequel il faudrait faire tourner la machine en génératrice pour lui faire produire un courant de même sens que celui qui le traverse.	Sens dans lequel il faudrait faire tourner la machine en génératrice pour lui faire produire un courant de même sens que celui qui traverse l'induit.	Sens de rotation du moteur shunt obtenu en supprimant l'enroulement série. Danger d'inversion du sens de marche en cas de surcharge.	Aucun danger d'inversion.	Les moteurs synchrones monophasés n'ont pas de sens de rotation déterminé : ils tournent dans le sens qui leur est communiqué par l'impulsion initiale nécessaire au démarrage.		Sens de rotation du champ tournant créé par le stator ; il faut en tenir compte pour lancer le rotor des appareils puissants, incapables de démarrer seuls.
Inversion du sens de marche	Permuter les connexions entre l'inducteur et l'induit.				Inverser le sens du lancement initial.		Inverser le sens de rotation du champ tournant.

MOTEURS A COURANT ALTERNATIF OU ALTERNOMOTEURS — Moteurs asynchrones

	Sans collecteur — Moteurs asynchrones à champ tournant ou moteurs d'induction polyphasés	Sans collecteur — Moteurs asynchrones à champ alternatif ou moteurs d'induction monophasés	A collecteur, monophasés — Moteurs série	A collecteur, monophasés — Moteurs à répulsion	A collecteur, monophasés — Moteurs mixtes — A caractéristique série	A collecteur, monophasés — Moteurs mixtes — A caractéristique shunt	A collecteur, polyphasés — A caractéristique série	A collecteur, polyphasés — A caractéristique shunt
Sens de rotation	Sens de rotation du champ tournant créé par le stator.	Les petits moteurs lancés à la main n'ont pas de sens de rotation particulier; c'est l'impulsion initiale qui détermine le sens du mouvement. Les moteurs de moyenne et grande puissance, que l'on fait démarrer en champ tournant, ont le sens de rotation de ce champ.	Le sens de rotation d'un moteur série à collecteur est le même que celui d'un moteur série à courant continu.	Le sens de rotation d'un moteur à répulsion dépend de la position des balais sur le collecteur, mais un moteur bipolaire, le rotor tourne de l'axe polaire vers la ligne de calage des balais. Lorsque le moteur est entraîné en sens inverse du sens normal défini par la position des balais, il fonctionne en génératrice et forme frein tout en fournissant de l'énergie au réseau.	Le sens de rotation est celui du moteur série obtenu en supprimant les balais en court-circuit, il est donc déterminé par les connexions du stator et du rotor.	Le sens de rotation est fixé par les connexions qui existent entre les deux enroulements du stator.	Sens inverse du sens de déplacement des balais.	
Inversion du sens de marche	Inverser le sens de rotation du champ tournant.	Si le moteur a une puissance assez faible pour être lancé à la main, on peut le faire partir indifféremment dans un sens ou dans l'autre. S'il est muni d'un dispositif de démarrage en champ tournant, l'inversion du sens de marche s'obtient comme celle d'un moteur asynchrone polyphasé.	Permuter les connexions entre l'inducteur et l'induit.	Inverser la position des balais par rapport à la ligne neutre.	Permuter les connexions entre le stator et le rotor.	Permuter les connexions de l'un des enroulements du stator ; inverser également les liaisons du champ tournant avec les balais d'excitation.	Ramener les balais dans la position neutre, attendre l'arrêt du rotor, inverser le sens du champ tournant statorique, et déplacer les balais en sens contraire.	Déplacer les balais en sens contraire après avoir inversé le sens du champ tournant statorique.

MOTEURS A COURANT CONTINU OU ÉLECTROMOTEURS

	Moteurs série	Moteurs shunt	Moteurs compound — A flux différentiel	Moteurs compound — A flux additionnel
Couple moteur	a) Alimenté sous tension constante, le moteur série possède un couple puissant, surtout au démarrage ; si les inducteurs ne sont pas saturés, ce couple est *proportionnel au carré de l'intensité du courant.* Le moteur série peut donner des coups de collier très énergiques avec des appels de courant relativement faibles. b) Alimenté par un courant d'intensité constante, le moteur série possède un *couple constant.*	Le couple d'un moteur shunt, alimenté sous tension constante, est simplement *proportionnel à l'intensité du courant* ; toutes conditions égales, il est donc bien inférieur à celui du moteur série, surtout au démarrage. Pour vaincre le même accroissement de charge, le moteur shunt demande au réseau un afflux de courant beaucoup plus grand que le moteur série ; il ne peut donc donner des coups de collier énergiques, ni vaincre des surcharges considérables.	*Le couple croît moins vite que l'intensité du courant.* Le couple de démarrage est inférieur à celui du moteur shunt correspondant de sorte que l'induit ne se met en marche que si la charge est faible.	*Le couple croît plus vite que l'intensité du courant.* Le couple de démarrage est supérieur à celui du moteur shunt correspondant, de sorte que l'induit peut se mettre en marche sous de fortes charges.
Vitesse	*Variations de vitesse considérables,* même pour de faibles variations de charge ; emballement à vide ; arrêt en cas de surcharge brusque ou prolongée.	Vitesse sensiblement constante et indépendante de la charge ; aucun danger d'emballement à vide. Le moteur shunt, entraîné par sa charge à une vitesse su-	Si le nombre de spires de l'enroulement série est convenablement choisi, la vitesse peut être rigoureusement constante, quelle que soit la charge.	Vitesse variable avec la charge, d'autant plus que le nombre d'A-trs de la série est plus important ; — aucun danger d'emballement à vide.

MOTEURS A COURANT ALTERNATIF OU ALTERNOMOTEURS

Moteurs synchrones

	Moteurs synchrones monophasés — A champ constant	Moteurs synchrones monophasés — A champ alternatif	Moteurs synchrones polyphasés, ou à champ tournant
Couple moteur	Le couple moteur est pulsatoire ; sa valeur moyenne croît d'abord avec la charge, passe par un maximum quand les bobines du rotor se trouvent à égale distance des pôles du stator au moment où le courant qui les traverse change de sens ; il diminue ensuite, de sorte que le moteur ralentit en marche, puis se *décroche.*	Les variations du couple moteur, également pulsatoire, suivent la même loi ; le maximum a lieu lorsque les pôles du rotor se trouvent à égale distance des bobines du stator au moment où le courant s'inverse dans celles-ci.	Le couple moteur est *continu* ; il augmente avec la charge en même temps que les pôles du rotor s'éloignent des pôles de nom contraire du champ tournant ; il passe par un maximum quand les pôles du rotor se trouvent à égale distance des pôles du champ ; il diminue ensuite et le moteur se décroche.
Vitesse	*Vitesse rigoureusement constante, indépendante de la charge et de la tension d'alimentation.* Cette vitesse, exprimée en tours par seconde, est égale à la fréquence du courant divisée par le nombre de paires de pôles (*vitesse du synchronisme*). Une surcharge trop grande ou trop brusque provoque le décrochage du moteur, et met en court-circuit lorsqu'il est branché sur le réseau alternatif. Un moteur décroché ne repart plus même si la surcharge disparaît.		

Moteurs asynchrones — Sans collecteur

	Moteurs asynchrones à champ tournant, ou moteurs d'induction polyphasés	Moteurs asynchrones à champ alternatif ou moteurs d'induction monophasés
Couple moteur	Le couple au démarrage dépend de la résistance du rotor ; il augmente quand la vitesse croît, passe par un maximum égal à 2 ou 3 fois 1/2 le couple normal, puis diminue et s'annule au synchronisme. La zone de fonctionnement stable est comprise entre la marche à vide et celle qui correspond au couple maximum ; au-delà, une surcharge décroche le moteur.	Le couple nul au démarrage, croît avec la vitesse, passe par un maximum, inférieur au synchronisme [...] comprise entre à vide et celle qui correspond au maximum [...] que la [...] moteur.
Vitesse	La vitesse varie peu ; à vide, elle est presque égale à celle du synchronisme ; à pleine charge, le glissement ne dépasse généralement pas 1 %. Rejoints par leur charge à une vitesse	Une surcharge du moteur monophasé [...]

Moteurs asynchrones — A collecteur

Moteurs monophasés

	Moteurs série	Moteurs à répulsion	Moteurs mixtes — A caractéristique série	Moteurs mixtes — A caractéristique shunt
Couple moteur	Le couple moteur est *pulsatoire.* A égalité de tension, le couple de démarrage est inférieur à celui d'un moteur série à réaction constant de même puissance, car la self du moteur réduit la valeur du courant et diminue son effet utile en le déphasant fortement sur la tension. A égalité de flux [...]	*Couple pulsatoire.* Sa valeur moyenne varie avec la position des balais sur le collecteur ; nul quand la ligne de contact des balais coïncide avec la ligne neutre, il augmente d'abord au fur et à mesure qu'elle s'en éloigne, devient maximum lorsqu'elle a tourné de 90° environ (dans un moteur bipolaire), diminue ensuite [...]	*Couple pulsatoire* au démarrage, il est aussi bon que celui d'un moteur série compensé.	*Couple pulsatoire.* Le couple de démarrage est comparativement plus grand que celui du moteur à répulsion ; il est compris entre 2 et 3 fois le couple normal, le courant absorbé variant entre 1 fois 1/4 et 2 fois le courant de pleine charge.

Moteurs polyphasés

	A caractéristique série	A caractéristique shunt
Couple moteur	*Couple continu.* A vitesse constante, il augmente au fur et à mesure qu'on éloigne les balais de la position neutre et devient maximum quand on les a déplacés de 180 degrés électriques.	*Couple continu.* A vitesse constante, il varie avec le décalage des balais et la valeur des tensions appliquées au rotor.

	MOTEURS À COURANT CONTINU OU ÉLECTROMOTEURS — Moteurs série	Moteurs shunt	Moteurs composés — À flux différentiels	Moteurs composés — À flux additionnels	MOTEURS À COURANT ALTERNATIF OU ALTERNOMOTEURS — Moteurs synchrones monophasés — À champ constant	Moteurs synchrones monophasés — À champ alternatif	Moteurs synchrones polyphasés ou à champ tournant	Moteurs asynchrones, sans collecteur — à champ tournant ou moteurs d'induction polyphasés	Moteurs asynchrones, sans collecteur — à champ alternatif ou moteurs d'induction monophasés	Moteurs asynchrones à collecteur, monophasés — Moteurs série	Moteurs monophasés — Moteurs à répulsion	Moteurs mixtes — À caractéristique série	Moteurs mixtes — À caractéristique shunt	Moteurs polyphasés — À caractéristique série	Moteurs polyphasés — À caractéristique shunt
VITESSE		...périeure à sa vitesse limite, se transforme en génératrice et fournit du courant au réseau, en même temps qu'il freine énergiquement l'appareil commandé (*freinage électrique par récupération*)						supérieure à celle du synchronisme, les moteurs à champ tournant fonctionnant en génératrices asynchrones, d'où freinage et récupération.		...instant : *elle diminue lorsque le couple augmente et réciproquement*	*... lois, la vitesse augmente quand le couple diminue et réciproquement*		soit celle du synchronisme pour bénéficier des avantages du champ tournant qui se forme alors. Entraîné à une vitesse supérieure, le moteur devient générateur et fournit de l'énergie au réseau.	ramenée au delà de la position mobile, le moteur fonctionne en génératrice, d'où freinage et récupération	génératrices, d'où freinage et récupération
RÉGLAGE DE LA VITESSE	La vitesse d'un moteur à courant continu étant sensiblement proportionnelle à la tension appliquée à ses bornes, et inversement proportionnelle au flux utile par pôle, on la règle en agissant sur ces deux grandeurs, soit séparément, soit simultanément.				Réglage impossible.			Réglage difficile, obtenu : a) par variation de la fréquence des courants d'alimentation ; b) par variation du nombre des pôles inducteurs ; c) par montage en cascade de deux ou plusieurs moteurs ; d) par insertion de résistances dans le rotor.		Réglage facile, obtenu sans pertes, en agissant sur la tension aux bornes à l'aide d'un autotransformateur.	Réglage facile, obtenu d'une façon précise, et progressive par simple déplacement des balais ; le moteur fixé en parallèle présente une très grande souplesse de fonctionnement	Les balais occupant une position variable, on règle la vitesse en agissant sur la tension appliquée aux bornes à l'aide d'un autotransformateur. Le moteur à caractéristique shunt est un peu moins souple que le moteur à répulsion.		Pour une même charge, on peut régler la vitesse dans de grandes limites sans à-coups et sans pertes de puissance, par simple déplacement des balais. La vitesse croît lorsqu'on déplace les balais, et décroît pour la position neutre, si déplacement [illegible].	À charge constante, on peut régler la vitesse économiquement, d'une manière progressive et dans de grandes limites, par déplacement des balais ; la modification du rapport de transformation de celle du synchronisme. C'est un [illegible].
PRODUCTION D'ÉTINCELLES ENTRE BALAIS ET COLLECTEUR ; MOYENS DE LA COMBATTRE	Dans les moteurs à courant continu on atténue la production d'étincelles en décalant les balais en arrière de la ligne neutre par rapport au sens de rotation.									Les étincelles entre balais et collecteur sont atténuées par l'utilisation d'un courant à basse fréquence, l'adoption de grandes vitesses de rotation, la réduction du nombre de spires par sections [induites] l'emploi de balais...	Au point de vue de la production d'étincelles, le moteur série et le moteur à répulsion sont défectueux au démarrage ; à la vitesse du synchronisme, grâce à la production d'un champ tournant, le moteur à répulsion...	Au point de vue de la production d'étincelles, le moteur à caractéristique [...] se comporte comme un moteur à courant continu dans le [...] du synchronisme, grâce à la production d'un champ tournant ; à des vi[tesses]...			

Tableau III

	Moteurs à courant continu ou électromoteurs				Moteurs à courant alternatif ou alternomoteurs											
			Moteurs compound		Moteurs synchrones			Moteurs asynchrones								
					Moteurs synchrones monophasés			Sans collecteur		A collecteur						
										Moteurs monophasés				Moteurs polyphasés	
												Moteurs mixtes			
	Moteurs série	Moteurs shunt	A flux différentiels	A flux additionnels	A champ constant	A champ alternatif	Moteurs synchrones polyphasés, ou à champ tournant	Moteurs asynchrones à champ tournant ou moteurs d'induction polyphasés	Moteurs asynchrones à champ alternatif ou moteurs d'induction monophasés	Moteurs série	Moteurs à répulsion	A caractéristique série	A caractéristique shunt	A caractéristique série	A caractéristique shunt
Production d'étincelles entre balais et collecteurs ; moyens de la combattre										minces et de connexions résistantes.	est nettement supérieur au moteur série ; mais, pour des vitesses supérieures, le moteur série compensé l'emporte sur le moteur à répulsion simple. Ces conditions de fonctionnement sont notablement améliorées dans le moteur Déri, où la production d'étincelles est à peu près insignifiante à la demi-vitesse du synchronisme.	tesses différentes, les balais d'excitation continuent à fonctionner normalement, mais il y a tendance à la production d'étincelles sous les balais en court-circuit, et cette production est très sensible au démarrage.		muer la production d'étincelles que l'on fait toujours tourner le rotor dans le même sens que le champ tournant statorique.	
Facteur de puissance					A charge constante, le facteur de puissance des moteurs synchrones varie avec l'excitation. Lorsqu'on fait croître progressivement celle-ci, le retard du courant sur la tension d'alimentation diminue, s'annule, puis change de signe : le courant est alors en avance sur la tension qui l'engendre. Le facteur de puissance d'un moteur synchrone peut donc toujours être rendu égal à l'unité par un choix convenable de l'excitation.			A pleine charge, le facteur de puissance des petits moteurs varie entre 0,7 et 0,8 ; celui des moteurs puissants varie entre 0,8 et 0,9. A faible charge, il est très petit : 0,3 à 0,5.	A puissance égale le facteur de puissance des moteurs asynchrones monophasés est inférieur à celui des moteurs polyphasés.	La [illegible] du rotor étant annulée par le circuit compensateur, le facteur de puissance d'un moteur série compensé est d'autant plus élevé que la vitesse est plus grande et la fréquence plus faible. Il ne dépasse guère 0,8 en général, même pour des fréquences de 15 à 25 périodes par seconde ; mais, avec des vitesses égales au double du synchronisme, il peut atteindre un chiffre voisin de 0,9.	Aux faibles vitesses, le facteur de puissance du moteur à répulsion simple est supérieur à celui du moteur série compensé ; il augmente jusqu'au synchronisme où il atteint une valeur voisine de celle des moteurs asynchrones polyphasés de même puissance ; mais il diminue au-delà, tandis que celui du moteur série compensé et du moteur Déri continue à s'élever.	Au synchronisme, le facteur de puissance est égal à l'unité.	A pleine charge, le facteur de puissance varie entre 0,95 et 1.	Le facteur de puissance est d'autant plus élevé que la charge et la vitesse sont plus grandes : il peut atteindre des valeurs voisines de l'unité. On l'améliore aux faibles charges en couplant les trois phases du stator en [illegible].	Facteur de puissance élevé aux grandes vitesses et aux fortes charges.

MOTEURS À COURANT CONTINU OU ÉLECTROMOTEURS

PARTICULARITÉS ET QUALITÉS RELATIVES À LA CONSTRUCTION	Moteurs série	Moteurs shunt	Moteurs compound — À flux différentiel	Moteurs compound — À flux additionnel
	Grande robustesse. Le moteur série peut vaincre des surcharges considérables, sans danger pour ses enroulements, si l'effort exceptionnel qu'on lui demande est de courte durée.	L'enroulement à fil fin d'un moteur shunt réclamant un isolement plus grand que celui d'un moteur série; il est plus vulnérable et coûte plus cher, à poids égal.		

MOTEURS À COURANT ALTERNATIF OU ALTERNOMOTEURS — Moteurs synchrones

PARTICULARITÉS ET QUALITÉS RELATIVES À LA CONSTRUCTION	Moteurs synchrones monophasés — À champ oscillant	À champ alternant	Moteurs synchro-polyphasés, ou à champ tournant
			a) La construction des moteurs synchrones est absolument semblable à celle des alternateurs dont ils dérivent. Ce sont des machines robustes, dépourvues de collecteur, si pourtant l'on branchera directement sur les réseaux à haute tension. Par contre, l'excitation des inducteurs exige le courant continu, d'une excitatrice. b) Les moteurs synchrones à champ constant ne diffèrent des moteurs à champ alternatif que par l'inversion des parties fixes et mobiles; dans ces derniers, l'immobilité de l'induit se prête mieux à l'utilisation directe des hautes tensions. c) Les moteurs polyphasés surmontent, sans se dérober, des surcharges plus grandes que les moteurs monophasés.

MOTEURS À COURANT ALTERNATIF OU ALTERNOMOTEURS — Moteurs asynchrones, sans collecteur

PARTICULARITÉS ET QUALITÉS RELATIVES À LA CONSTRUCTION	Moteurs asynchrones à champ tournant ou moteurs d'induction polyphasés	Moteurs asynchrones à champ alternatif ou moteurs d'induction monophasés
	Moteurs simples, robustes, d'un prix de revient peu élevé; les inducteurs fixes permettant l'utilisation directe des hautes tensions. Ils supportent aisément des surcharges de 100 %.	À puissance égale, les moteurs asynchrones monophasés sont plus volumineux et pèsent 50 %, de plus que les moteurs polyphasés. Leur capacité de surcharge est bien moins grande; ils se décrochent sous l'effet d'une surcharge de 50 % environ.

MOTEURS À COURANT ALTERNATIF OU ALTERNOMOTEURS — Moteurs asynchrones, à collecteur, Moteurs polyphasés

PARTICULARITÉS ET QUALITÉS RELATIVES À LA CONSTRUCTION	Moteurs série	Moteurs à répulsion	Moteurs mixtes — À caractéristique série	Moteurs mixtes — À caractéristique shunt
	a) Inducteur fixe, induit portant, en plus de son bobinage habituel, un enroulement compensateur. b) Induit et collecteur très subdivisés, connexions résistantes, balais de graphite aussi minces que possible.	a) Le stator est semblable à celui d'un moteur asynchrone monophasé. Le rotor est un induit ordinaire de moteur à courant continu en tambour. Dans un moteur à répulsion simple, il y a autant de lignes de balais en court-circuit que de paires de pôles; dans un moteur Déri à 2 p pôles, il y a p balais fixes et p balais mobiles. b) Les moteurs à répulsion ont une assez grande capacité de surcharge. c) Les moteurs à répulsion étant des moteurs d'induction peuvent être établis en vue de l'utilisation directe des hautes tensions, tandis que les moteurs série étant des moteurs de conduction, ne peuvent être construits que pour de faibles tensions.	a) La forme pratique des moteurs mixtes à caractéristique série est celle des moteurs à répulsion; le collecteur est très largement dimensionné; les balais, deux fois plus nombreux que dans les moteurs à répulsion ordinaires, occupent une position fixe. b) Le moteur Winter-Eichberg ne diffère du moteur Latour que par une variante permettant l'utilisation des hautes tensions; dans ce dernier, l'induit est incorporé directement dans le circuit principal, tandis que dans le premier, il est alimenté par le secondaire d'un transformateur dont le primaire est en série avec le stator.	a) Le stator comprend 3 enroulements: deux d'entre eux ont leurs axes perpendiculaires et reçoivent le courant d'alimentation; le 3e n'intervient que lorsque l'armature a acquis une certaine vitesse. Le rotor est un induit à courant continu en tambour. Il y a deux fois plus de balais que de pôles, et ces balais occupent une position invariable. b) La capacité de surcharge des moteurs de cette catégorie atteint 50 %.

MOTEURS À COURANT ALTERNATIF OU ALTERNOMOTEURS — Moteurs asynchrones, à collecteur, Moteurs monophasés

PARTICULARITÉS ET QUALITÉS RELATIVES À LA CONSTRUCTION	À caractéristique série	À caractéristique shunt
	Le stator est semblable à celui d'un moteur asynchrone à champ tournant. Le rotor est un induit de dynamo à courant continu. Sur le collecteur portant 3 balais équidistants si le moteur est bipolaire, et 3 p balais si le moteur possède 2 p pôles.	Le stator est semblable à celui d'un moteur asynchrone à champ tournant. Le rotor est un induit de dynamo à courant continu, alimenté par un transformateur à rapport de transformation variable. Souvent, les lames du collecteur sont reliées par des shunts de résistance assez élevée.

MOTEURS A COURANT CONTINU OU ÉLECTROMOTEURS

	Moteurs série	Moteurs shunt	Moteurs compound — À flux différentiel	Moteurs compound — À flux additionnel
PUISSANCE, PUISSANCE SPÉCIFIQUE	Alimenté sous tension constante, le moteur série est à peu près *autorégulateur de puissance*, le couple moteur et la vitesse varient en sens inverse et à peu près dans le même rapport.			
RENDEMENT	Jusqu'à 8 ou 10 chevaux, le rendement d'un moteur à courant continu est généralement le même que celui d'une dynamo de même puissance; au-dessus de cette valeur, le rendement du moteur est supérieur à celui de la génératrice correspondante.			

MOTEURS A COURANT ALTERNATIF OU ALTERNOMOTEURS

Moteurs synchrones

	Moteurs synchrones monophasés — À champ chassant	Moteurs synchrones monophasés — À champ alternatif	Moteurs synchrones polyphasés, ou à champ tournant
PUISSANCE, PUISSANCE SPÉCIFIQUE	a) La puissance spécifique des moteurs synchrones est le même que celle des alternateurs correspondants. b) À dimensions égales, la puissance d'un moteur polyphasé représente environ les $\frac{3}{4}$ de celle d'un moteur monophasé.		
RENDEMENT	a) Le rendement des moteurs synchrones est le même que celui des alternateurs correspondants. b) À puissance égale, le rendement des moteurs polyphasés est supérieur à celui des moteurs monophasés. c) Un moteur synchrone fonctionne dans les conditions les plus économiques lorsque le courant d'excitation a la valeur correspondant au point le plus bas de la courbe en V; le courant absorbé est alors minimum, et il est en concordance de phase avec la tension du réseau.		

Moteurs asynchrones — Sans collecteur

	Moteurs asynchrones à champ tournant ou moteurs d'induction polyphasés	Moteurs asynchrones à champ alternatif ou moteurs d'induction monophasés
PUISSANCE, PUISSANCE SPÉCIFIQUE		Puissance spécifique plus faible que celle des moteurs d'induction polyphasés.
RENDEMENT	Le rendement des moteurs puissants atteint 85 et même 90%; celui des petits moteurs s'abaisse quelquefois jusqu'à 70%.	À puissance égale, le rendement des moteurs asynchrones monophasés est inférieur à celui des moteurs polyphasés.

Moteurs asynchrones — À collecteur

	Moteurs monophasés — Moteurs série	Moteurs monophasés — Moteurs à répulsion	Moteurs mixtes — À caractéristique série	Moteurs mixtes — À caractéristique shunt	Moteurs polyphasés — À caractéristique série	Moteurs polyphasés — À caractéristique shunt
PUISSANCE, PUISSANCE SPÉCIFIQUE	a) Puissance spécifique inférieure à celle des moteurs à courant continu, même quand la fréquence est faible. b) Le moteur série à collecteur est à peu près *autorégulateur de puissance*, comme le moteur série à courant continu.	Pour obtenir le même couple avec la même puissance absorbée, le moteur à répulsion doit avoir un entrefer plus étroit et une section plus grande que le moteur série compensé, c'est-à-dire un volume et un poids supérieurs.			a) Pour les grandes puissances, le moteur polyphasé série à collecteur est moins lumineux que le moteur série monophasé. Son prix de revient — y compris le transformateur d'alimentation — est aussi moins élevé. b) Il est à peu près *autorégulateur de puissance*.	
RENDEMENT	Le rendement des moteurs série compensés est inférieur de 4 à 10% à celui des moteurs à courant continu de même puissance; il est d'autant plus grand que la fréquence est plus faible.	Le rendement des moteurs à répulsion est supérieur à celui des moteurs série compensés, mais il reste inférieur à celui des moteurs à courant continu ou des moteurs synchrones polyphasés; cependant celui des moteurs [déjà] atteint 87 à 88%, même pour des puissances faibles.			Le rendement du moteur polyphasé à collecteur est inférieur de 4 à 5% à celui d'un moteur polyphasé asynchrone; il augmente avec la charge et avec la vitesse, et reste élevé dans les grandes limites de réglage.	

	MOTEURS A COURANT CONTINU OU ÉLECTROMOTEURS				MOTEURS A COURANT ALTERNATIF OU ALTERNOMOTEURS										
			Moteurs compound		Moteurs synchrones			Moteurs asynchrones							
					Moteurs synchrones monophasés			Sans collecteur		A collecteur					
												Moteurs monophasés		Moteurs polyphasés	
												Moteurs mixtes			
Usages	Moteurs série	Moteurs shunt	A flux différentiel	A flux additionnel	A champ constant	A champ alternatif	Moteurs synchrones polyphasés, ou à champ tournant	Moteurs asynchrones à champ tournant ou moteurs d'induction polyphasés	Moteurs asynchrones à champ alternatif ou moteurs d'induction monophasés	Moteurs série	Moteurs à répulsion	A caractéristique série	A caractéristique shunt	A caractéristique série	A caractéristique shunt
	1° Tension constante : a) Commande des appareils nécessitant un couple très grand au démarrage : tramways, ponts roulants, grues, treuils, cabestans, etc. Le moteur série est le moteur de traction par excellence. b) Commande des appareils dont le couple résistant croît avec la vitesse : ventilateurs, pompes centrifuges. 2° Intensité constante : a) Distributions à intensité constante, système Thury. b) Commande des appareils à marche régulière. 3° Tension et intensité variables : transport d'énergie mécanique à longue distance : une génératrice série reliée à un moteur série forme avec celui-ci un système auto-régulateur, très robuste, et n'exigeant aucune surveillance.	a) Commande des machines dont la vitesse doit être maintenue sensiblement constante, quelle que soit leur charge : métiers à tisser et machines-outils. Le moteur shunt est le moteur d'atelier par excellence. b) Commande des machines d'extraction, ascenseurs, monte-charges, ponts transbordeurs, chariots roulants des grues, vérins de levage, etc. c) L'emploi du moteur shunt ou (action) permet la récupération et le freinage dans les descentes.	Commande de machines dont le fonctionnement exige une vitesse très régulière : métiers à tisser.	a) Commande des laminoirs, cisailles, appareils de broyage et de pulvérisation, etc. b) Commande à distance des appareils non surveillés conduits par courroies (pompes, cabestans, ventilateurs, etc. c) Commande des appareils de levage et de manutention.	1° Transformation du courant alternatif en courant continu : a) Transformation indirecte : groupe moteur synchrone-génératrice à courant-continu. b) Transformation directe : commutatrice. 2° Commande des machines exigeant une vitesse constante : métiers à tisser. 3° L'emploi des moteurs synchrones ou des commutatrices survoltées permet de relever le facteur de puissance d'un réseau.			a) En courant alternatif, le moteur d'induction polyphasé est le moteur d'atelier par excellence ; il convient à la commande des métiers à tisser et des machines-outils. b) Commande des appareils de levage et de manutention. c) Transformation indirecte du courant alternatif en courant continu. d) Démarrage des moteurs synchrones et des commutatrices. e) Les moteurs à induits en court-circuit, fonctionnant sans étincelle, sont employés dans l'industrie minière. f) Traction sur les grandes lignes.	Les moteurs d'induction monophasés remplacent les moteurs asynchrones à champ tournant quand on est obligé d'emprunter l'énergie à un réseau d'éclairage trop peu étendu pour bénéficier de la simplicité des distributions monophasées.	a) Commande des appareils de levage et manutention. b) Traction monophasée sur les grandes lignes.	Le moteur à répulsion système Déri est utilisé en traction et pour la commande des métiers continus à filer, désaxeurs, monte-charges, pompes, etc. Deux moteurs Déri, alimentés par l'intermédiaire d'un transformateur Scott, permettant d'emprunter l'énergie à une distribution triphasée sans déséquilibrer les phases.	a) Commande des machines d'extraction, des appareils de levage et de manutention. b) Traction monophasée.	Conduites des ascenseurs, monte-charges, pompes, ventilateurs, machines outils.	a) Commande des ventilateurs, compresseurs, pompes, machines d'extraction, engins de levage, et de manutention, etc... b) Amélioration du facteur de puissance, et réglage économique de la vitesse des moteurs asynchrones à champ tournant par récupération de l'énergie correspondante.	a) Commande des machines-outils, des machines à imprimer, bobinoirs, des métiers continus à filer, etc.

ENSEIGNEMENT par CORRESPONDANCE [1]
"L'ÉCOLE CHEZ SOI"

L'Enseignement par correspondance, créé par l'Ecole des Travaux publics en 1891 sous le nom d' « Ecole chez soi », s'adresse particulièrement à tous ceux que leurs occupations journalières empêchent de venir suivre l'enseignement sur place : *puisqu'ils ne peuvent venir à l'Ecole, c'est l'Ecole qui va vers eux.*

Cet enseignement compte par an, en temps normal, plus de 20 000 élèves correspondants et, parmi eux, non seulement des débutants, mais des architectes, des ingénieurs de toutes spécialités, des directeurs d'usine, des chefs d'industrie, etc., qui complètent ainsi leur instruction théorique et pratique. D'anciens élèves des grandes Ecoles : Polytechnique, Centrale, etc. viennent aussi s'y compléter.

L'Enseignement par correspondance a un caractère individuel, il se compose :

1° *des cours autographiés* entrant dans la préparation suivie par l'élève et spécialement écrits pour cette préparation ;

2° *d'exercices variés* dans lesquels entre toute la substance des cours et qui nécessitent, pour être traités, la connaissance parfaite de ceux-ci ;

3° *d'un tableau de travail*, ou plan d'études, dressé en tenant compte du temps dont on dispose et qui fixe, d'après cette base, la durée de chaque tâche.

L'Enseignement par correspondance est d'une souplesse remarquable, puisque, en raison de son caractère individuel, le tableau de travail du correspondant est dressé d'après sa connaissance et le temps dont il dispose.

En traitant les questions qui lui sont posées, l'élève s'habitue à exprimer ce qu'il sait d'une façon claire, correcte et il acquiert par ce système une faculté précieuse qui peut, à chaque instant, lui être utile dans le cours de sa carrière.

Condition d'admission. — Pour permettre d'indiquer aux nouveaux élèves correspondants l'enseignement qui leur convient, la direction de l'Ecole leur demande d'adresser un bulletin de renseignements faisant connaître la nature des études faites antérieurement et le but à atteindre. Si ce bulletin de renseignements ne donne pas d'indications suffisamment précises, les candidats subissent un examen par correspondance.

Diplômes. — Les diplômes supérieurs qui sont délivrés comme consécration de l'Enseignement par correspondance sont ceux de :

Ingénieur des Travaux Publics ;
Ingénieur-architecte ;
Ingénieur-mécanicien ;
Ingénieur-électricien ;
Ingénieur métallurgiste ;
Ingénieur de Mines ;
Ingénieur-géomètre ou ingénieur topographe.

En 1920, 23.948 élèves appartenant à toutes les nationalités ont suivi l'Enseignement par correspondance

Envoi sur demande de la notice sur l'Enseignement par correspondance

[1] L'Enseignement par correspondance fait l'objet d'une notice illustrée, donnant des indications détaillées sur cet enseignement : fonctionnement, règlement intérieur, tarifs, énumération des préparations organisées. Cette notice est envoyée gratuitement, sur demande adressée à la Direction de l'Ecole.